Ulrich Schmidt
Digitale Film- und Videotechnik

Herausgeber:
Professor Dr. Ulrich Schmidt

Weitere Bücher der Reihe:
Christian Fries, Mediengestaltung
Hannes Raffaseder, Audiodesign

www.hanser.de/medientechnik

Ulrich Schmidt

Digitale Film- und Videotechnik

mit 213 Bildern und 25 Tabellen

Fachbuchverlag Leipzig
im Carl Hanser Verlag

Herausgeber:
Prof. Dr. Ulrich Schmidt

Hochschule für Angewandte Wissenschaften Hamburg
Fachbereich Medientechnik
Stiftstraße 69
20099 Hamburg

Die Deutsche Bibliothek – CIP-Einheitsaufnahme
Ein Titeldatensatz für diese Publikation ist bei Der Deutschen Bibliothek erhältlich

ISBN 3-446-21827-0

Fachbuchverlag Leipzig im Carl Hanser Verlag
© 2002 Carl Hanser Verlag München Wien
http://www.fachbuch-leipzig.hanser.de

Umschlaggestaltung und Innenkonzept: +malsy, Bremen
Druck und Bindung: Kösel, Kempten
Printed in Germany

Vorwort

Im Rahmen der Buchreihe Medien, die das Ziel hat, möglichst viele medienrelevante Bereiche abzudecken, liegt hier der Beitrag zur Bewegtbildtechnik vor. Dieser Bereich, also die Film- und Videotechnik, sind gegenwärtig von einer umfassenden Digitalisierung geprägt. Über den gleichzeitigen Impuls, im Bereich Video mit hohen Bildqualitäten zu arbeiten, wachsen sie immer mehr zusammen, so dass z. B. bald der Punkt bevorsteht, an dem die klassische Filmkamera von einer (HD-)Videokamera abgelöst werden wird.

Vor diesem Hintergrund behandelt das vorliegende Buch die Film- und die Videotechnik als konvergierende Gebiete. Die Darstellung beginnt mit der analogen Seite, die die Grundlage für den Digitalisierungsprozess bietet. Hier sind Film- und Videotechnik getrennt behandelt. Zuerst wird die Filmtechnik behandelt, von Filmformaten über Filmeigenschaften bis zum Filmton. Dann folgt der Bereich der klassischen Videotechnik einschließlich Bildaufnahme- und Speicherverfahren.

Schließlich geht es um die angesprochene Konvergenz von Film- und Videotechnik, also um Filmabtaster, Filmbelichter, Speicher, elektronische (HD-)Kameras, digitale Postproduktion und digitales Kino.

Es werden ausschließlich technische Aspekte behandelt. Das Buch ist daher vor allem für Studierende von Studiengängen im Bereich Medientechnik und Studierende an Filmhochschulen gedacht.

Mein Dank für die Unterstützung bei der Bucherstellung gilt Bernd Upnmoor für die kritische Durchsicht des filmtechnischen Teils, Torsten Höner für die Hilfe bei der Bildbearbeitung und Frau Hotho für die gute Zusammenarbeit mit dem Verlag.

Bremen, im Juli 2002   Prof. Dr. U. Schmidt

Inhaltsverzeichnis

1 Geschichte

Die Geschichte der Bewegtbildmedien mit Bildsequenzen, die die Illusion einer Bewegung hervorrufen, begann mit der Filmtechnik, d. h. mit der Aneinanderreihung fotografischer Bilder. Die Fotografie wurde zu Beginn des 19. Jahrhunderts entwickelt, nachdem bestimmte Fortschritte in den Bereichen Chemie, Optik und Mechanik gemacht worden waren. Die Lichtempfindlichkeit von Silbersalzen wurde bereits 1727 entdeckt, doch erst 1826 gelang es N. Pierce, ein Bild auf einer Zinnplatte festzuhalten, was mit einer Belichtungszeit von acht Stunden verbunden war. Nach dem Tode von Pierce wurde die Entwicklung von Daguerre weitergetrieben und führte zu den sog. Daguerreotypen, Unikaten, die noch nicht vervielfältigt werden konnten.

Um 1838 experimentierte der Engländer Talbot mit Papier als Trägermaterial, das er durch Chlorsilber lichtempfindlich machte. Das nasse Papier musste mehr als zwei Stunden belichtet werden, bevor die Umrisse der Abbildung als Negativ erschienen, d. h. dass helle Stellen im Gegenstand dunkel wiedergegeben wurden und umgekehrt. Das Negativpapier konnte anschließend durch Wachs transparent gemacht werden, so dass nach Durchleuchtung und Schwärzung eines zweiten Chlorsilberpapiers das Positiv erschien. Die Erfindung wurde Photo Drawing oder auch Photo Graphics genannt, woraus der Name Fotografie entstand, der das wesentliche Merkmal, nämlich die nicht flüchtige Speicherung des Bildes, bezeichnet. Zu diesem Zeitpunkt waren bereits zwei wesentliche Bestandteile der modernen Fotografie entwickelt, nämlich das Negativ-Positiv-Verfahren und die Verwendung lichtempfindlicher chemischer Schichten auf Silberbasis.

Durch die Entwicklung lichtstarker Objektive und die Verbesserung der lichtempfindlichen Schichten konnte im Laufe der Zeit die Belichtungsdauer auf ca. 30 Sekunden erniedrigt werden. Eine weitere wesentliche Senkung dieses Wertes wurde möglich, als um 1860 nach einem Verfahren von Gray, Bingham und Archer ein feuchtes Bindemittel auf

Glasplatten aufgetragen und mit lichtempfindlichen Silbersalzen überzogen wurde. Die Platte wurde belichtet und dann sofort einer Entwicklung unterzogen, d. h. die belichteten Stellen wurden chemisch gewandelt, wodurch das unsichtbare, latente Bild erheblich verstärkt wurde. Anschließend wurden die nicht gewandelten Substanzen in einem Fixierprozess entfernt. Mit der Entwicklung und Fixierung lagen zwei weitere wesentliche Bestandteile des fotografischen Prozesses vor, die es nun ermöglichten, Belichtungszeiten im Sekundenbereich zu erreichen.

Durch die Verwendung von Gelatine als Bindemittel wurde das Verfahren weiter vereinfacht, da trocken gearbeitet werden konnte und die Verwendung von nassen Glasplatten und die Entwicklung vor Ort entfielen /1/. Eine weitere entscheidende Vereinfachung ergab sich schließlich um 1888 durch die Verfügbarkeit von Nitrozellulose als flexiblem Schichtträger. Damit war die Basis der Filmtechnik geschaffen und die Fotografie wurde massentauglich. Die Popularisierung begann mit der Kodak-Box von G. Eastman, die mit Rollfilm geladen wurde, so dass die Handhabung sehr vereinfacht war.

Der ab 1889 verfügbare Rollfilm und die verkürzten Belichtungszeiten ermöglichten es zu dieser Zeit, einzelne Phasen von Bewegungen durch Reihenfotografie zu studieren, bzw. bei Wiedergabe von mehr als 15 Bildern pro Sekunde einen fließenden Bewegungseindruck hervorzurufen. Mit dieser Bewegungsaufzeichnung, der Kinematographie, war ein neues Medium geboren. Neben dem Rollfilm war dafür ein Apparat erforderlich, der den Film schnell genug transportierte und in den Transportpausen automatisch belichtete. Die Entwicklung eines solchen Apparates geschah in den Laboratorien von Thomas Alva Edison, der im Jahre 1891 den Kinematographen und das Kinematoskop als Geräte für die Aufnahme und Wiedergabe von Bewegtbildsequenzen zum Patent anmeldete. Der Filmtransport wurde dabei mit Hilfe einer Perforation im Film ermöglicht, die mit vier Löchern pro Bild definiert war. Das Kine-

Abb. 1.1
Gebrüder Lumière /2/

matoskop war kein Projektionsgerät und damit nur für die Einzelbetrachtung geeignet. Eine Vorrichtung zur Projektion wurde erst in der folgenden Zeit entwickelt.

Im Jahre 1895 war der Cinematograph der Gebrüder Lumière einsatzbereit, bei dem die Funktionen von Kamera und Projektor in einem Apparat vereinigt waren. Mittels eines Greifers wurden die Filmbilder vor das Bildfenster gezogen und nach kurzem Stillstand automatisch weitertransportiert. Obwohl die Brüder Skladanowski in Berlin bereits am 1. November eine öffentliche Filmvorführung gaben, gilt die erste öffentliche Filmvorführung mit dem Gerät der Brüder Lumière am 28.12.1895 heute als Geburtsstunde des Mediums Film.

Abb. 1.2
Oskar Meßter /2/

Zum ersten Mal war die Massentauglichkeit des Bewegtbildverfahrens als wesentliches Bestimmungsmerkmal erreicht, so dass sich die Gruppenrezeption als besonderes Spezifikum dieses Mediums etablieren konnte. Abgesehen von der Trennung von Kamera und Projektionsgerät hat sich das Grundprinzip der Kinematographie seither nicht verändert: Der perforierte Filmstreifen wird bei der Aufnahme und Wiedergabe schrittweise transportiert und steht bei Belichtung bzw. Projektion still. Während des Transports wird der Lichtweg abgedunkelt. Die technische Entwicklung wurde dabei von Oskar Meßter vorangetrieben, der mit dem Malteserkreuz ein hochwertiges Schaltwerk für den intermittierenden Filmtransport einsetzte. Meßter gilt als Begründer der deutschen Filmindustrie und arbeitete als Techniker, Regisseur und Produzent.

Bereits ab 1897 begann durch die Brüder Pathé die Filmproduktion in großem Stil, durch die Brüder Lumière wurden die ersten Wochenschauen produziert. Ein Jahr später war mit der Doppelbelichtung bereits der erste Filmtrick entdeckt und 1902 wurde von Georges Méliès ein 16-Minuten-Film voller Spezialeffekte produziert. Der erste Animationsfilm, bei dem einzelbildweise belichtet und dabei Objekte stückweise bewegt werden, entstand 1907. Im Jahre 1909 wurde nach einer internationalen

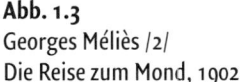

Abb. 1.3
Georges Méliès /2/
Die Reise zum Mond, 1902

Abb. 1.4
Der Vagabund /2/
Charly Chaplin, 1916

Abb. 1.5
United Artists /2/

Abb. 1.6
Panzerkreuzer Potemkin /2/
Sergej M. Eisenstein, 1925

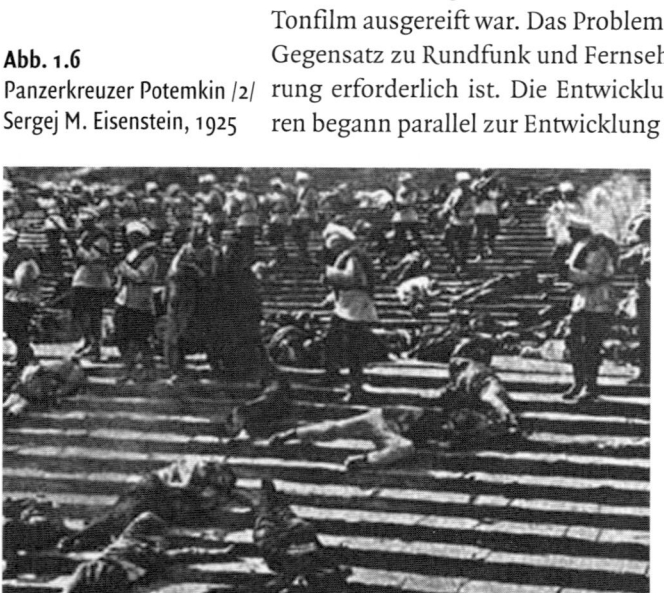

Vereinbarung der 35-mm-Film als Standardformat festgelegt. Um 1910 begann die Konzentration im Filmgeschäft. 1911 wurde in Hollywood, einem Vorort von Los Angeles in den USA, ein Filmstudio eröffnet, dem innerhalb eines Jahres viele weitere Studios folgten, so dass sich dieser Ort innerhalb kürzester Zeit zum Zentrum der US-Filmindustrie entwickelte. Die Studios erreichten eine monopolartige Stellung und bestimmten die Rechte über Kameras und Vorführsysteme ebenso wie das Verleihgeschäft. Erst 1919 gelang es Regisseuren und Schauspielern, darunter Griffith und Chaplin, mit der Gründung der United Artists die enge Verflechtung aufzubrechen. Insgesamt etablierte sich in Hollywood die industrielle Herstellung weitgehend standardisierter Filme. In großen, technisch gut ausgestatteten Anlagen wird in sehr arbeitsteiliger Form produziert. Zusammen mit dem Starkult entstand so die sog. Traumfabrik, die bis heute ihre Funktion hat und den Weltfilmmarkt dominiert. Auch in Deutschland entwickelte sich in den 20er-Jahren mit der UFA in Babelsberg ein Filmkonzern, der ähnliche Produktionsweisen verwendete. Hier entstanden die großen deutschen Filme, wie Fritz Langs Metropolis, der sehr viele tricktechnische Aufnahmen enthält. Hier konnte auch der Übergang zum Tonfilm mit vollzogen werden, der in Deutschland initiiert und zum Ende der 20er-Jahre schließlich auf Druck aus den USA durchgesetzt wurde.

Obwohl Edison bereits früh die Idee zur Verkopplung von Bild und Tonaufzeichnungsverfahren formulierte, dauerte es ca. 30 Jahre, bis der Tonfilm ausgereift war. Das Problem des Filmtons besteht darin, dass im Gegensatz zu Rundfunk und Fernsehen ein Verfahren zur Schallspeicherung erforderlich ist. Die Entwicklung von Schallaufzeichnungsverfahren begann parallel zur Entwicklung der Kinematographie zum Ende des 19. Jahrhunderts. Das erste Verfahren war die mechanische Speicherung von Schallschwingungen auf einer Wachsrolle, die 1877 von Edison vorgestellt und als Phonograph bezeichnet wurde. Dabei werden die Schwingungen einer vom Schall angeregten Mikrofonmembran auf eine Nadel übertragen, die eine Spur in das weiche Material schreibt. Bei der Wiedergabe wird die Spur wiederum mit einer Nadel abgetastet und eine Membran oder ein Wandler zur

Erzeugung elektrischer Spannungen angetrieben. Dieses Nadeltonverfahren wurde durch das 1888 von Emil Berliner entwickelte Grammophon abgelöst, das mit einer Platte anstelle der Walze arbeitet. Seit 1902 wurden dabei Schellackplatten verwendet, die mit einer Rotationsgeschwindigkeit von 78 Umdrehungen pro Minute arbeiteten.

Obwohl der offizielle erste Tonfilm im Jahre 1927 mit diesem Nadeltonverfahren arbeitete, konnte es sich im Filmbereich nicht durchsetzen, da eine sichere Synchronisation zwischen Bild und Ton nicht zu gewährleisten war. Eine unproblematische Synchronisation ergibt sich dagegen beim Lichttonverfahren, bei dem die wechselnde Schallintensität in eine veränderliche Filmschwärzung umgesetzt wird. Dieses Verfahren wird bis heute bei der Filmwiedergabe verwendet, während auf der Aufnahmeseite ab den 40er-Jahren Magnettonverfahren eingesetzt wurden.

Die Entwicklung des Lichttons begann bereits zu Beginn des Jahrhunderts durch E. Ruhmer, doch erst im Jahre 1922 wurde von der deutschen Firma Triergon ein Lichttonsystem zum ersten Mal bei einer öffentlichen Vorführung verwendet. Die Patente an dem Verfahren wurden in die USA verkauft, und von dort aus wurde die Durchsetzung des Tonfilms derart forciert, dass bereits zu Beginn der 30er-Jahre die Ära der sog. Stummfilme beendet war. Die Bezeichnung Stummfilm bezieht sich auf das Fehlen der direkt aufgenommenen Dialoge. Doch waren auch vor der Einführung des Tonfilms die Filmvorstellungen oft von Erzählern und Musikern begleitet, die direkt auf die dargestellten Bildsequenzen reagierten und eine besondere Form eines Live-Erlebnisses erzeugten, die auch heute noch ihre besonderen Reize hat.

Die kurzfristige Einführung des Tonfilms hatte weit reichende Folgen, so mussten teure Tonaufzeichnungsgeräte angeschafft und bei der Produktion Rücksicht auf die Tonaufzeichnung genommen werden, was u. a. dazu führte, dass Außenaufnahmen aufgrund der Störgeräusche erheblich eingeschränkt wurden und deutsche Schauspieler aufgrund von Sprachproblemen ihre US-Karrieren abbrechen mussten.

Abb. 1.7
Metropolis
Fritz Lang, 1927

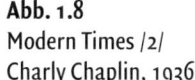

Abb. 1.8
Modern Times /2/
Charly Chaplin, 1936

Abb. 1.9
Citizen Kane
Orson Welles, 1941

Abb. 1.10
Casablanca
Michael Curtiz, 1942

Auch der Wunsch nach farbigen Abbildungen bestand sehr früh. Die Entwicklung der Farbfilmtechnik begann um 1870, die Einführung dauerte aber erheblich länger als die des Tonfilms. Nachdem zunächst mit einer nachträglichen Kolorierung der Schwarzweißfilme von Hand begonnen worden war, wurde es später möglich, die lichtempfindlichen Emulsionen durch den Zusatz bestimmter Farbstoffe farbsensitiv zu machen. Ab 1915 verwendete man zwei Filmstreifen für Orange und Blaugrün, die Projektion erfolgte ebenfalls zweistreifig. Ab 1922 konnten mit einer aufwändigen Technik die beiden Farbauszüge auf einen Filmstreifen aufgebracht werden, und es kam der erste abendfüllende Spielfilm in die Kinos. Größere Bedeutung erhielt der Farbfilm aber erst durch das Technicolor-Verfahren. Dabei wurde auf drei unterschiedlich farbsensitive Streifen aufgezeichnet und die Auszüge wurden übereinander gedruckt. Der erste abendfüllende Farbfilm nach dem Technicolor-Verfahren entstand 1935. Das Technicolor-Verfahren erforderte Spezialkameras und war kostspielig. Preisgünstigere Farbfilme, bei denen auch aufnahmeseitig alle farbsensitiven Anteile auf einem Filmstreifen untergebracht werden konnten, standen erst ab 1948 zur Verfügung, nachdem die chromogene Entwicklung nutzbar war, die auf Erkenntnissen über die Bildung von Farbstoffen beim Entwicklungsprozess beruht und im Jahre 1912 von Fischer erstmals beschrieben wurde. Diese Erkenntnisse sind die Basis des Kodachrome-Verfahrens, das ab 1935 von Mannes und Godowsky in den USA eingeführt wurde. Ein Jahr später kam in Deutschland der Agfacolor-Film auf den Markt, der mit einem einfacheren Verfahren mit fest in die Schicht eingebrachten Farbkupplern arbeitete. Nach dem zweiten Weltkrieg wurden die Agfa-Patente durch die Siegermächte freigegeben und für die Entwicklung von Eastman-Color- und Fuji-Filmen, der zweiten bedeutenden Farbfilmmarke, verwendet.

Die Farbfilmtechnik wird bis heute fortlaufend verbessert. Das Gleiche gilt für die Filmtontechnk. Der Ton ist für die emotionale Wirkung des Films von sehr großer Bedeutung, entsprechend wurde bereits in den 40er-Jahren mit Mehrkanalsystemen experimentiert, die das Räumlichkeitsgefühl der Audiowiedergabe steigern. Als erster Film mit Mehrkanalton gilt der Zeichentrickfilm Fantasia von Walt Disney, der mit drei Kanälen für Links, Mitte und Rechts arbeitete. Etwas größere Verbreitung erreichten Mitte der 50er-Jahre im Zusammenhang mit Cinemascope 4- und 6-kanalige Systeme, die bei der Wiedergabe das Magnettonverfahren verwendeten. Die Klangqualität ist hierbei sehr hoch, doch die Herstellung von Magnettonkopien übersteigt die Kosten von Lichttonkopien erheblich, so dass der Magnetton im Kino keine Bedeutung erlangen konnte. Seit Mitte der 70er-Jahre fanden schließlich Mehrkanalsysteme erhebliche Verbreitung, die auf Lichtton beruhten. Diese Entwicklung ist bis heute eng mit dem Namen Dolby verknüpft. Neben der Entwicklung von Rauschunterdrückungssystemen gelang es den Dolby Laboratories, beim Dolby Stereo-System vier Tonkanäle in zwei Lichttonspuren unterzubringen. Da das Verfahren abwärtskompatibel zu bestehenden Mono-Lichttonsystemen war, fand es im Laufe der Zeit eine erhebliche Verbreitung. 1992 wurde von Dolby schließlich das sechskanalige Dolby Digital-Verfahren eingeführt, das wiederum abwärtskompatibel zu Dolby Stereo ist und heute die größte Bedeutung unter den digitalen Kinotonformaten hat.

Neben der Einführung der Digitaltechnik im Tonbereich gewann in den 90er-Jahren auch die digitale Bildbearbeitung immer größeren Einfluss. Zum Ende des Jahrtausends sind die Computersysteme so leistungsfähig, dass längere Spielfilmsequenzen in hoher Auflösung digital gespeichert und mit hoher Komplexität bearbeitet werden können. Die Sequenzen werden anschließend wieder auf Film ausbelichtet. Die Digitaltechnik wird zukünftig nicht nur im Produktionsbereich eine Rolle spielen, sondern auch bei der Distribution und der Wiedergabe. Für die Verteilung stehen hochwertige Datenreduktionsverfahren und hoch auflösende

Abb. 1.11
Alexis Sorbas /2/
Michael Cacoyannis, 1964

Abb. 1.12
Einer flog über das
Kuckucksnest /2/
Milos Forman, 1975

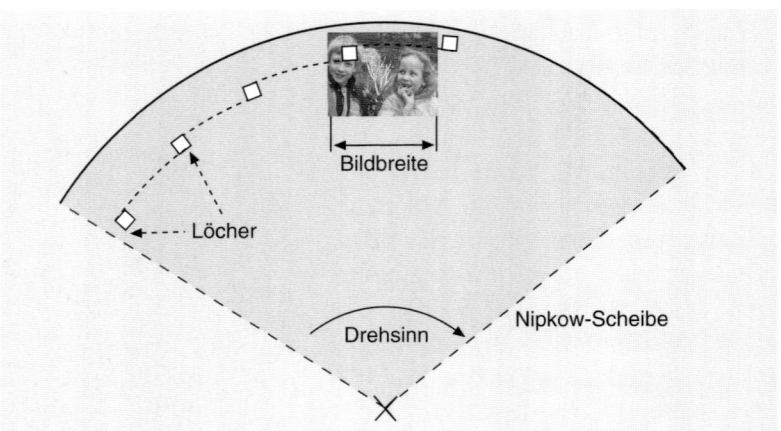

Abb. 1.13
Nipkow-Scheibe

Projektoren zur Verfügung. Bei Einsatz von digitalen High-Definition-Kameras wird schließlich eine vollständige digitale Infrastruktur im Kinobereich möglich (Digital Cinema), die immer mehr dem Produktions- und Distributionssystem im Fernseh- und Videobereich ähnelt.

Die Grundlagen von Fernsehen und Video, d. h. der elektronischen Form der Bewegtbildübertragung, wurden bereits zu einer Zeit geschaffen, als der Zellulosefilm gerade entwickelt war. Es entstand die Fernsehtechnik als ein flüchtiges Medium, das als wesentlichen Unterschied zum Film die Eigenschaft hat, dass zu jedem Zeitpunkt nur die Information über einen einzelnen Bildpunkt vorliegt. Aus diesem Grunde spielte die Filmtechnik als Speichermedium bis zur Einführung von Videorecordern auch im Bereich der Fernsehproduktion eine entscheidende Rolle.

Zwei für die Fernsehentwicklung wesentliche Erfindungen wurden bereits im 19. Jahrhundert gemacht. Im Jahre 1873 entdeckte C. May die Lichtempfindlichkeit des Selens, welche es ermöglicht, elektrische Ströme in Abhängigkeit von der Lichtintensität zu steuern. Um 1875 entwickelte Carey die Idee zur Zerlegung des Bildes in einzelne Elemente. Die parallele Übertragung der zugehörigen elektrischen Signale und die Ansteuerung eines entsprechenden Lampenrasters war jedoch mit enormem Aufwand verbunden. Sehr wichtig für die Entwicklung der Fernsehtechnik ist daher die Erkenntnis, dass bei genügend schneller Abtastung die Bildpunktinformationen nicht gleichzeitig vorliegen müssen, sondern auch nacheinander übertragen werden können. Für entsprechende Realisierungskonzepte zur Bildzerlegung und Reduktion der großen Informationsflut erhielt im Jahre 1884 Paul Nipkow ein Patent. Nach Nipkow wird das Bild zeilenweise abgetastet. Dazu dient eine runde, drehbare Lochscheibe mit einer Anzahl von Löchern, die der Zeilenzahl des zerlegten Bildes entspricht. Die Löcher sind spiralförmig angeordnet, so dass die Abtastung der zweiten Zeile genau dann beginnt, wenn das erste Loch das Bildfeld verlässt (Abb. 1.13). Die Hellig-

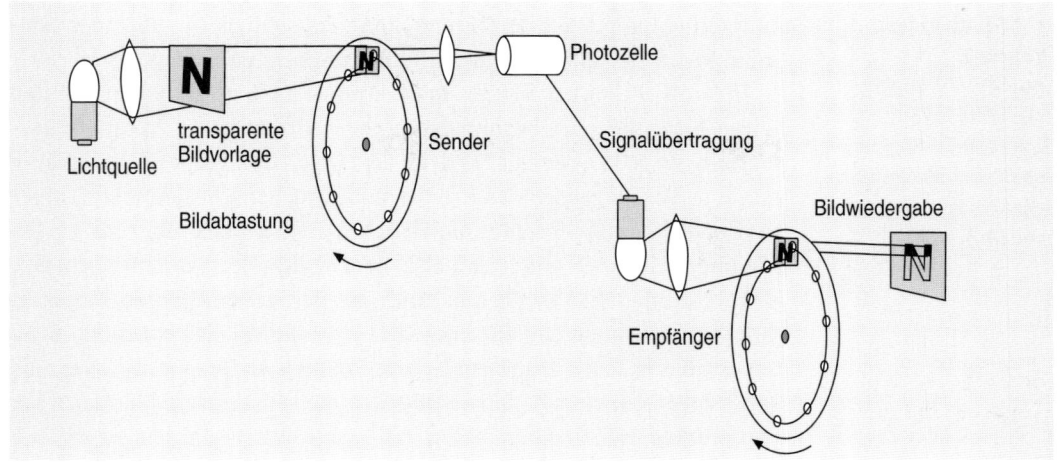

keitsinformationen der abgetasteten Zeile werden fortwährend von einer
hinter dem Loch angebrachten Fotozelle in elektrische Signale umgesetzt, wobei sich bei großer Helligkeit entsprechend hohe Ströme ergeben. Im Empfänger steuert das übertragene elektrische Signal die Helligkeit einer schnell reagierenden Lampe. Hinter der Lampe befindet sich
eine ähnliche Nipkow-Scheibe wie im Sender. Falls beide Scheiben mit
gleicher Umdrehungszahl laufen, und zwar so, dass der Beginn der ersten Zeile im Sender und im Empfänger übereinstimmen, entspricht das
durch die Scheibe transmittierte Licht dem abgetasteten Bild (Abb. 1.14).
Wichtige Aspekte der heutigen Videosysteme sind hier bereits anzutref-
fen: Die Abtastung geschieht zeilenweise, die parallel vorliegenden Informationen werden seriell übertragen, und es besteht die Notwendigkeit der Synchronisation von Sender und Empfänger.

Abb. 1.14
Das Bildübertragungs-
prinzip mit der Nipkow-
Scheibe

Ab 1920 wurde die Fernsehforschung intensiviert und die Nipkow-
Scheibe professionell eingesetzt. Die Scheibe auf der Empfangsseite
wurde dabei noch per Handbremse zum Sendesignal synchronisiert. Die
weitere Entwicklung bezog sich vor allem auf die Steigerung der Bildauflösung. Die damit verbundene Übertragung einer erhöhten Informati-
onsdichte war eng mit der Erschließung kurzwelliger Radiofrequenzbe-
reiche (UKW) verknüpft, in denen größere Bandbreiten zur Verfügung
stehen. Die Fernseh-Sendegeschichte begann 1935, als in Deutschland
der weltweit erste regelmäßige Fernsehdienst eröffnet wurde, ohne dass
eine elektronische Kamera zur Verfügung stand. Live-Übertragungen
unter dem Einsatz der Nipkow-Scheibe waren sehr aufwändig, daher
diente meist konventioneller Film als Zwischenstufe vor der Bildwandlung. Fast alle aktuellen Beiträge wurden zunächst auf Film aufgezeichnet und über Filmabtaster mit der Nipkow-Scheibe umgesetzt. Die erste
elektronische Kamera, das Ikonoskop, wurde 1936, kurz vor der Berliner
Olympiade, vorgestellt. Durch den Einsatz der Braunschen Röhre auf der

Aufnahme- und Wiedergabeseite konnten schließlich alle mechanischen Elemente aus den Bildwandlungssystemen entfernt werden.

In Großbritannien erfolgte 1937 die erste Außenübertragung, in den Jahren 1938 und 1939 begannen die ersten öffentlichen Programmausstrahlungen in Frankreich und in den USA. Die Fernsehentwicklung wurde in Europa wegen des Krieges unterbrochen. Wesentlicher Träger der Entwicklung waren nun die USA, wo 1940 bereits mehr als 23 TV-Stationen arbeiteten und 1941 die bis heute gültige 525-Zeilen-Norm eingeführt wurde. Hier wurde auch früh mit den ersten Farbfernsehversuchen begonnen. Bereits 1953 war das aktuelle vollelektronische, S/W-kompatible NTSC-Farbfernsehsystem (National Televisions Systems Committee) entwickelt. Japan und die meisten Staaten Südamerikas übernahmen NTSC, aber in Europa wurde das Verfahren wegen der schlechten Farbstabilität (Never the same colour) nicht akzeptiert. In Frankreich wurde als Alternative SECAM (séquentiel couleur à mémoire) und in Deutschland das PAL-Verfahren (Phase Alternation Line) eingeführt. Dieses 1963 bei Telefunken entwickelte System ist farbstabil und mit weniger Problemen behaftet als SECAM, so dass viele Staaten das bis heute gültige Verfahren übernahmen. Die regelmäßige Ausstrahlung von PAL-Sendungen in Deutschland begann 1970. Als einziger Übertragungsweg stand dafür zunächst die terrestrische Ausstrahlung unter Nutzung einer erdbodennahen elektromagnetischen Welle zur Verfügung. In den 70er- und 80er- Jahren kamen als Alternativen die satellitengestützte und die kabelgebundene Übertragung hinzu, die heute die terrestrische Ausstrahlung weitgehend verdrängt haben.

Auch das hoch entwickelte PAL-Verfahren ist mit Artefakten verbunden, an deren Eliminierung in den 80er-Jahren gearbeitet wurde. Dies geschah bereits mit Blick auf eine wesentlich höhere Bildauflösung (HD-MAC). Die Entwicklung dieser noch analogen Systeme wurde aber durch die Digitaltechnik rasch überholt, insbesondere nachdem die Möglichkeit deutlich wurde, sehr effiziente Datenreduktionsverfahren (MPEG) einzusetzen. Das letzte Jahrzehnt vor der Jahrhundertwende ist geprägt von dem Versuch der Einführung eines PAL-kompatiblen Breitbildsystems (PALplus) und der Entwicklung digitaler Übertragungsverfahren. Das entsprechende System für das Digital Video Broadcasting (DVB) ist ab 2000 in Europa weitgehend verfügbar und wird von sehr vielen außereuropäischen Staaten übernommen.

Abb. 1.15
Das Boot
Wolfgang Petersen, 1981

Bis zum Ende der 80er-Jahre galt, dass das PAL-Signal sowohl Sende- als auch Produktionsstandard war. Im Produktionsbereich trat ein erheblicher Wandel ein, als ab 1960 elektronische Magnetbandaufzeichnungsverfahren zur Verfügung standen. Nach den ersten Geräten, die mit Magnetbändern von ca. 5 cm Breite arbeiteten, wurden bis zum Ende der 80er-Jahre die kostspieligen MAZ-Formate B und C verwendet, noch mit offenen Spulen und Bändern von 2,5 cm Breite. Als sich mit Betacam SP die Verfügbarkeit eines preiswerteren MAZ-Systems auf Kassettenbasis abzeichnete, wurde der Wechsel zu dem bei diesem Format verwendeten Komponentensignal als Standard im Produktionsbereich vollzogen. Mitte der 80er-Jahre waren sowohl preiswerte Videorecorder für den Heimgebrauch als auch bereits erste digitale MAZ-Systeme verfügbar und im Laufe der Zeit waren alle Studiogeräte auf digitaler Basis erhältlich. Nachdem die Digitalisierung im Produktionsbereich weitgehend abgeschlossen ist, ist die Entwicklung vom Einsatz von Studiogeräten geprägt, die mit Datenreduktion arbeiten. Als nächster Schritt steht die digitale Vernetzung der Produktionskomplexe bevor, denn die Digitaltechnik findet sich nicht nur im Videobereich, sondern ist die Basistechnologie im Computerbereich und für die Telekommunikation. Die Annäherung der drei Bereiche unter Ausnutzung von Synergieeffekten ist bestimmend für die zukünftige Entwicklung.

Der erhebliche Wandel, der seit den 90er-Jahren durch die Digitalisierung erfolgte, hat im Film- und Fernsehbereich starke Auswirkungen. Man spricht generell von der Konvergenz der Medien: Die Bereiche Video- und Filmtechnik nähern sich immer weiter an. Professionelle und Heimgeräte weisen immer mehr gleiche Funktionalität auf. Videoproduktionen erfolgen nicht mehr nur in Standardauflösung, sondern auch mit hoher Auflösung als HDTV (High Definition TV), das für den Filmbereich eine immer stärkere Rolle spielt. Hinzu kommen digitale Bilder mit geringer Auflösung (LDTV) für Multimediaproduktionen und nicht zuletzt für die Videoübertragung im Internet. Es entstehen neue Datenträger (DVD) und Netzwerke für Videosignale. Filmtonformate werden für den Videobereich übernommen, elektronische Projektoren beherrschen immer höhere Bildauflösungen, d. h. insgesamt finden videotechnische Mittel immer mehr Eingang in die Filmproduktion.

Abb. 1.16
Jurassic Park
Steven Spielberg, 1993

2 Filmtechnik

2.1 Film als Speichermedium

Film stellt ein Bildspeichermedium dar, mit dem Bewegungsvorgänge wiedergegeben werden können (Motion Picture Film). Die Bewegung wird zeitlich diskretisiert, in einzelne Phasen zerlegt, die jeweils in einem Einzelbild festgehalten werden. Bei einer Präsentation von mehr als 20 Bildern pro Sekunde kann der Mensch die Einzelbilder nicht mehr trennen, und es erscheint ihm ein Bewegtbild.

Das Einzelbild entsteht über den fotografischen Prozess. Die Fotografie nutzt den Effekt, dass sich Silberverbindungen unter Lichteinwirkung so verändern, dass in Abhängigkeit von der örtlich veränderlichen Intensität unterschiedliche Schwärzungen auftreten. Das lichtempfindliche Material wird auf ein transparentes Trägermaterial aufgebracht, das für Filmanwendung sowohl geschmeidig als auch sehr reißfest sein muss und zudem über lange Zeit formbeständig bleibt. Diese Forderungen werden sehr gut von Zellstoffmaterialien erfüllt, die mit einem Weichmacher behandelt werden. Bis in die 50er-Jahre des 20. Jahrhunderts hinein wurde Zellulose-Nitrat, der sog. Nitrofilm, als Trägermaterial verwendet. Dieser erfüllte die Anforderungen, hat aber die Eigenschaft, leicht entflammbar zu sein, was häufig zu sehr schweren Unfällen führte. Heute wird der sog. Sicherheitsfilm aus Zellulose-Triazetat verwendet, oder der Träger besteht aus Polyesterkunststoff. Polyester ist formstabiler und reißfester als das Zellulose-Material, lässt sich aber nicht mit gewöhnlichen Mitteln kleben, so dass Polyester (bei Kodak Estar genannt) gut bei Endprodukten verwendet werden kann, die nicht mehr bearbeitet werden.

Auf das Trägermaterial von etwa 0,15 mm Stärke wird die lichtempfindliche Schicht aufgetragen. Die Schicht hat eine Stärke von ca. 7 μm, die bei neueren Filmen eine Toleranz von maximal 5 % aufweist. Darüber wird eine dünne Schutzschicht aufgebracht, die Beschädigungen der

▶ **Bis in die 50er Jahre des 20. Jahrhunderts hinein wurde Zellulose-Nitrat, der so genannte Nitrofilm, als Trägermaterial verwendet. Dieser hat die Eigenschaft, leicht entflammbar zu sein, was häufig zu sehr schweren Unfällen führte. Heute wird der sog. Sicherheitsfilm aus Zellulose-Triazetat oder Polyester verwendet.**

Oberfläche verhindern soll. Auf der Filmrückseite befindet sich ebenfalls eine Schutzschicht. Sie ist bei Aufnahmefilmen grau eingefärbt, um zu verhindern, dass Licht von der Filmrückseite wieder zur lichtempfindlichen Schicht reflektiert wird und dort sog. Lichthöfe bildet. Als Hersteller von Filmmaterialien hat seit langer Zeit die Firma Eastman/Kodak eine sehr große Bedeutung. Alternativ steht Material von Fuji zur Verfügung.

2.1.1 Filmschwärzung

Die lichtempfindliche Schicht besteht aus einer Emulsion aus Gelatine, in die als Lichtrezeptoren Silbersalze, meist Silberbromid, eingemischt sind, also eine molekulare Verbindung von Ag^+ und Br^-. Das Silberbromid liegt in kristalliner Form vor und weist eine eigene Gitterstruktur auf. Unter Einwirkung von Licht kann sich ein Elektron vom Bromion lösen und ein Silberion neutralisieren. Damit entsteht undurchsichtiges metallisches Silber, das das Kristallgefüge an dieser Stelle stört. Bei sehr langer Belichtung geht schließlich das gesamte Silberbromid in seine Bestandteile über und macht das Material undurchsichtig. Bei kurzer Belichtung entsteht das Silber in so geringen Mengen, dass kein sichtbares, sondern nur ein latentes Bild entsteht. Das Material kann anschließend einer chemischen Behandlung, der Entwicklung, mit Hilfe von Substanzen auf Benzolbasis unterzogen werden, wobei die geringe Kristallstörung des latenten Bildes so verstärkt wird, dass der gesamte Kristall zu Silber und Brom zerfällt und eine neue Gitterstruktur aufweist. Durch den Entwicklungsprozess wird die Wirkung der Belichtung um einen Faktor zwischen 10^6 und 10^9 verstärkt, was die heute verwendbaren geringen Belichtungszeiten ermöglicht. Dabei bildet sich in hellen Bildpartien schneller Silber als in dunklen, d. h. diese Bereiche werden weniger transparent, und es entsteht ein negativer Bildeindruck. Der Grad der Silberbildung bzw. Schwärzung ist vom Grad der Beleuchtungsstärke abhängig und weiterhin durch die Art der Entwicklung beeinflussbar. Unbelichtete Stellen bleiben nicht völlig transparent, auch hier bildet sich ein wenig Silber. Dieses mindert den Kontrast und wird als Schleier bezeichnet.

Durch die Entwicklung allein entsteht noch kein dauerhaftes Bild, denn das Silberbromid, das noch nicht zerfallen ist, ist weiter lichtempfindlich, so dass Lichteinfall zu weiterer Schwärzung führt. Vor dem und während des Entwicklungsprozesses darf das Filmmaterial also nicht dem Licht ausgesetzt werden, da sonst der gesamte Film geschwärzt wird. Kritisch ist dabei vor allem energiereiche kurzwellige elektromagnetische Strahlung, die dem Auge blau erscheint.

Um die Filme lichtecht zu machen wird durch einen so genannten Fixiervorgang in einer Thiosulfatlösung das überschüssige Silberbromid

▸ **Durch den Entwicklungsprozess wird die Wirkung der Belichtung um einen Faktor zwischen 10^6 und 10^9 verstärkt, was die geringen Belichtungszeiten ermöglicht. Dabei bildet sich in hellen Bildpartien schneller Silber als in dunklen, d. h. diese Bereiche werden weniger transparent, und es entsteht ein negativer Bildeindruck.**

abgelöst und durch die folgende Wässerung herausgewaschen. Anschließend wird der Film getrocknet, was einen großen Teil der Gesamtbearbeitungsdauer in Anspruch nimmt.

Um zu einem Positiv zu kommen gibt es zwei Möglichkeiten: das Negativ/Positiv- und das Umkehrverfahren. Bei Ersterem wird zum zweiten Mal negiert, indem das erste Negativ mit Hilfe gleichmäßiger Beleuchtung auf einen zweiten Film kopiert wird. Nachdem auch dieser der beschriebenen Entwicklung unterzogen wurde, entsteht schließlich das Positivbild, das im Idealfall die gleiche Leuchtdichteverteilung wie die Originalszene hervorruft.

Beim Umkehrverfahren wird kein zweiter Film benötigt. Hier wird zunächst auch das Negativ entwickelt, statt aber anschließend das unbelichtete Silberbromid zu beseitigen, wird in einem chemischen Bleichprozess das metallische Silber entfernt und das Silberbromid bleibt zurück. Anschließend wird der Film diffusem Licht ausgesetzt, so dass nach einer zweiten Entwicklung und anschließender Fixierung die ursprünglich dunklen Bildpartien geschwärzt erscheinen /4/.

Aufgrund der Trennung in zwei Schritte erlaubt der Positiv/Negativ-Prozess mehr Spielraum bei der Belichtung als das Umkehrverfahren, außerdem ist er gut geeignet, wenn von einem Negativ mehrere Positive kopiert werden sollen. Der Vorteil des Umkehrfilms ist die Zeitersparnis, da der aufwändige Kopierprozess entfällt. Dieser Vorteil kommt z. B. zum Tragen, wenn Filmmaterial für aktuelle Fernsehberichterstattung verwendet wird, was im Zeitalter der elektronischen Berichterstattung jedoch nur noch selten der Fall ist. Heute wird im Fernsehbereich Negativfilm fast nur noch für szenische Produktionen verwendet. Nach der Umsetzung in ein elektronisches Signal mittels Filmabtastung kann das Positiv einfach durch Signalinvertierung gewonnen werden.

▶ Die Empfindlichkeit des Filmmaterials wird neben der Anzahl der in der Emulsion befindlichen Silberbromid-Kristalle wesentlich von deren Größe bestimmt. Große Kristalle führen zu hoher Empfindlichkeit, denn sie fangen zum einen mehr Licht auf und bilden zum anderen anschließend auch mehr Silber. Die Silberbildung geht mit großen Kristallen schneller, man sagt, der Film habe mehr speed.

Die Empfindlichkeit des Filmmaterials wird neben der Anzahl der in der Emulsion befindlichen Silberbromid-Kristalle wesentlich von deren Größe bestimmt. Große Kristalle führen zu hoher Empfindlichkeit, denn sie fangen zum einen mehr Licht auf als kleine und bilden zum anderen anschließend auch mehr Silber. Die Silberbildung geht mit großen Kristallen schneller, im Englischen sagt man, der Film habe mehr speed. Die Kristallgröße kann bei der Herstellung der Emulsion beeinflusst werden, und damit können Filme verschiedener Empfindlichkeit produziert werden. Je größer die Kristalle werden, desto stärker werden sie als sog. Filmkorn wahrnehmbar. Auch wenn das Filmkorn (Grain) im Einzelnen nicht sichtbar ist, sind doch die Körner statistisch unregelmäßig verteilt und führen so zu einer örtlich veränderlichen Dichte, die besonders bei Grautönen als unregelmäßige, rauschartige Überlagerung des eigentlichen Bildes sichtbar wird und ein wesentliches Charakteristikum des sog. Filmlook darstellt. Das Filmnegativ hat hier den größten

Einfluss, da es meist relativ empfindlich ist. Das Kopiermaterial kann dagegen feinkörnig sein, da zum Ausgleich der geringeren Empfindlichkeit mit intensivem Kopierlicht gearbeitet werden kann.

Die Filmempfindlichkeit wird außerdem von der Energie der Lichtwelle bestimmt. Da kurzwellige Strahlung energiereicher ist, liegt vor allem Blauempfindlichkeit vor /5/. Wie bereits angedeutet, kann die Emulsion aber mit Farbstoffen verändert werden, so dass sie auch für andere Wellenlängenbereiche sensibel wird. Dieser Umstand ist für die Entwicklung des Farbfilms von großer Bedeutung.

2.1.2 Farbfilm

Farbfilme erfordern lichtempfindliche Schichten, die nur auf bestimmte Wellenlängenbereiche ansprechen. Aus der Theorie der Farbmischung ist bekannt, dass sich Farben aus nur drei Anteilen ermischen lassen, die in ihrer Intensität variiert werden. Ein großer Bereich natürlicher Farben wird erfasst, wenn die Grundfarben Rot, Grün und Blau verwendet werden. Die Mischung von Licht aus derartigen Quellen wird additive Mischung genannt. Subtraktive Mischung liegt dagegen vor, wenn Farbanteile aus weißem Licht herausgefiltert werden /7/. Die dazugehörigen Grundfarben sind dann die Komplementärfarben von Rot, Grün und Blau, also Blaugrün (Cyan), Purpur (Magenta) und Gelb (Yellow).

Farbfilme sind so aufgebaut, dass drei voneinander getrennte Emulsionen übereinander liegen (Abb. 2.1). Die Emulsionen werden so sensibilisiert, dass sie jeweils für einen der drei genannten Anteile des sichtbaren Lichtspektrums, also Rot, Grün und Blau, empfindlich werden. Im Negativmaterial ist die oberste Schicht blauempfindlich, darunter folgen die grün- und rotempfindlichen Schichten, die von Ersterer durch eine Gelbfilterschicht getrennt sind, die blaues Licht von ihnen fernhält.

Das Problem beim Farbfilm ist, dass die Silberbildung zur Schwärzung und nicht zur Färbung führt. Um Farbstoffe bilden zu können, werden Farbkuppler in die Emulsionsschicht eingebaut. Damit entstehen bei der Belichtung wie beim Schwarzweißfilm latente Bilder in den Schichten, die für die jeweilige Farbe empfindlich sind. Die Farbstoffe entstehen erst im anschließenden Farbentwicklungsprozess. Bei der Umwandlung des Silbers aus dem Silberbromid wird der Farbentwickler oxidiert. Dieser kann eine Verbindung mit den Farbkupplern eingehen und es bilden sich Farbstoffe, die als Farbstoffwolken die Silberkörner einhüllen. Die Farbstoffe sind komplementär zu den ursprünglichen Lichtfarben, für die der Film empfindlich war, und ihre Intensität hängt von der Belichtung ab. Je mehr rotes Licht beispielsweise vorhanden ist, umso mehr blaugrüner Farbstoff entsteht. Bei weißem Licht bilden sich Farbstoffe in allen drei Schichten und mindern die Transparenz über den

Abb. 2.1
Maßstabsgerecht vergrößerter Querschnitt durch Negativ-Filmmaterial mit drei farbsensitiven Schichten /6/

gesamten Spektralbereich. Das Farbnegativ beinhaltet somit ein hellig-keitsinvertiertes Bild in Komplementärfarben. Die Silbersalze, die von den Farbstoffen umhüllt werden, sind jetzt störend und werden in einem Bleichbad entfernt und nachdem im Fixiervorgang auch das unbelichtete Silberbromid entfernt ist, liegt das lichtechte Farbnegativ vor. Abbildung 2.2 zeigt links den Farbfilm nach der Farbentwicklung allein und rechts mit zusätzlicher Behandlung im Bleich- und Fixierbad. Links sind die von den Farbstoffwolken umhüllten Silberkörner zu sehen, rechts die Farbstoffwolken allein /6/.

Der Positivfilm verhält sich ähnlich wie der Negativfilm, auch er spei-chert wiederum die jeweiligen Komplementärfarben. Bei einem Kopier-vorgang mit weißem Licht entsteht bei diesem Farb-Negativ-Positiv-Pro-zess im Positivfilm also ein Farbbild, das nach der zweiten Invertierung wieder weitgehend der Originalabbildung entspricht. Als Beispiel für ei-nen Negativ-Positiv-Prozess sei eine Szene betrachtet, die ein rotes Ob-jekt enthält: Das vom Objekt reflektierte Licht erzeugt im Film einen cy-anfarbenen Farbstoff. Beim Kopierprozess durchdringt das Licht das entwickelte Negativ, wobei die Rotanteile herausgefiltert und im Positiv-film nur die Farbschichten angeregt werden, die für Blau und Grün emp-findlich sind. Bei der Farbentwicklung werden hier nun wiederum die Farbstoffe Gelb und Magenta erzeugt. Diese filtern schließlich das Pro-jektionslicht so, dass auf der Leinwand Rot zu sehen ist, da das für Rot wirkende Cyanfilter als einziges im Positiv nicht vorhanden ist.

Auch beim Farbfilm kann mit dem Umkehrverfahren gearbeitet wer-den, bei dem bei der chemischen Behandlung direkt das Positiv entsteht. Abgesehen vom Bleichvorgang zur Entfernung des Silbers, entspricht das Verfahren dem des Schwarzweiß-Umkehrprozesses.

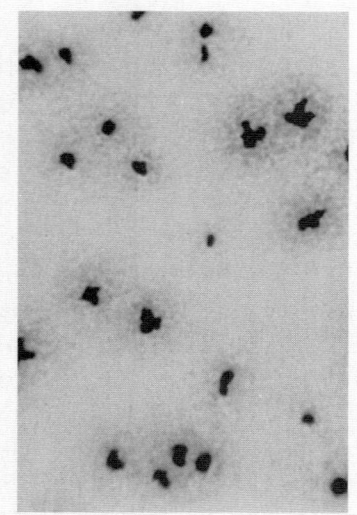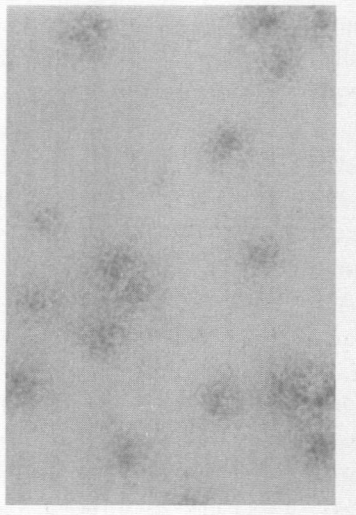

Abb. 2.2
Vergrößerter Filmaus-schnitt:
links vor dem Bleichvor-gang, rechts danach /6/

2.2 Filmformate

Filmformate beinhalten Angaben über die Filmbreiten, die Bildfeldgrößen, die Perforationen und die Orientierung. Die Bezeichnungen werden über die äußeren Filmbreiten festgelegt. Heute werden vornehmlich 16-mm- und 35-mm-Filme verwendet, seltener 8-mm- und 65-mm- bzw. 70-mm-Filme. Die Breiten und Bildfeldgrößen haben sich historisch früh etabliert und sind anschließend nicht wesentlich verändert worden, so dass Film heute den großen Vorteil hat, ein international austauschbares Medium zu sein, eine Eigenschaft, die in Zeiten von Multimedia und ständig wechselnden Daten- und Fileformaten eine wichtige Besonderheit darstellt. Aufgrund der Tatsache, dass die Bildgrößen konstant blieben, die Auflösungs- und Farbqualität im Laufe der Zeit aber immer weiter gesteigert werden konnten, stellt Film hinsichtlich dieser Parameter ein hervorragendes, hochqualitatives Medium dar, dessen Eigenschaften auf elektronischer Basis erst mit sehr hoch entwickelter Digitaltechnik annähernd erreicht werden.

▸ **Die Breiten und Bildfeldgrößen haben sich historisch früh etabliert und sind anschließend nicht wesentlich verändert worden, so dass Film heute den großen Vorteil hat, ein international austauschbares Medium zu sein, eine Eigenschaft, die in Zeiten von ständig wechselnden Daten- und Fileformaten eine wichtige Besonderheit darstellt.**

2.2.1 Filmbreiten

Die verwendeten Filmbreiten lassen sich bis zu den Anfängen der Filmtechnik zurückverfolgen. In den Laboratorien des Filmpioniers George Eastman wurden die ersten Zellulose-Filme auf Glastische gegossen. Nach Trocknung und Ablösung des beschichteten Filmträgers und Beschnitt der Ränder entstanden Filmbahnen der Breite 22", entsprechend 558,8 mm /4/. Die Teilung in acht gleich große Teile ergibt 69,85 mm, gerundet 70 mm. Heute beträgt die Ausgangsbreite für die Teilung 54".

70-mm-Film ist das größte heute verwendete Format. Diese Filme werden aber nicht für den Massengebrauch, sondern meist für Spezialfälle, für Filme mit sehr intensivem Erlebniswert (Imax, Futoroskop, Expo) und in Museen verwendet. 70-mm-Film ist ein reines Wiedergabeformat. Um 70-mm-Kopien zu erzeugen, wird aufnahmeseitig mit 65-mm-Film gearbeitet (Abb. 2.3). Die Differenz wird auf dem Wiedergabematerial als Raum für Tonspuren genutzt.

Die Halbierung jedes 70-mm-Streifens führt zum 35-mm-Filmformat, das gegenwärtig für hochwertige Produktionen die größte Bedeutung hat und das Standardformat für die Kinoprojektion ist. Im Verlauf der Entwicklung sollte dann ein Format für den Amateurbereich folgen. Für diesen Zweck wurde die Breite des Filmstreifens auf 5/11 des 35-mm-Formats verringert und es entstand mit 5/8" der 16-mm-Film. Die Verbesserung der lichtempfindlichen Schichten erlaubte später die nochmalige Halbierung zum 8-mm-Film, der sich in den 70er- und 80er-Jahren tatsächlich als Amateurformat etablierte, während der 16-mm-Film so hohe Qualität bietet, dass er sich als ein relativ kostengünstiges Medium für Schulungs- und Industriefilme und für Fernsehproduktionen anbietet. Aus Kostengründen wird 16-mm-Negativfilm auch manchmal verwendet, um durch Vergrößerung eine so genannte Blow-up-Kopie für die Wiedergabe auf 35-mm zu erzeugen. Das 8-mm-Format wurde vor der Verfügbarkeit preiswerter Videotechnik im Amateurbereich verwendet. Heute hat es, abgesehen von einigen Anwendungen zur Erzielung eines besonderen Bildeindrucks (z. B. für Videoclips), praktisch keine Bedeutung mehr.

Abb. 2.3
Originalgrößen von 16-mm-, 35-mm- und 65-mm-Film im Vergleich

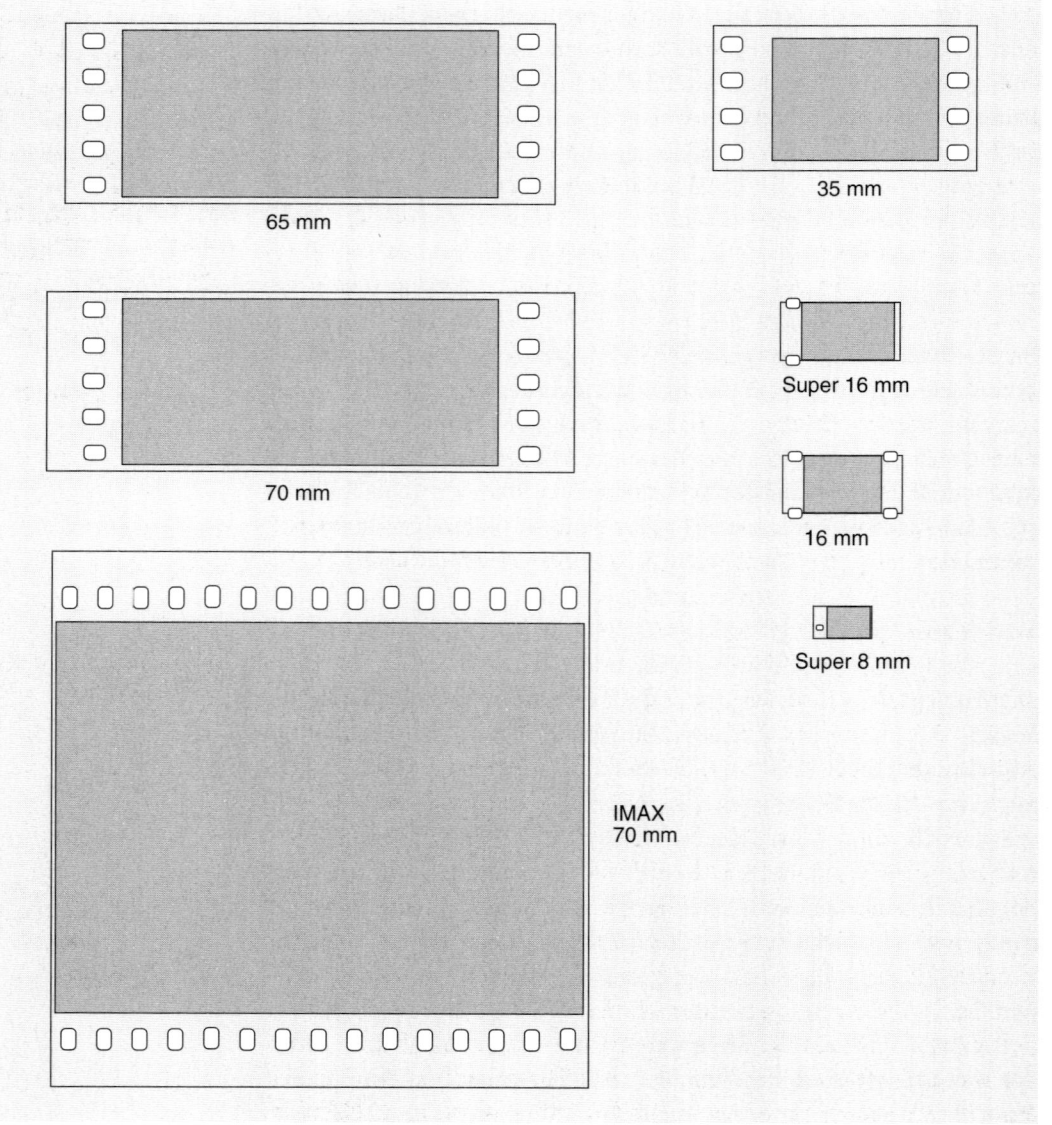

65 mm

35 mm

70 mm

Super 16 mm

16 mm

Super 8 mm

IMAX
70 mm

2.2.2 Perforation

Der Film wird schrittweise transportiert und muss bei der Belichtung
oder Projektion sicher in einer Position verharren. Deshalb wird der mechanische Transport mit Schrittschaltwerken durchgeführt, bei denen
Greifer in Perforationen im Film einfallen und ihn weiterziehen.

Um einen stabilen Bildstand gewährleisten zu können, war bereits bei
den Filmen für Edisons Kinematographen eine Perforation mit vier Löchern pro Bild vorgesehen, die 1891 zum Patent angemeldet wurde und
noch heute beim 35-mm-Film verwendet wird (Abb. 2.4). Zuerst waren
die Perforationslöcher rund, später wurde zu einer Überlagerung von
Rechteck und Kreis, der so genannten Bell&Howell-Perforation, überge-
gangen. Um die Löcher stabiler zu machen, wurde zu Beginn der 9oer-
Jahre die B&H-kompatible Perforation nach Kodak-Standard mit 2,8 mm
Lochbreite und 2 mm Höhe für den 35-mm-Film eingeführt /6/. Bei 16-
mm-Film betragen die Breiten/Höhen-Maße 1,8 mm und 1,3 mm.

Die Perforation von 70-, 65- und 35-mm-Film erfolgt beidseitig, der
Abstand der Löcher beträgt 4,74 mm. Er ist beim Positivmaterial etwas
größer als beim Negativ (4,75 mm), um eine Kontaktkopierung im kontinuierlichen Lauf an einer Transportrolle zu ermöglichen (s. Kap. 2.5.2).
Im Gegensatz zum 35-mm-Film hat das 70-mm- (65-mm-)Format 5 Perforationslöcher pro Bild (Abb. 2.3). Bei 16-mm- und 8-mm-Film wird
nur ein Perforationsloch pro Bild verwendet, das ein- oder zweiseitig
eingestanzt sein kann. Der Lochabstand beträgt beim 16-mm-Format
7,62 mm und bei 8-mm-Film 3,6 mm bzw. 4,23 mm (Super8). Im Unterschied zu den anderen Formaten arbeitet das IMAX-Format mit horizon-
talem Filmtransport (Orientierung) und 15 Perforationslöchern pro Bild.

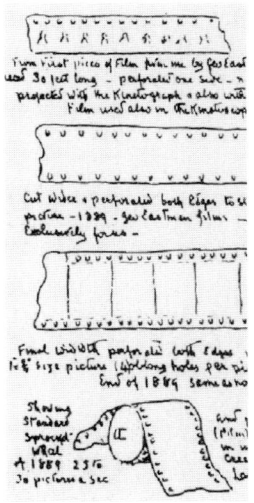

Abb. 2.4
Filmperforation 1889 /8/

2.2.3 Bildfeldgrößen

Die Größe des Bildfeldes folgt aus der Filmbreite, der Orientierung, der
Breite der Perforationen und dem Bildseitenverhältnis sowie ggf. der Berücksichtigung von Platz für Tonaufzeichnung. Beim 35-mm-Film steht
zwischen den Perforationslöchern eine Breite von 25,4 mm zur Verfügung. Zu Zeiten des Stummfilms wurde ein Bildfeld von 24 mm Breite
und 18 mm Höhe genutzt. Der Bildfeldabstand beträgt bis heute 19 mm,
der alten amerikanischen Längeneinheit von 1 foot sind damit beim 35-
mm-Film genau 16 Bilder zugeordnet. Bei Einführung des Tonfilms wurde die Bildbreite eingeschränkt, um Platz für die Tonspuren zu schaffen.
Die Bildfeldgröße des 35-mm-Normalfilmformats beträgt seit dieser
Zeit 22 mm x 16 mm. Es besteht damit ein Bildseitenverhältnis 1,37:1,
das als Academy-Format bezeichnet wird. Obwohl aufnahmeseitig kein
Platz für Tonspuren zur Verfügung stehen muss, wurde die Bildfeldein-

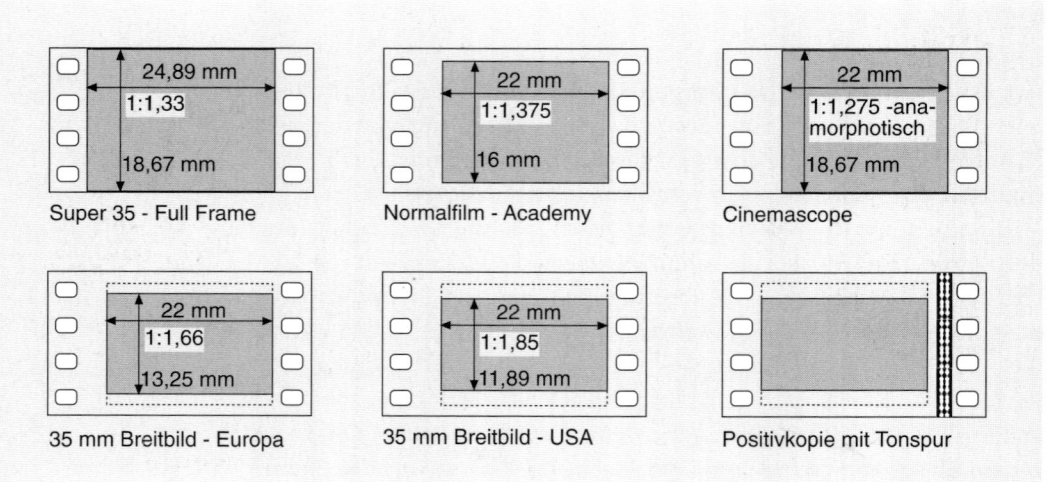

Abb. 2.5
Vergleich verschiedener
Bildfeldgrößen bei
35-mm-Film

schränkung auch hier vorgenommen, damit der Kopierprozess in einfacher Form ohne Größenveränderung ablaufen kann. Später wurde für die Aufnahme als Option auch das Format Super 35 definiert, das mit 24,9 mm x 18,7 mm und dem Seitenverhältnis 1,33:1 die maximale Fläche ausnutzt. In Abbildung 2.5 wird deutlich, dass bei Super 35 nicht nur die Fläche vergrößert, sondern auch das Bildfeld seitlich verschoben ist. Dieser Umstand muss bei Kameras berücksichtigt werden, die sowohl für 35 als auch für Super 35 nutzbar sind. Die Darstellung in Abbildung 2.5 bezieht sich auf das 35-mm-Negativ, die über das Positiv projizierte Fläche ist in beiden Dimensionen immer um ca. 5 % kleiner und beträgt beim Normalformat z. B. 20,9 mm x 15,2 mm.

Im Laufe der Zeit wurden die gebräuchlichen Bildseitenverhältnisse mehrfach verändert. Dies geschah sehr radikal, als dem Kinofilm in den 50er-Jahren durch die stärkere Verbreitung des Fernsehens in den USA eine ernste Gefahr erwuchs. Man begegnete ihr durch die Einführung eines sehr breiten Projektionsbildes, dessen Wirkung durch einen hochwertigen Mehrkanalton unterstützt wurde. Das bekannteste ist das Cinemascope-Verfahren, das 1953 eingeführt wurde und tatsächlich die erwünschte Umsatzsteigerung bei den Kinobesuchen brachte. Beim Cinemascope-Format beträgt die Bildhöhe 18,67 mm bei einer Breite von 22 mm (Abb. 2.5). Die Besonderheit ist, dass bei der Wiedergabe ein Breitbildformat vorliegt, das mit einem Verhältnis von 2,35:1 projiziert wird, obwohl für die Aufnahme nur 1,175:1 zur Verfügung steht. Das gelingt bei diesem und ähnlichen Verfahren durch die Verwendung einer anamorphotischen Kompression, bei der das Bild mit Hilfe einer besonderen optischen Abbildung nur in der Horizontalen um den Faktor 2 gestaucht wird, während die Vertikale unbeeinflusst bleibt (Abb. 2.6). Die Verzerrung wird bei der Wiedergabe entsprechend ausgeglichen. Die

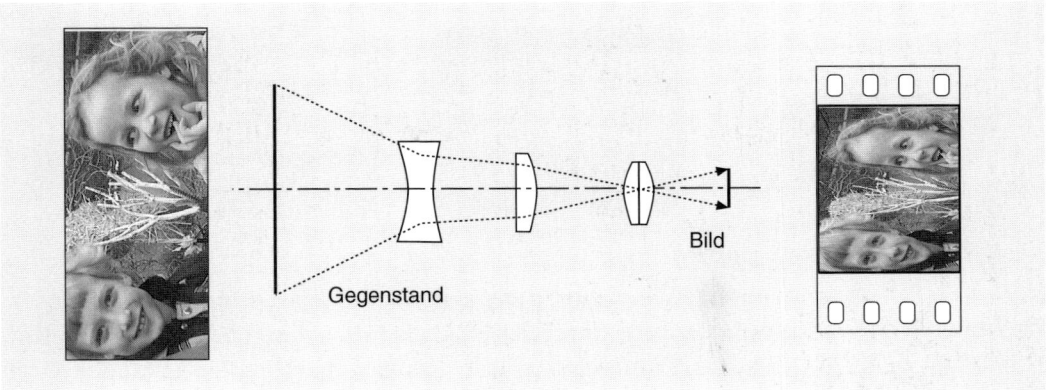

Abb. 2.6
Stauchung der
Bildhorizontalen bei
Cinemascope

wiedergabeseitige Vergrößerung verstärkt allerdings auch die Sichtbarkeit des Filmkorns und konnte so die Bildschärfe beeinträchtigen. Das Breitbild wurde international ein Erfolg, und in kurzer Zeit wurden viele Filmtheater mit entsprechenden Objektiven und Breitbildwänden ausgerüstet. Unter anderem um Lizenzgebühren für Cinemascope zu sparen, kamen in den 50er- und 60er-Jahren viele weitere Formate mit Bezeichnungen wie Superscope, Vistavision, Technirama, Techniscope und Todd-AO heraus, die alle auf dem gleichen Prinzip beruhen und zusammenfassend als Scope-Verfahren bezeichnet werden /10/.

Die anamorphotische Kompression kann nicht nur direkt bei der Aufnahme eingesetzt werden, sondern auch bei der Erzeugung einer Zwischenkopie, bei der das Bild in der Horizontalen entsprechend verzerrt und vertikal beschnitten wird. Für diesen Prozess ist die Aufnahme auf Super-35-Negativ besonders geeignet. Der Weg über die Zwischenkopie hat den Vorteil, dass keine Spezialobjektive für die Kamera erforderlich sind und dass das unverzerrte Originalnegativ auch für eine Fernsehauswertung genutzt werden kann, wenn darauf geachtet wird, dass der Bereich außerhalb des Breitbildausschnitts frei von störenden Elementen wie Lampen, Mikrofonen und Stativen gehalten wird.

Das Breitbild beeinflusste die weitere Entwicklung nachhaltig und wird heute bei den meisten Produktionen verwendet. Allerdings wird gewöhnlich auf den Einsatz der Anamorphoten verzichtet und stattdessen die genutzte Bildfläche vertikal eingeschränkt. Das auf diese Weise gewonnene Bildseitenverhältnis stellt einen Kompromiss aus Academy und Cinemascope dar, es beträgt in Europa 1,66:1, in den USA 1,85:1 (Abb. 2.5) /9/. Bei konsequenter Nutzung des vertikal beschränkten Bildbereichs kann Filmmaterial gespart werden, wenn jedem Bild drei statt vier Perforationslöcher zugeordnet werden. Diese Möglichkeit wird als 3perf bezeichnet, in der Praxis aber kaum verwendet. Standard war ein ähnliches Verfahren dagegen bei Techniscope. Hier waren dem 2,35:1-Breitbild nur zwei Perforationslöcher zugeordnet.

| Filmbild 1:1,85 | TV-Bild - Letterbox | TV-Bild - PanScan |

Abb. 2.7
Pan Scan und Letterbox-Verfahren zur Umsetzung eines Breitbildformates in das TV-Format 1,33:1

Die TV-Auswertung der Breitbildformate ist nur dann unkritisch, wenn das neue Bildseitenverhältnis B:H = 16:9 (1,78:1) verwendet wird. Für die TV-Auswertung mit dem gewöhnlichen Seitenverhältnis von 1,33:1 ist dagegen eine Anpassung erforderlich. So könnten die Bildseitenbereiche beschnitten und der Bildausschnitt gegebenenfalls dem bildwichtigen Teil angepasst werden (Pan and Scan), doch wird die Alternative, nämlich die Sichtbarkeit schwarzer Streifen am unteren und oberen Bildrand (Letterbox), eher akzeptiert als der Verlust der Seiteninformationen (Abb. 2.7). Als dritte Option kann auch das aufnahmeseitige Format 1,37:1 übernommen werden, wenn das Bildfeld nicht bereits bei der Aufnahme maskiert war. In diesem Fall wird bei der TV-Wiedergabe mehr Bildinhalt zu sehen sein als im Kino. Dieser Umstand muss dann aber bei der Aufnahme berücksichtigt werden. D. h. dass auch hier darauf zu achten ist, dass keine Mikrofone oder andere störende Elemente in den größeren Bildbereich hineinragen.

Beim 16-mm-Film sind der Länge von einem Fuß (foot) 40 Bilder zugeordnet, der Bildfeldabstand beträgt damit 7,62 mm. Die Standard-Bildfeldgröße hat die Maße 10,3 mm x 7,5 mm mit dem Seitenverhältnis 1,37:1. Auch hier entstand für die Aufnahme mit Super 16 ein Breitbildformat, das ebenfalls den Tonspurbereich nutzt. Mit einseitiger Perforation kann dann ein Bildfeld der Größe 12,3 mm x 7,4 mm genutzt werden, das gegenüber Normal 16, ähnlich wie bei Super 35, etwas seitlich versetzt ist (Abb. 2.3). Das Bildseitenverhältnis beträgt hier 1,66:1. Die Aufnahmefläche ist bei Super 16 mit 91 mm² ca. 20 % größer als bei Normal 16, beträgt aber weniger als ein Viertel der Fläche von Super 35 bzw. ein Drittel der Fläche von 35 mm bei Nutzung eines Breitbildformats.

Noch kleinere Flächen weist das 8-mm-Format auf. Bei Super 8 beträgt die Bildfeldgröße 5,7 mm x 4,1 mm. Dagegen hat der 65-mm-Aufnahmefilm eine Bildfeldgröße von 23 mm x 52,5 mm bei 5 Perforationslöchern pro Bild. Die größten Bilder werden beim IMAX-System gespeichert. IMAX verwendet 70-mm-Film mit einer Bildfläche von 3622 mm² mit den Maßen 71 mm x 51 mm für die Projektion extrem großer Bilder. Dabei werden 15 Perforationslöcher pro Bild benutzt und der Film läuft mit bis zu 60 Bildern pro Sekunde im Gegensatz zu 16-mm- und 35-mm-Filmen horizontal durch den Projektor.

EASTMAN KEYKODE Numbers Information

Start Character	Mfg. ID Code	Film Type	Prefix	Count	Offset in Perfs.	Check Sum	Stop Character
	02	74	23 12 34	56	77	00	

2.2.4 Randkennzeichnung

Der endgültige Film entsteht erst, nachdem die gewünschten Szenen aus dem Negativmaterial ausgeschnitten und aneinander geklebt werden. Für den Schnitt ist eine eindeutige Kennzeichnung der Bilder erforderlich. Die Identifizierung der Bilder geschieht im einfachsten Fall durch Zählung der Perforationslöcher oder der Bilder selbst. Zur Vereinfachung der Orientierung belichten die Filmhersteller bereits bei der Herstellung eine Filmkennzeichnung bestehend aus einer Folge von Buchstaben und Zahlen auf den Film, die bei 16-mm-Film zwischen den Perforationslöchern und bei 35-mm- und 65-mm-Film außerhalb am Filmrand liegt (Abb. 2.8). Die Kennzeichnung ist nach der Entwicklung direkt lesbar und wird Fuß- oder Randnummer genannt, englisch Edge Code. Zusätzlich wird seit 1990 bei Filmen der Firma Kodak der Keycode verwendet, der einen maschinenlesbaren Strichcode enthält, aus dem auch Herstellerangaben über die Filmemulsion hervorgehen (Abb. 2.8). Damit ist es möglich, für größere Produktionen Material mit weitgehend ähnlichen Eigenschaften zu verwenden. Fußnummer und Keycode wiederholen sich beim 65- und 35-mm-Film im Abstand von 16 Bildern und beim 16-mm-Film im Abstand von 20 Bildern. Bei Fuji-Filmen gibt es ein ähnliches System mit der Bezeichnung MR-Code /11/.

Eine weitere Vereinfachung, insbesondere für die Synchronisation von Bild und Ton, ergibt sich durch die Verwendung von aufbelichtetem Timecode. Nach einem System des Kameraherstellers Arri kann z. B. der so genannte Arricode dicht neben den Perforationslöchern bei der Filmaufnahme als ein Strichmuster aufbelichtet werden (Abb. 2.9), in dem digital ein 112-Bit-Zeitcode (Typ B) verschlüsselt ist, der in den wesentlichen 80 Bit mit dem Standard-SMPTE-Timecode vom Typ C identisch ist (Abb. 2.10). Ähnliche Systeme gibt es auch bei anderen Kameraherstellern wie z. B. der Firma Aaton.

Der Standard-Timecode dient der absoluten Adressierung von Bild- und Tonmaterial. Ein Zeitraum von 24 Stunden wird binär codiert und die Codeworte werden als Ziffern dargestellt. Als kleinste Einheit wird ein Bild (Frame) verwendet, so dass acht Ziffern für Stunden (hh), Minu-

Abb. 2.8
Randkennzeichnung und Keycode beim 35-mm-Film /6/

Abb. 2.9
Lage des Arri-Codes auf dem 35-mm-Filmbild

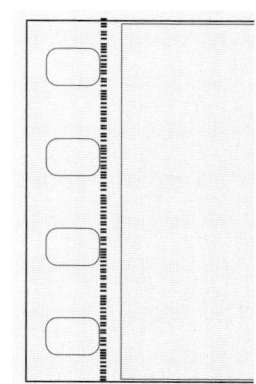

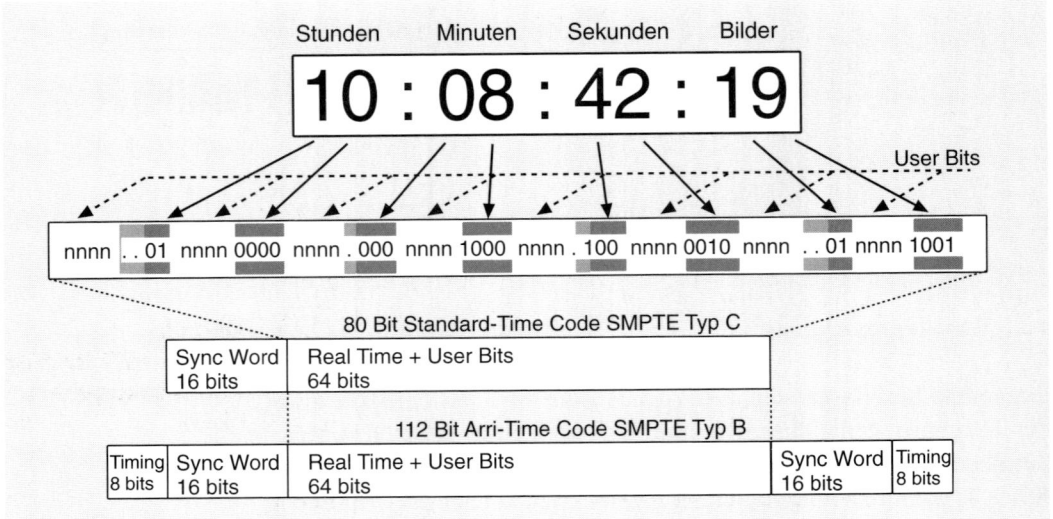

Abb. 2.10
Zuordnung der Timecode-Ziffern zu den Timecode-Formaten

ten (mm), Sekunden (ss) und Frames (ff) angezeigt werden. In Abbildung 2.10 werden die Darstellung und die Zuordnung zu den Binärwerten deutlich. Der Adressraum ist so groß, dass frei belegbare, sog. User Bits, zur Verfügung stehen, die ausreichen, um eine zweite komplette Zeitinformation zu speichern. Der gewöhnliche 80-Bit-Zeitcode vom SMPTE-Typ C kann auf Magnetband-Längsspuren aufgezeichnet werden, wie sie in gewöhnlichen analogen Audiogeräten zur Verfügung stehen. Diese Form wird als Longitudinal Timecode (LTC) bezeichnet. Darüber hinaus existiert der Vertical Interval Timecode (VITC), der in Videosignalen integriert ist und aus Sicherheitsgründen 90 Bit umfasst.

Der Timecode in der Filmkamera wird mittels Leuchtdioden aufbelichtet. Er kann vor der Aufnahme so gesetzt werden, dass er mit dem Timecode auf dem Tonaufzeichnungsgerät identisch ist. Wenn beide Systeme quarzgesteuert sind, weisen sie auch nach mehreren Stunden keine zeitliche Differenz auf, und die Synchronisation ist kein Problem mehr. Der relative Keycode wird auf diese Weise mit einem absoluten Zeitcode ergänzt, was die Nachbearbeitungsschritte insgesamt erheblich vereinfacht. Für die Endkopie kann der Timecode ignoriert, bei der elektronischen Filmabtastung muss er dagegen mit erfasst werden.

2.2.5 Filmlängen, Spulen, Behälter

Nach der Perforation des Filmaufnahmematerials wird es in Standardlängen geschnitten und auf Wickelkerne (Bobby) oder auf Spulen aufgewickelt und anschließend in lichtdichte Metalldosen gepackt. Dosendeckel und Boden sind mit einem Klebestreifen versehen, der ebenso wie die Dose selbst eine genaue Kennzeichnung des Filmtyps enthält.

	24 fps		25 fps	
	35 mm	16 mm	35 mm	16 mm
Min.	Meter	Meter	Meter	Meter
1	27,36	10,97	28,5	11,43
2	54,72	21,94	57,0	22,86
3	82,08	32,92	85,5	34,29
5	136,80	54,86	142,5	57,15
10	273,60	109,73	285,0	114,30
20	547,20	219,46	570,0	228,60
30	820,80	329,19	855,0	342,90
60	1641,60	658,38	1710,0	685,80

Tabelle 2.1
Laufzeiten und Filmlängen
bei 35-mm- und 16-mm-
Film

Die Filmlängen basieren auf geraden Zahlen nach alter amerikanischer Metrik mit der Einheit Foot (Fuß). Bei 16-mm-Film entspricht ein Fuß genau 40 Bildern, bei 35-mm sind es 16 Bilder. Standardlängen sind bei 35-mm-Negativfilm 200, 400 und 1000 feet, entsprechend 61 m, 122 m und 305 m. Als Maximallänge wird 615 m angeboten. Für 16-mm-Material werden meist 30 m und 122 m als Standardlängen verwendet. Bei einer Filmgeschwindigkeit von 24 frames per second folgt für den 35-mm Film bei einer Länge von 305 m eine Aufnahmedauer von ca. 11 min und für 16-mm-Film eine Dauer von ca. 28 Minuten. Tabelle 2.1 zeigt eine Übersicht, in der die Laufzeiten in Bezug zur Filmlänge angegeben sind.

Die Wickelkerne für Negativfilm haben in den meisten Fällen einen Außendurchmesser von 2" (50,8 mm) mit einem 1"-Loch. Im Außenrand ist eine Kerbe angebracht, in die der Film eingefädelt wird. Der Innenkreis enthält eine Nut. Dieser universellste Bobbytyp trägt bei 35-mm-Kodak-Material die Bezeichnung U-Core, für 16-mm-Film T-Core (Abb. 2.11). Für 35-mm-Positivmaterial wird ein Außendurchmesser von 3" verwendet, der bei Kodak die Bezeichnung K-Core trägt. Auf diesen Kerntyp werden auch Duplikatmaterialien und Negativmaterial mit größerer Länge gewickelt. Bei 16-mm-Material größerer Länge kommt der Z-Core zum Einsatz /6/.

Filmaufnahmematerial, das auf Bobbies gewickelt ist, darf in keinem Falle dem Licht ausgesetzt werden. Für das Einlegen der Rollen in die Kassette einer Filmkamera muss daher ein lichtdicht abgeschlossener Dunkelsack verwendet werden. Die Filmdose wird erst im geschlossenen Sack geöffnet und das Einlegen erfolgt nach Gefühl. Um die Handhabung zu vereinfachen und den Film auch bei Helligkeit wechseln zu können, stehen für kurze Längen so genannte Tageslichtspulen zur Verfügung. Dies ist z. B. für den schnellen Filmwechsel bei Dokumentarfilmaufnahmen wichtig, bei denen oft mit 16-mm-Material gearbeitet wird. Das Filmmaterial ist bei derartigen Spulen eng zwischen die Seitenteile

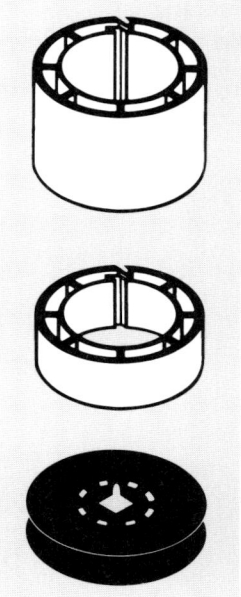

Abb. 2.11
35-mm-U-Core und
16-mm-T-Core und
16-mm-Tageslichtspule
Typ R 90 /6/

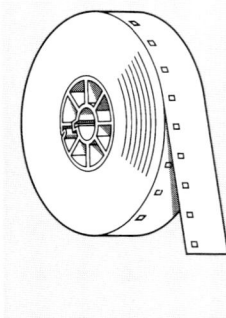

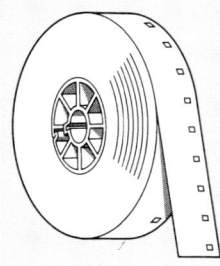

Abb. 2.12
Wicklungsarten A (oben)
und B bei 16-mm-Film /6/

Abb. 2.13
Beispiel eines Film Label
mit technischen Daten /6/

der Spule gewickelt, die bei nicht zu großer Helligkeit einen ausreichenden Lichtschutz gewähren. Tageslichtspulen für 16-mm-Material sind in den Längen 30,5 m und 61 m verfügbar, sie tragen bei Kodak die Bezeichnung R 90 bzw. R 190 (Abb. 2.11). Die Tageslichtspule für 35-mm mit der Länge 30,5 m wird mit S 85 bezeichnet.

Bei 16-mm-Film ergibt sich ein besonderes Problem durch die Tatsache, dass er einseitig perforiert sein kann. Um die Perforation dem transportierenden Greiferwerk in der Kamera richtig zuordnen zu können werden die Windungsarten A und B unterschieden. Heute ist fast ausschließlich Variante B in Gebrauch, d.h. dass bei einer Wicklungsart, bei der die lichtempfindliche Schicht innen liegt, die Perforation rechts sichtbar wird, wenn man auf die Abwickelseite schaut (Abb. 2.12). Bei Typ A erscheint die Perforation entsprechend links /5/.

Die Angaben der Parameter des verwendeten Films, also Angaben zur Filmbreite, Perforation, Filmlänge etc. finden sich auf dem Film Label der Filmdose. Abbildung 2.13 zeigt ein typisches Beispiel für einen 35-mm-Film von 122 m Länge. Kodak verwendet bei 35-mm-Film die Ziffern 52 und bei 16-mm-Film die Ziffern 72 als Beginn der Filmartkennzeichnung /6/. Die Filmempfindlichkeit (Exposure Index, EI) beträgt bei diesem Beispiel 500 ASA bei Kunstlicht (Tungsten Rating, T). Dabei ist auch angegeben, dass mit Hilfe eines Konversionsfilters Wratten Type 85 eine Abstimmung auf die Farbtemperatur des Tageslichts (Daylight, D) vorgenommen werden kann, wobei sich dann ein EI von 320 ASA ergibt.

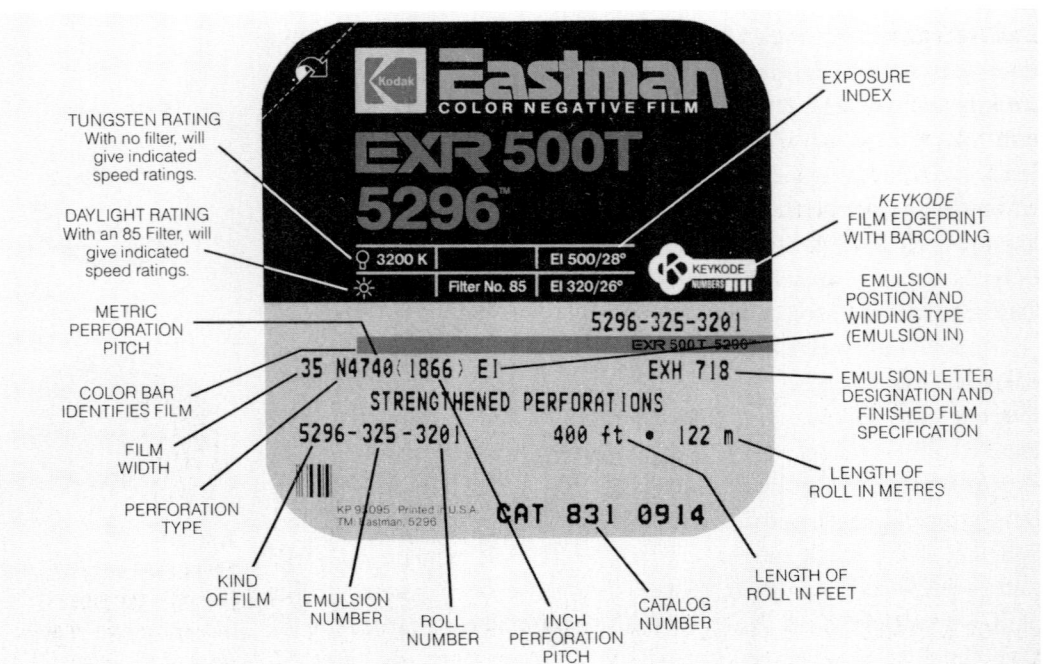

2.3 Filmeigenschaften

Für die verschiedenen Anwendungsgebiete, in denen Film verwendet wird, stehen unterschiedliche Filmtypen zur Verfügung. Hinsichtlich der Kamera und des Projektors muss das Filmformat festgelegt sein. Hier gibt es heute im Wesentlichen die Entscheidung zwischen 16-mm- und 35-mm-Film. Des Weiteren muss entschieden werden, ob in Farbe oder Schwarzweiß gedreht wird und ob auf dem Film Raum für Tonspuren vorgesehen wird. Dann kann der Film hinsichtlich der Frage ausgewählt werden, ob eher die Lichtempfindlichkeit oder die detailgetreue Abbildung im Vordergrund steht und ob unter Tages- oder Kunstlichtbedingungen gearbeitet wird. Schließlich ist die Frage der Vervielfältigung sehr wichtig. Für die schnelle Verfügbarkeit von Einzelstücken stehen Umkehrverfahren zur Verfügung, für die Erstellung von Massenkopien Negativ- und Positivfilme. Die Aufnahme-Negativfilme werden englisch auch als Camerafilms und die Positive als Printfilms bezeichnet.

Bei großen Stückzahlen stammen nicht alle Positive von demselben Negativ ab, sondern von Zwischenkopien, sog. Intermediate-Materialien, d. h. die Massenkopien kommen von kleineren Mengen von Internegativen, die von einer geringen Zahl von Interpositiven gewonnen werden, die wiederum von dem Einzelnegativ herrühren. Intermediate-Material, auch Duplikat- oder Laboratory-Filme genannt, werden auch für die Erstellung von Titeln, Effekten etc. gebraucht.

2.3.1 Belichtung und Schwärzung

Die Schwärzung des Filmmaterials hängt von der Intensität des auffallenden Lichtes ab. Zur quantitativen Bestimmung sind photometrische Größen definiert, die hier vorgestellt werden sollen. Bei der Definition wird zwischen energetischen Größen (Index e) und solchen unterschieden, die unter Einbeziehung des spektralen Hellempfindlichkeitsgrades $V(\lambda)$ als visuelle Größen (gekennzeichnet mit dem Index v) definiert sind. Der spektrale Hellempfindlichkeitsgrad $V(\lambda)$ (Abb. 2.14) kenn-

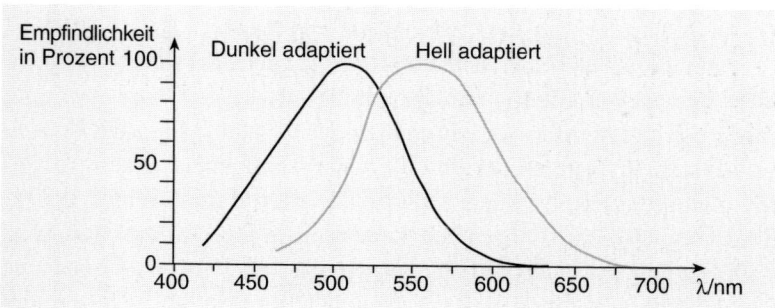

Abb. 2.14
Spektral abhängige Hellempfindlichkeit des menschlichen Auges

schwarzer Samt	$R = 1\%$	grüne Blätter	15 ... 30 %
matte schwarze Farbe	1.... 5 %	helle Haut	25 ... 35 %
schwarzes Papier	5 ... 10 %	weißes Papier	60 ... 80 %
Mauerwerk	10 ... 15 %	weißes Hemd	80 ... 90 %
Normalgrau (Fotokarte)	18 %	frischer Schnee	93 ... 97 %
gebräunte Haut	18 ... 21 %		

Tabelle 2.2
Remissionsgrade
verschiedener Materialien

zeichnet die Frequenzabhängigkeit der Augenempfindlichkeit. Die Empfindlichkeit ist in der Mitte des sichtbaren Spektralbereichs (grün: ca. 550 nm) maximal, zu den Rändern (rot, blau) hin fällt sie ab.

Die Lichtenergie pro Zeit wird als Lichtstrom Φ_v bezeichnet [Einheit: Lumen (lm)] /12/. Ein Watt Strahlungsleistung entspricht im Maximum des Hellempfindlichkeitsgrades, bei $\lambda = 555$ nm, einem Lichtstrom von 683 lm. Wird der Lichtstrom auf einen Raumwinkel Ω [Einheit: Steradiant (sr)] bezogen, so ergibt sich die Lichtstärke I_v:

$$I_v = \Phi_v / \Omega$$

mit der Einheit Candela (cd), wobei gilt: 1 cd = 1 lm/sr. Die Lichtstärke relativ zu einer leuchtenden Fläche A_I ergibt die Leuchtdichte L_v. Unter Einbeziehung eines Winkels ε_1 relativ zur Flächennormalen gilt:

$$L_v = I_v / (A_1 \cos \varepsilon_1),$$

die Einheit der Leuchtdichte ist cd/m^2, die alte Einheit ist ein Apostilb (asb), wobei gilt: 1 cd/m^2 = 3,14 asb. Auf der Empfängerseite interessiert vor allem der Lichtstrom pro beleuchteter Fläche A_2, der als Beleuchtungsstärke E_v bezeichnet wird. Unter Einbeziehung des Winkels ε_2 zwischen Strahlrichtung und Flächennormale gilt:

$$E_v = \Phi_v / A_2 = (I_v \cos \varepsilon_2 \, \Omega_0) / r^2,$$

r beschreibt dabei den Abstand zwischen der Lichtquelle und A_2. Es wird deutlich, dass die Beleuchtungsstärke quadratisch mit r abnimmt. Die Einheit der Beleuchtungsstärke ist lm/m^2 = lx (Lux).

Wenn ein Objekt nicht selbst leuchtet, sondern angestrahlt wird, so folgt die Leuchtdichte aus der Beleuchtungsstärke, mit der es bestrahlt wird, und den Reflexionseigenschaften des Objektes. Die Reflexionseigenschaften hängen mit der Oberflächenbeschaffenheit zusammen. Reflexion im engeren Sinne liegt vor, wenn der Strahlrückwurf ideal gerichtet ist, dagegen spricht man von Remission, wenn der Rückwurf ideal diffus ist und das Licht nach allen Seiten gestreut wird. Da die meisten Oberflächen eher rau sind, wird gewöhnlich mit dem Remissionsgrad R

TV-Umfeldleuchtdichte	ca. 10 cd/m²	bedeckter Himmel	500 cd/m²
TV-Bildschirmweiß	ca. 70 cd/m²	klarer Himmel	4000 cd/m²
helles Material im Raum	100 cd/m²	elektrische Lampen	ca. 10^4 cd/m²
" bei trübem Wetter	2000 cd/m²	Lampenfaden	ca. 10^7 cd/m²
" bei Sonnenschein	5000 cd/m²	Mittagssonne	ca. 10^9 cd/m²

Tabelle 2.3
Leuchtdichten im
Vergleich

gerechnet. Tabelle 2.2 zeigt Remissionsgrade verschiedener Materialien. Bei idealer Remission gilt folgende Beziehung zwischen Leuchtdichte L und Beleuchtungsstärke E:

$$L = R \cdot E/\pi.$$

Die Schwärzung des Filmmaterials unter Lichteinfall hängt nicht nur von der Beleuchtungsstärke E, sondern auch von der Beleuchtungsdauer t ab. Beide Ursachen werden unter dem Begriff Belichtung (englisch: Exposure) H mit der Einheit Luxsekunden (lxs) zusammengefasst. Es gilt:

$$H = E \cdot t.$$

Das Verhältnis von geringster zu größter Leuchtdichte oder Beleuchtungsstärke in einer Szene bestimmt den Kontrastumfang L_{min}/L_{max}. Er kann mit dem so genannten Spot-Photometer bestimmt werden, einem Belichtungsmessgerät mit sehr kleinem Öffnungswinkel. Mit dieser Objektmessung können die Helligkeitsunterschiede erfasst werden, die auch bei gleichmäßiger Ausleuchtung durch die verschiedenen Reflexionsgrade bzw. Remissionsgrade der in der Szene vorhandenen Materialien sowie durch Abschattungen hervorgerufen werden. Tabelle 2.3 gibt eine Übersicht über Leuchtdichten in verschiedenen Situationen. Bei einem durchschnittlichen Bild geht man davon aus, dass der Mittelwert der Gesamtremission 18 % beträgt. Bezugswerte für mittlere Helligkeiten und Bezugsblenden werden entsprechend anhand einer grauen Fläche mit 18 % Remission gewonnen.

Die Schwärzung eines Films mindert seine Transparenz T, d. h. das Verhältnis zwischen der Lichtintensität, die vom Film durchgelassen wird, und der auftreffenden Gesamtintensität des Lichts. Das Gegenteil der Transparenz ist die Lichtundurchlässigkeit oder Opazität O. Es gilt

$$T = 1/O.$$

Bei völliger Transparenz beträgt der Wert T = 1, er sinkt bei völliger Schwärzung auf den Wert T = 0, während die Opazität unter gleichen Bedingungen von 1 bei völliger Transparenz auf unendlich bei völliger Lichtundurchlässigkeit steigt.

Als Maß für die Filmschwärzung ist die Opazität gut geeignet. Aufgrund der Tatsache, dass das menschliche Auge bei seiner Helligkeitswahrnehmung S nicht linear, sondern weitgehend nach dem Fechnerschen Gesetz:

$$S = k \log L/L_0, \text{ mit } L_0 = 1 \text{ cd/m}^2 ,$$

auf die Reizintensität L reagiert, wird zur Kennzeichnung der Schwärzung jedoch der Dichtewert D verwendet, der logarithmisch mit der Opazität zusammenhängt. Es gilt:

$$D = \log O = \log 1/T.$$

Dabei gilt der Logarithmus zur Basiszahl 10, d. h. die doppelte Opazität oder halbe Transparenz ergibt sich bei einem Dichtewert $D = \log 2 = 0{,}3$. Zur Darstellung einer gleich abständigen Grautreppe wird ein Stufenkeil verwendet, dessen Dichtewerte je nach Anwendung linear um den Wert 0,1, 0,15 oder 0,3 ansteigen /4/. Aus praktischen Gründen wird bezüglich der grafischen Darstellung der Zusammenhänge auch bei der Belichtung wiederum mit dem Logarithmus, also log H gearbeitet.

Dichtewerte lassen sich auch zur Kennzeichnung von Neutraldichtefiltern verwenden, die der farbneutralen Abschwächung des Lichts dienen. Ein Neutraldichtefilter mit $D = 0{,}3$ hat einen Transmissionsgrad von 0,5 und halbiert die Beleuchtungsstärke, was dem Schließen der Blende im Objektiv um eine Stufe entspricht. Da die Blende den wesentlichen Mechanismus zur Beeinflussung der Helligkeit der Abbildung darstellt, werden statt absoluter Belichtungswerte oft relative Blendenwerte angegeben.

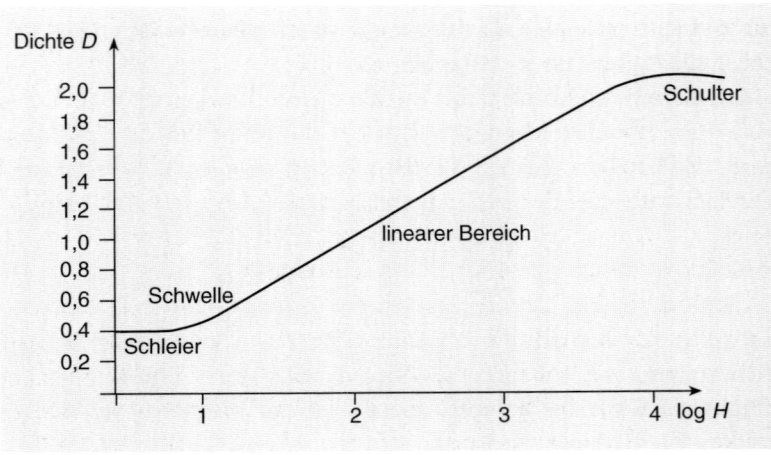

Abb. 2.15
Charakteristische
Kennlinie von Negativ-
Filmmaterial

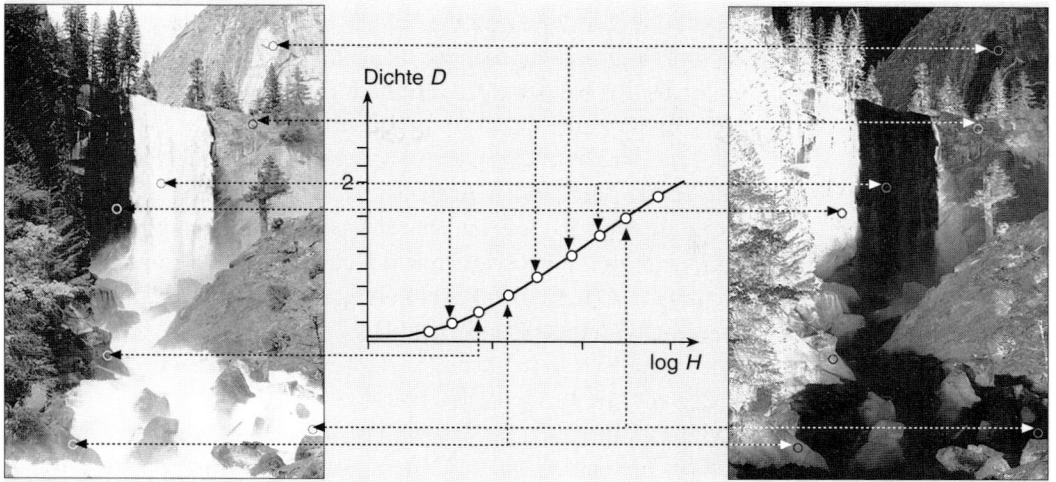

2.3.2 Kennlinie und Kontrastumfang

Die Filmkennlinie, die auch als Schwärzungskurve oder Dichtekennlinie bezeichnet wird, stellt den Zusammenhang zwischen der Belichtung log E · t und der Schwärzung des entwickelten Materials dar, die durch den Dichtewert D gegeben ist. Der Einfachheit halber wird zunächst nur die Schwarzweißdichte betrachtet, Farbfilmmaterialien haben separate Kennlinien mit ähnlichem Verlauf für die veränderliche Dichte der Farbstoffwolken.

Die Kennlinie verläuft insgesamt nicht linear, sondern weist eine charakteristische S-Form auf, die in Abbildung 2.15 für Negativmaterial dargestellt ist. Im linken Teil der Kurve wird deutlich, dass der Film auch ohne Belichtung eine gewisse Dichte aufweist, die als Schleier bezeichnet wird. Diese Dichte resultiert daher, dass einerseits das Trägermaterial (engl. Base) nicht völlig transparent ist und andererseits die Silbersalze zu einem geringen Teil auch ohne Lichteinwirkung entwickelbar sind (engl.: Base plus fog) bzw. D_{min} bei Farbfilm). Der Schleier ist daher konstant und wird kaum von der Entwicklung beeinflusst.

Bei steigender Belichtung gelangt man zur Schwelle, dem Bereich, ab dem die Schwärzung durch Lichteinwirkung beginnt. Im mittleren Teil der Kennlinie wird der Zusammenhang dann linear. Der Übergangsbereich, Schwelle oder auch Durchhang genannt, erstreckt sich bis zu einem Punkt, der um D = 0,1 über dem Schleier liegt.

Der lineare Teil der Kennlinie ist der eigentliche Aufnahmebereich, hier sollte der bildwichtige Kontrastumfang, d. h. die Hell-Dunkel-Differenz, liegen. Wenn das Dichtemaximum des entwickelbaren Materials D_{max} erreicht ist, wird weiterer Lichteinfall keine höhere Schwärzung bewirken, der Übergang zu diesem Bereich wird als Schulter bezeichnet.

Abb. 2.16
Zusammenhang zwischen der Aufnahmekennlinie und Positiv- und Negativbildern /6/

Obwohl die Schwelle und die Schulter eigentlich ungeeignet für die Aufnahme sind, sind sie doch für die charakteristische Bildwirkung von Film von großer Bedeutung. Außerhalb des Bereichs, in dem der bildwichtige Kontrastumfang liegt, treten nämlich z. B. oft Spitzlichter auf, die sehr viel größere Leuchtdichten aufweisen (s. Tabelle 2.3). Diese werden durch die Schulter sanft begrenzt, was eine erheblich andere Wirkung im Bild hat, als wenn eine abrupte Beschneidung aufträte. Hier unterscheidet sich Film deutlich von den üblichen elektronischen Bildumsetzungsverfahren. Der Zusammenhang zwischen den Werten der Kennlinie und je einem Positiv- und Negativbild zeigt Abb. 2.16.

Der fotografisch wesentliche Teil der Kennlinie ist der lineare Bereich. Abhängig vom verwendeten Filmmaterial kann dieser mehr oder weniger Steigung aufweisen. Die Steigung wird als Gradation oder auch kurz als Gamma bezeichnet und ist als der Quotient zwischen Dichte- und Belichtungsänderung definiert. Je größer die Steigung, desto größer ist der Szenenkontrast im Bild. Die Steigung wird mit Hilfe einer Tangente bestimmt. Die Beschränkung auf den wichtigsten, nämlich den geradlinigen Teil liefert den Gammawert:

$$\gamma = \Delta D / \Delta \log H.$$

Die Tangente ist so definiert, dass sie durch einen unteren Punkt geht, der einen Dichtewert aufweist, der um $D = 0,1$ über dem Schleier liegt. Ab diesem Punkt ist eine sichere Entwicklung gewährleistet. Der obere Schnittpunkt ist so definiert, dass er um 1,5 logarithmische Einheiten auf der Belichtungsachse höher liegt als der untere. Auf diese Weise ist ein Leuchtdichteumfang bzw. Objektkontrast von 1:32 definiert, ein Wert, der für den Leuchtdichteumfang durchschnittlicher Motive bei Studioausleuchtung festgelegt wurde. Bei Einbeziehung des Schulter- und Kniebereichs kann auf ähnliche Weise ein β-Wert definiert werden, der die mittlere Gradation angibt /5/.

Die Steigung der γ-Kurve, auch bezeichnet als Steilheit des Materials, kann bei der Filmherstellung bestimmt werden. Nahe liegend ist zunächst, sowohl für das Positiv als auch für das Negativ ein Gamma von 1 zu wählen und auf diese Weise den Kontrastumfang der aufgenommenen Szene in den gleichen Kontrastumfang bei der Projektion umzusetzen. Aufgrund der geringen Leuchtdichte der Projektion, die nicht der von hellem Sonnenschein entspricht, sowie von Kontrastverringerungen durch Objektive und Streulichter wirkt das Filmbild allerdings zu matt, wenn eine „Über-alles-Kennlinie" mit $\gamma = 1$ verwendet wird. In der Praxis wird das System- oder Gesamt-Gamma daher auf einen Wert von ca. $\gamma = 1,7 \dots 1,8$ angehoben. Dies geschieht durch Verwendung eines großen Gamma-Wertes beim Positivfilm.

▶ **Negativmaterial hat ein kleines Gamma, Positivmaterial zum Ausgleich ein großes. Damit weist der Negativfilm einen großen Belichtungsumfang auf.**

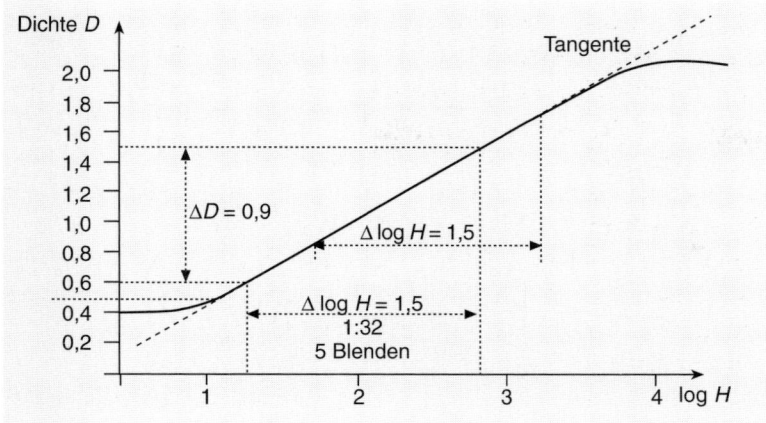

Abb. 2.17
Zur Definition des
Gamma-Wertes und
Darstellung des Normal-
belichtungsumfangs

Beim Positivfilm werden Gamma-Werte von ca. 3 benutzt. Da sich nun das Gesamt-Gamma aus dem Produkt der Einzelwerte mit

$$\gamma = \gamma_{neg} \cdot \gamma_{pos}$$

ergibt, folgt, dass der Negativfilm so hergestellt wird, dass er nur ca. $\gamma =$ 0,6 aufweist. Der gesamte Belichtungsumfang soll nur von den Positiv- und Negativmaterialien abhängen. Intermediate- oder Duplikatmaterial dürfen den Kontrastumfang des Gesamtsystems nicht verändern, daher muss dieses Material einen Gamma-Wert von 1 aufweisen.

Die gezielte Verwendung eines geringen Kontrastumfangs auf der Aufnahmeseite bewirkt, dass der lineare Bereich der Kennlinie länger wird, da die Steigung verringert ist. Damit lässt sich der oben angegebene Belichtungsumfang von $\log H = \log E \cdot t = 1{,}5$ mehrfach im geraden Teil der Kennlinie unterbringen oder auf höhere Werte ausdehnen (Abb. 2.17). Das heißt, dass der Normalbelichtungsumfang nicht absolut exakt in der Mitte des geraden Kennlinienteils liegen muss. Leichte Unter- oder Überbelichtungen können beim Kopierprozess verlustlos ausgeglichen werden, Belichtungsfehler sind tolerierbar. Z. B. bewirkt die Halbierung des Lichtstroms durch die kameraseitige Veränderung um einen Blendenwert eine Verschiebung um 0,3 Einheiten auf der $\log H$-Achse, was bei flacher Kennlinie leicht aufzufangen ist.

Eine Möglichkeit für die Beeinflussung der Kennlinie ist die Vorbelichtung. Dabei wird vor der eigentlichen Aufnahme durch diffuse Beleuchtung mit geringer Intensität eine Aufhellung der Schattenpartien bewirkt und die Kennlinie damit abgeflacht. Die gleiche Wirkung kann auch durch eine Nachbelichtung erreicht werden.

Da bei Umkehrfilmen der endgültige Kontrastumfang in einem Schritt entsteht, soll hier $\gamma = 1{,}8$ direkt vorliegen. Der Spielraum für die Belichtung ist damit erheblich geringer als beim Negativmaterial, und es

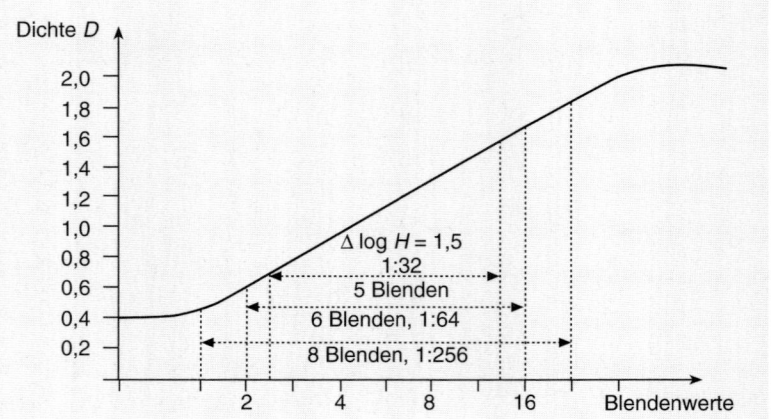

Abb. 2.18
Negativkennlinie und
Belichtungsumfang

muss bei der Aufnahme sorgfältiger gearbeitet werden. Bereits Abweichungen um einen halben Blendenwert sind im Bild erkennbar.

Im praktischen Umgang wird der Kontrastumfang in der Szene eher
über Logarithmen zur Basiszahl 2 statt über dekadische Logarithmen angegeben, da die Lichtmenge, die auf den Film fällt, durch die Blende im
Objektiv der Kamera bestimmt wird. Deren Skalierung ist so gewählt,
dass von Stufe zu Stufe die Lichtintensität um den Faktor 2 geändert
wird. Der Kontrastumfang wird daher in der Praxis meistens in Blendenstufen angegeben. Ein Kontrastumfang von 1:32 entspricht 5 Blenden, in
der Praxis werden Kontrastumfänge von ca. 7 Blenden verwendet. Für
den Mittelwert der Gesamtremission, der von den Objekten in der Szene
hervorgerufen wird, wird ein Wert von 18 % angegeben. Dieser Wert ist
die Referenz für die sog. Bezugsblende, die damit in der Mitte des verwendeten Kontrastbereichs liegt. Diese Bezugsblende wird von einem
Spot-Belichtungsmesser angegeben, der in der gegebenen Lichtsituation
zur Ausmessung einer Graufläche mit eben dem Remissionswert 18 %
verwendet wird. Wird dabei z. B. der Blendenwert 5,6 bestimmt, so liegt
ein Kontrastumfang von 6 Blenden zwischen den Werten 2 und 16 (Abb.
2.18). Der Kontrastumfang, angegeben in Blendenwerten, kann mit dem
Spot-Belichtungsmesser bestimmt werden, indem er auf die hellsten
und dunkelsten Stellen der Szenen gerichtet wird.

2.3.3 Farbfilmeigenschaften

Für die Betrachtung der Farbfilmeigenschaften seien hier zunächst einige Bemerkungen zu Licht und Farbe aufgeführt: Das als weiß empfundene Sonnenlicht ruft an bestrahlten Körpern Farben hervor, die im Filmmaterial umgesetzt werden sollen. Der bestrahlte Körper absorbiert das
Licht teilweise und gibt es verändert als sog. Körperfarbe wieder ab.
Wenn der Reflexions- oder Absorptionsgrad von der Wellenlänge des

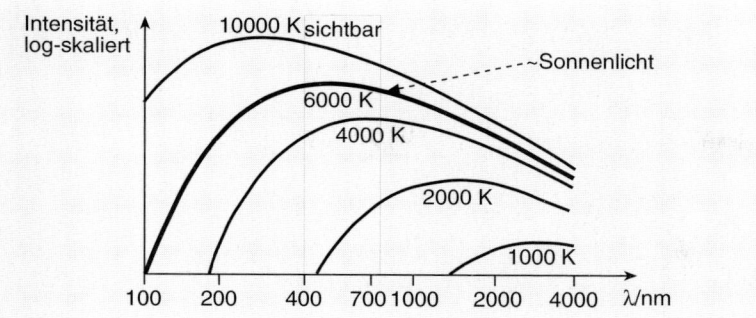

Abb. 2.19
Spektralkurven schwarzer Strahler bei verschiedenen Temperaturen

Lichtes abhängt, erscheinen die Körper in weißem Licht farbig, da nicht mehr alle zur Erzielung des Weißeindrucks erforderlichen Frequenzen vertreten sind (subtraktive Mischung). Ein gegenüber Bestrahlung mit weißem Licht veränderter Farbeindruck ergibt sich auch dann, wenn der Körper mit monochromatischem Licht beleuchtet wird, denn er kann dann natürlich auch nur Licht der entsprechenden Farbe reflektieren; ein Körper, der kein Rotlicht reflektiert, erscheint in rotem Licht schwarz.

Für die richtige Reproduktion des Farbeindrucks ist also die spektrale Verteilung des Lichtes entscheidend. Erhitzte Körper, wie z. B. die Sonne, strahlen ein Wellenlängengemisch ab, das wir bei genügend hoher Temperatur als weiß empfinden. Dabei lässt sich feststellen, dass nicht alle Frequenzen gleichmäßig intensiv vertreten sind. Das Maximum des Spektrums verschiebt sich mit steigender Temperatur zu kürzeren Wellenlängen hin, und die Strahlungsenergie steigt mit der vierten Potenz der absoluten Temperatur T.

Abbildung 2.19 zeigt Spektren von sog. schwarzen Strahlern, die ideale Temperaturstrahler darstellen, bei denen Absorption und Emission im Gleichgewicht stehen. Der Spektralverlauf eines Temperaturstrahlers lässt sich damit durch die Angabe der so genannten Farbtemperatur T_f definieren (s. Tabelle 2.4). Tageslicht hat etwa eine Farbtemperatur von 5600 Kelvin, eine Glühlampe für professionelle Ausleuchtung ca. 3200 K (Kunstlicht). Wird eine Glühlampe nicht mit Nennleistung betrieben, so verändert sich mit der Leistungsaufnahme auch die Farbtemperatur.

Neben der Farbtemperatur mit der Einhheit Kelvin wird auch die besser an die Farbempfindung angepasste Größe Micro Reciprocal Degrees M, mit der Einheit mired (mrd) verwendet. Es gilt:

$$M = 10^6\,K/T_f$$

M entspricht also dem Kehrwert von Megakelvin (MK^{-1}). Für das menschliche Auge sind Farbtemperaturdifferenzen ab 10 mrd sichtbar.

Kunstlicht lässt sich nicht nur mit Temperatur-, sondern auch mit Linienstrahlern erzeugen. Linienstrahler sind meist Gasentladungslam-

Kerzenlicht	1850 K
25-W-Glühlicht	2500 K
40-W-Glühlicht	2650 K
Halogenlampe	3200 K
HMI-Lampe	5600 K
Normlicht D65	6500 K
Mondlicht	4100 K
Sonne früh/spät	4300 K
Sonne direkt	5800 K
Himmel, bed.	7000 K

Tabelle 2.4
Farbtemperaturen verschiedener Lichtquellen

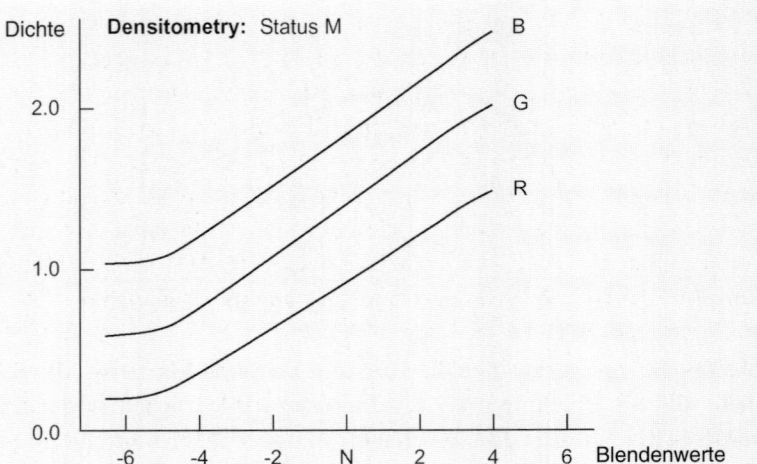

Abb. 2.20
Kennlinienverlauf von
Farbfilmmaterial
(Kodak 5248) /14/

pen (z. B. Halogenlampen), die ein Gemisch aus charakteristischen Frequenzen (Spektrallinien) aussenden, das Spektrum ist nicht kontinuierlich. Durch die Wahl des Gasgemischs kann das Intensitätsverhältnis zwischen den Frequenzen beeinflusst werden, z. B. derart, dass das Licht insgesamt eine Empfindung wie Tageslicht hervorruft.

Um Farben im Filmmaterial umsetzen zu können, werden lichtempfindliche Schichten verwendet, die wellenlängenselektiv reagieren. Bei Farbfilmmaterialien lassen sich damit im Vergleich zum Schwarzweißfilm statt einer drei Kennlinien für die drei Gelb-, Purpur- und Cyanschichten gewinnen. Die Kennlinien verlaufen prinzipiell genauso wie beim Schwarzweißfilm, können aber parallel verschoben sein (Abb. 2.20). Damit auch graue, d. h. unbunte Farben wiedergegeben werden können, müssten die drei Kennlinien idealerweise den gleichen Verlauf aufweisen. Die Parallelverschiebungen (Fehler 1. Ordnung) können beim Kopierprozess oder bei der Abtastung bzw. beim Colourmatching korrigiert werden. Kaum korrigierbare Fehler, als Fehler 2. Ordnung bezeichnet, treten dagegen auf, wenn die Kennlinien gekreuzt verlaufen. Man spricht von einem kippenden Farbstich, der in den Schattenpartien komplementär zu dem Stich im Bereich der Lichter ist /5/. Die Ursache solcher Fehler liegt bei der Filmherstellung oder beim Kopierprozess.

Die Aufgabe der Farbschichten ist die Filterung des einfallenden Lichts. Im Idealfall sollte die Gelbfilterschicht im Blau-, die Magentaschicht im Grün- und die Cyanschicht im Rotbereich als Filter zur subtraktiven Mischung beitragen. Die jeweiligen Filterwirkungen sind jedoch unterschiedlich und weisen auch Dichtewerte in den Nachbarbereichen, so genannte Nebendichten, auf. Die Summendichte ergibt sich aus der Gesamtheit der Haupt- und Nebendichten. Für die Gesamtwirkung muss ein Kompromiss gefunden werden, der vor allem bei unbunten Vorlagen keinen Farbstich zeigt. Das gelingt durch Unterdrückung uner-

wünschter Dichten mittels Masken, die während des Farbentwicklungs-
prozesses in den Emulsionen gebildet werden.

Aufgrund von Differenzen zwischen den Kennlinienverläufen von Po-
sitiv- und Negativmaterialien werden bei der messtechnischen Bestimmung der Dichten von Farbfilmen verschiedene Filtersysteme eingesetzt. Man unterscheidet daher so genannte Status-M-Dichten für Nega-
tiv- und Intermediate- und Status-A-Dichten für Positivmaterial /13/.

Mögliche Farbstiche hängen natürlich auch von der spektralen Verteilung des Lichts ab. Die Filmemulsionen werden für den Spektralverlauf
von Tageslicht oder von Kunstlichtquellen, d. h. Temperaturstrahlern
(Tungsten Lamp), abgestimmt. Der wesentliche Unterschied zwischen
den Lichtarten wird in Abbildung 2.19 deutlich, nämlich dass sich
Kunstlicht mit 3200 K durch einen größeren Rotanteil auszeichnet als
Sonnenlicht mit der Farbtemperatur 5600 K. Mit Hilfe von Konversions-
filtern, die den erhöhten Rotanteil unterdrücken, lassen sich Kunstlicht-
filme für den Tageslichteinsatz verwenden. Das gilt auch umgekehrt, in
beiden Fällen ist allerdings zu bedenken, dass der Filtereinsatz die Lichtintensität schwächt und so die effektive Filmempfindlichkeit reduziert.

2.3.4 Lichtempfindlichkeit

Die Lichtempfindlichkeit des Filmmaterials ist dadurch definiert, dass
ermittelt wird, bei welcher Belichtung eine Dichte entsteht, die bei S/W-
Filmen um $D = 0,1$ bzw. bei Farbfilmen um $D = 0,2$ über dem Schleier
liegt /4/. Das mit 10 multiplizierte logarithmische Verhältnis dieses mit
H_M bezeichneten Belichtungswertes zum Wert 1 lxs ergibt die DIN-"Zahl":

$$DIN = 10 \log (1 \, lxs/H_M).$$

Die Definition ähnelt der Bildung von Pegelwerten in dB. Die doppelte
Lichtempfindlichkeit wird damit durch die Steigerung um 3 DIN ausge-
drückt. Zur Angabe eines linearen Empfindlichkeitswertes (Exposure Index, EI) dient der ASA-Wert. Er folgt aus der Beziehung:

$$ASA = 0,8 \, lxs/H_M,$$

wobei H_M wieder die genannte Belichtung darstellt. Tabelle 2.5 zeigt das
Verhältnis zwischen DIN- und ASA-Werten.

Empfindliche Filme erfordern bei gegebener Lichtintensität eine geringere Belichtungsdauer, sie haben mehr speed. Die Empfindlichkeits-
angaben beziehen sich auf definierte Entwicklungsbedingungen, denn
auch über den Entwicklungsprozess kann die Empfindlichkeit des Materials gesteigert werden. Eine derartige gezielte Steigerung wird als for-

DIN	ASA
12	12
15	25
18	50
21	100
24	200
27	400
30	800

Tabelle 2.5
Vergleich von DIN- und
ASA-Werten

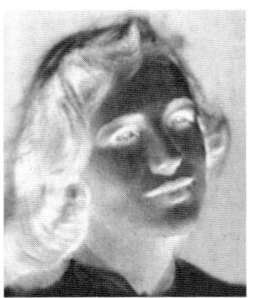

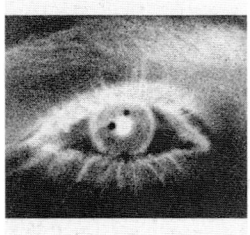

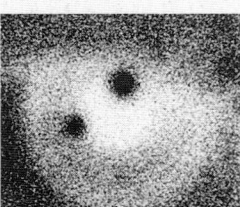

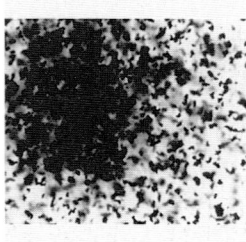

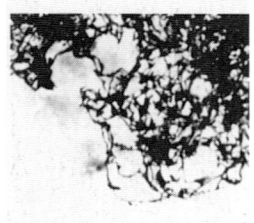

Abb. 2.21
Filmbildausschnitt bei
verschiedenen Vergrö-
ßerungsstufen /6/

cierte Entwicklung bezeichnet. Dabei wird durch die Verlängerung der Entwicklungszeit erreicht, dass auch Kristalle zu Silber gewandelt werden, die so wenig Lichtintensität ausgesetzt waren, dass sie bei gewöhnlicher Entwicklung zu den unterbelichteten Filmbereichen gehören. Die Forcierung wirkt gleichermaßen im Licht- und Schattenbereich, sie steigert die Dichte und bewirkt die Verschiebung der gesamten Kennlinie.

2.3.5 Filmkorn

Lichtempfindliche Filme lassen sich mit Hilfe großflächiger Silberkristalle gewinnen. Abgesehen von verschiedenen Weiterentwicklungen (T-Grain) lässt sich generell der Antagonismus zwischen kleinem Filmkorn und hoher Empfindlichkeit nicht aufheben. Große Kristalle werden als sog. Filmkorn (Grain) besonders bei großen Flächen mit mittleren Grauwerten im Bild sichtbar und beeinflussen wesentlich den so genannten Filmlook. Graue Flächen im Bild sind nicht homogen, sondern bestehen aus einer unregelmäßigen Verteilung der Silberkörner, die in Abhängigkeit vom Grauwert mehr oder weniger dicht ist (Abb. 2.21). Im Farbfilm gilt Ähnliches. An die Stelle der Silberteilchen, die ja beim Entwicklungsprozess ausgelöst werden, treten hier die Farbstoffwolken, was in Abb. 2.2 sehr gut deutlich wird, wo anhand einer mikroskopischen Aufnahme einer Farbschicht geringer Dichte die Farbstoffwolken mit und ohne Silber gut erkennbar sind. Die Größenordnung der Durchmesser der Silberteilchen und Farbstoffwolken beträgt bei Negativmaterial ca. 5 μm. Die Abbildung 2.22 zeigt anhand verschiedener Kodak-Negativmaterialien, wie die Korngrößen mit der Lichtempfindlichkeit steigen /6/. Intermediate- und Print-Material kann feinkörniger sein, da hier die Empfindlichkeit nicht im Vordergrund steht. Die Körnigkeit ist in den einzelnen Farbschichten unterschiedlich. In der Blauschicht ist sie besonders ausgeprägt, denn sie muss aufgrund des geringen Blauanteils im Licht besonders bei Kunstlicht-Negativen empfindlicher sein als die anderen Schichten. Daher wird im Filmbereich für Stanztricks oft die Aufnahme vor Grün dem Blue-Screen-Verfahren vorgezogen.

Die bei der Abtastung der Filmoberfläche und Wandlung der Dichtedifferenzen in ein elektrisches Signal entstehenden Unregelmäßigkeiten führen bei der Messung zur Granularität, die sich in elektrischer Form als Rauschsignal zeigt und in Abhängigkeit von der Korngröße verschiedene Amplituden aufweist. Über die Bildung der Wurzel aus dem Mittelwert über deren Quadrate lässt sich als Messwert die RMS-Körnigkeit gewinnen. Über den Logarithmus wird das Verhältnis dieses Wertes zum maximalen Nutzsignal als Signal to Noise Ratio S/N angegeben:

$$S/N = 20 \log (U_{max}/U_{RMS}).$$

Gesamtbild mit eingezeichnetem Ausschnitt

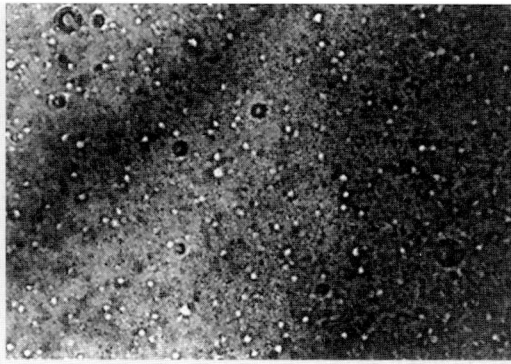

Kodak-EXR-5248-Material mit 100 ASA

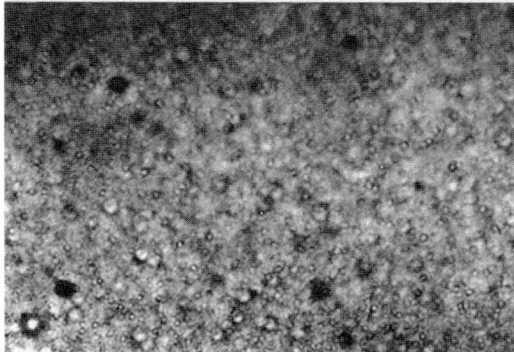

Kodak-EXR-5274-Material mit 200 ASA

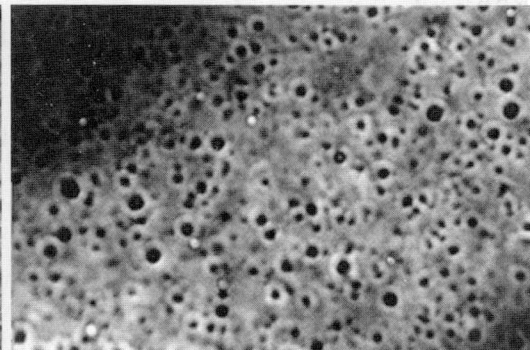

Kodak-EXR-5279-Material mit 500 ASA

2.3.6 Auflösungsvermögen

Das Auflösungsvermögen beschreibt die Darstellbarkeit feiner Details in der Filmemulsion, die wiederum von der Körnigkeit des Materials abhängt. Die Bestimmung erfolgt anhand feiner Hell-Dunkel-Wechsel in Form von Linienpaaren. Je mehr Linienpaare auf einem Millimeter Breite untergebracht und unterschieden werden können (lp/mm), desto höher ist das Auflösungsvermögen.

Die visuelle Trennbarkeit der Linien ist dabei eine ungenaue Bestimmungsgröße, da bei geringen Abständen der Weißbereich zwischen zwei schwarzen Streifen grau erscheint (Abb. 2.23). Dieser Umstand wird bei der Bestimmung der Modulationstransferfunktion MTF berücksichtigt. Aufgrund der Beziehung

$$MTF = m(HF)/m(LF)$$

gibt sie Auskunft über die allmähliche Kontrastabnahme bei Steigerung der Anzahl der Linienpaare pro Millimeter, indem sie die Hell-Dunkel-Differenz oder genauer den Modulationsgrad m nach der Beziehung

Abb. 2.22
Gesamtbild und vergrößerte Bildausschnitte bei verschiedenen Negativempfindlichkeiten /13/

Abb. 2.23
Linienpaare verschiedener Dichte auf Filmnegativ /6/

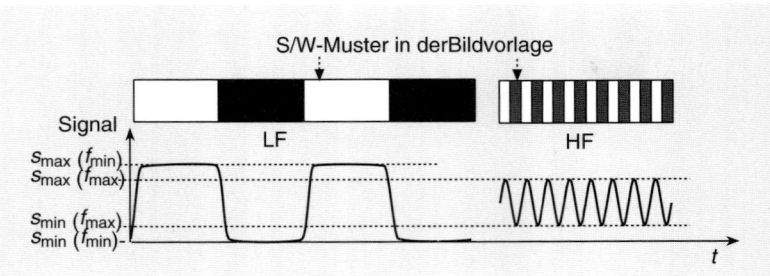

Abb. 2.24
Zur Definition der Modulationstransferfunktion

$$m = (s_{max} - s_{min})/(s_{max} + s_{min})$$

bei hoher Liniendichte (HF) ins Verhältnis zum Modulationsgrad bei geringer Dichte (LF) setzt, bei der die Linien 100 % getrennt erscheinen (Abb. 2.24).

Die MTF eignet sich nicht nur zur Beschreibung des Auflösungsvermögens des Filmemulsion, sondern auch für weitere Elemente im Lichtweg oder elektronische Signalbearbeitungsstufen, bei denen dann HF und LF für High und Low Frequency stehen. Die Gesamt-MTF ergibt sich aus der Multiplikation aller Einzelwerte. Durchschnittlicher, nicht sehr hoch empfindlicher Negativfilm erreicht bei 120 lp/mm noch einen MTF-Wert von 50 %. Abbildung 2.25 zeigt den für die RGB-Anteile verschiedenen MTF-Verlauf des Kodak-Negativmaterials 5248 und Tabelle 2.6 verschiedene Auflösungswerte für unterschiedliche Materialien jeweils bei einem MTF-Wert von 50 %. Es sei hier noch einmal darauf hingewiesen, dass das Filmmaterial nicht das einzige auflösungsbegrenzende Element ist. Oft beeinträchtigt der MTF-Wert eines Objektivs das Bild stärker als die MTF des Filmmaterials.

Typ	R	G	B
5279	40	70	80
5274	35	65	70
5248	35	78	120
5246	40	80	100
5245	38	95	120

Tabelle 2.6
Auflösungswerte in lp/mm verschiedener Negativmaterialien bei *MTF* = 50 %

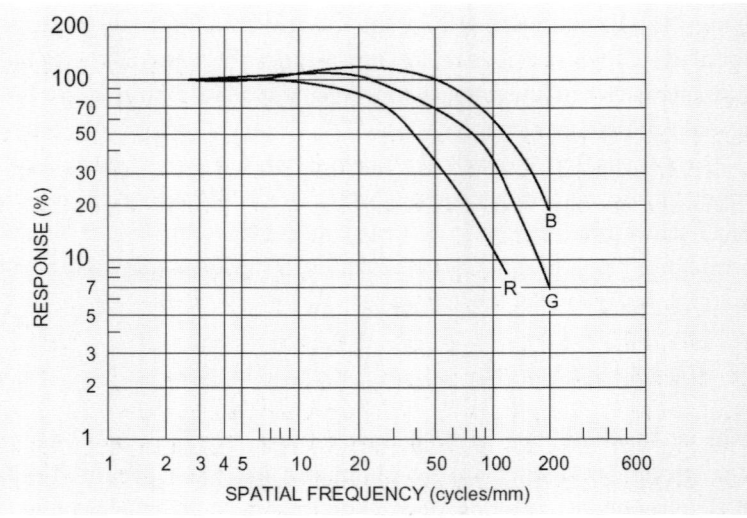

Abb. 2.25
Modulationstransferfunktion des Negativmaterials Kodak 5248 /14/

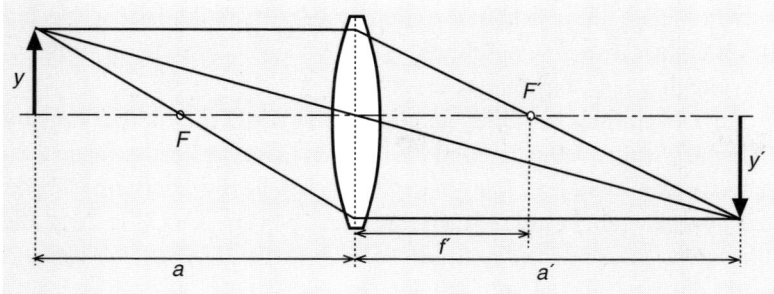

Abb. 2.26
Optische Abbildung mit
einer dünnen Linse

2.4 Filmkamera und -projektor

Die Grundaufgaben von Filmkamera und -projektor sind gleich: Beide
müssen den Film vor das Bildfenster bewegen, dort für kurze Zeit fest-
halten und dann den Prozess für das nächste Bild wiederholen. Die Kamera ist dabei mit dem optischen Abbildungssystem für die Aufnahme
und der Projektor mit einem Projektionsobjektiv ausgestattet. Zusätzlich
ist erforderlich, dass die Kamera eine Möglichkeit zur Betrachtung des
auf den Film abgebildeten Bildes bietet, während der Projektor zusätzlich mit einer starken Lichtquelle ausgestattet werden muss.

2.4.1 Optische Abbildung

Die Bildqualität der Kamera wird im Wesentlichen von der Qualität der
optischen Abbildung bestimmt. Die Abbildung geschieht mit Linsen,
durchsichtigen Körpern, die von zwei sphärischen Flächen begrenzt
werden. Konvexe Linsen, in der Mitte dicker als am Rand, bündeln das
Licht. Trifft der Lichtstrahl auf die Mitte dieser so genannten Sammellin-
se und liegt er parallel zur Mittelsenkrechten, so wird er nicht gebro-
chen, dieser Weg entspricht der optischen Achse. Die Strahlbrechung
steigt, je weiter außen der Strahl die Linse durchdringt. Bezugsebene für
Linsenrechnungen ist bei dünnen Linsen die Mittelebene. Der Abstand
zwischen Mittelebene und dem Treffpunkt von Strahlen (Brennpunkt),
die auf der anderen Linsenseite parallel zur optischen Achse verlaufen,
heißt Brennweite f (Abb. 2.26).

Lichtstrahlen, die genau durch die Linsenmitte gehen, sind Zentral-
strahlen, die ihre Richtung nicht verändern. Mit Hilfe von Zentral- und
Parallelstrahl lassen sich Bilder von Objekten einfach konstruieren.
Dazu werden von der Vielzahl der Lichtstrahlen, die von einem Objektpunkt ausgehen, nur Zentral- und Parallelstrahl herausgesucht und deren Lichtweg verfolgt. Der Zentralstrahl bleibt, abgesehen von einer kleinen Strahlversetzung, unverändert, während der Parallelstrahl zum
Brennstrahl wird, d. h. durch den Brennpunkt läuft. Der Ort, an dem

sich die beiden hinter der Linse treffen, ist der Bildpunkt. Hier schneiden sich bei Abwesenheit von Abbildungsfehlern auch alle anderen Strahlen, die vom gleichen Objektpunkt ausgehen.

Zur Berechnung von Bildlage und -größe wird ein Strahlverlauf von links nach rechts betrachtet und die Größen links der Bezugsebene werden negativ gezählt /12/. Der Abstand zwischen Bezugsebene und Objekt heißt Gegenstandsweite a, zwischen Bezugsebene und Bild liegt die Bildweite a'. Die bildseitige Brennweite heißt f'. Befindet sich vor und hinter der Linse das gleiche Medium, so gilt: $-f = f'$. Die Objektgröße wird mit y und die Bildgröße mit y' bezeichnet. Für Sammellinsen folgt daraus die Abbildungsgleichung [54]:

$$1/f' = -1/a + 1/a'.$$

Beispiel: Eine 1,80 m große Person, die in 3,6 m Abstand vor der Linse steht, soll so abgebildet werden, dass sie eine Bildhöhe von 1 cm genau ausfüllt.
Es gilt: $y'/y = 1/180 = a'/a$, die Bildweite beträgt also $a' = 20$ mm. Die erforderliche Brennweite der Linse hat den Wert $f' = 19,9$ mm.

Für das Abbildungsverhältnis b gilt:

$$b = y'/y = a'/a.$$

Linsen rufen Abbildungsfehler hervor, die umso stärker in Erscheinung treten, je weiter die Lichtstrahlen von der optischen Achse entfernt sind. Wichtige Fehler sind die sphärische Aberration, durch die sich die Parallelstrahlen nicht genau in einem Punkt treffen, und die chromatische Aberration, hervorgerufen durch einen frequenzabhängigen Brechungsindex. In der Praxis werden Abbildungen daher mit Linsenkombinationen (Objektiven) erzeugt, damit sich die Linsenfehler weitgehend kompensieren. Darüber hinaus kann mit Linsenkombinationen ein Zoomobjektiv gebaut werden, das eine variable Brennweite aufweist. Aufgrund der Vielzahl der verwendeten Linsen müssen diese vergütet sein, d. h., dass an ihren Oberflächen möglichst wenig Licht reflektiert wird. Objektive unterscheiden sich stark in Leistung, also Abbildungsgüte und Lichtstärke, und im Preis. Sehr hoch vergütete Linsen mit minimalen Abbildungsfehlern werden als Prime Lenses bezeichnet.

Die verwendeten Objektive sind nicht kamera- oder herstellerspezifisch, sie können bei Anwendung auf dieselbe Bildfeldgröße bzw. Nutzung desselben Abbildungsmaßstabes ausgetauscht werden, allerdings nur dann, wenn sie den passenden Befestigungsmechanismus aufweisen. Ein verbreiteter Mechanismus ist z. B. der PL-Mount (Positive Lock), der an Kameras der Firma Arri verwendet wird. Objektive aus dem Filmbereich können dagegen nicht direkt für Videokameras verwendet werden. Dies liegt nicht nur an den unterschiedlichen Bildfeldgrößen, sondern auch daran, dass bei der Objektivberechnung für Videokameras der durch den Strahlteiler verlängerte Lichtweg zum Bildwandler berücksichtigt werden muss.

Ein wesentliches Element im Objektiv ist die Irisblende die einen veränderlichen Durchmesser hat. Die Blende begrenzt den nutzbaren Bereich der Linse. Damit ist der auf den Film oder allgemein den Bildwandler fallende Lichtstrom regulierbar. Die Blende bewirkt auch eine Verminderung der Abbildungsfehler, denn Randstrahlen, bei denen die durch die Linse erzeugten Abbildungsfehler besonders groß sind, werden ausgeblendet.

Kennzahl für die Objektive ist die Lichtstärke d_{max}/f', das Verhältnis von größtem nutzbaren Objektivdurchmesser d_{max} zur Brennweite f'. Das Verhältnis von f' zum veränderlichen Durchmesser d (Pupille) heißt Blendenzahl k (oder F):

$$k = f'/d.$$

Die Blendenzahl ist von der Einstellung der Blende (engl.: F-Stop) im Objektiv abhängig. Alternativ findet man auch die Bezeichnung T-Stop. Dieser Wert bezieht sich nicht auf das angegebene berechnete Verhältnis, sondern auf lichttechnisch gemessene Werte /9/. Die T-Stop-Kalibrierung ist somit genauer, da die Transmissionsverluste im Objektiv berücksichtigt sind. Auf dem Blendeneinstellring sind die Blendenzahlen angegeben. Die Einstellung k = 4 besagt, dass die Brennweite viermal so groß ist wie der Pupillendurchmesser. Die Blendenzahlwerte sind in Stufen angegeben, die sich um den Faktor √2 unterscheiden (1,4; 2; 2,8; 4; 5,6; 8; 11; 16), da sich dabei die Pupillenfläche und damit die Lichtintensität bei der Steigerung um einen Stufenwert halbiert. Die Blendengröße bestimmt wesentlich die Schärfentiefe, diese steigt mit kleinerer Blende bzw. größerer Blendenzahl. Die Blende hat auch Einfluss auf die Modulationstransferfunktion, diese erreicht bei kleiner Öffnung bzw. großen Blendenzahlen wegen der auftretenden Beugungseffekte nicht ihr Optimum.

Bei nicht exakter Abbildung liegt die Ebene der scharfen Abbildung vor oder hinter der Bildwandlerebene (Abb. 2.27). In der Bildwandler-

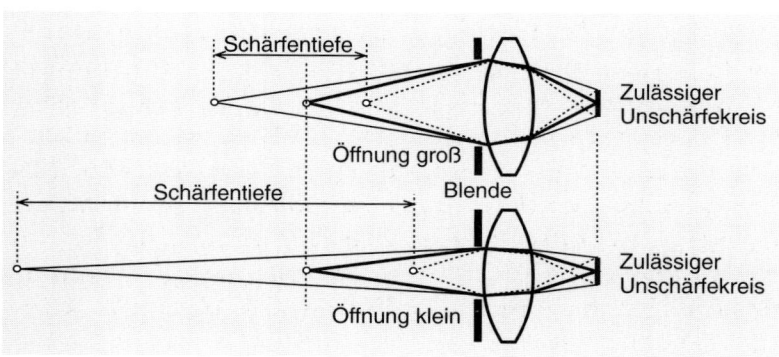

Abb. 2.27
Schärfentiefeänderung in Abhängigkeit von der Blendenöffnung

Abb. 2.28
Vergleich der Bildwirkung bei Weitwinkel-, Normal- und Teleabbildung

ebene erscheint das Bild eines Objektpunktes als kleiner Fleck. Je größer der Fleck, desto unschärfer ist das Bild. Unschärfen sind tolerierbar, solange die Unschärfebereiche kleiner sind als der das Wandler-Auflösungsvermögen bestimmende Bereich u'. Gegenstände innerhalb eines Bereichs vor und hinter der optimalen Gegenstandsweite a, zwischen a_v und a_h, werden also noch scharf abgebildet – dies ist der Schärfentiefebereich (Abb. 2.27). Die vorderen und hinteren Schärfenbereichsgrenzen können mit folgender Gleichung berechnet werden /12/:

$$a_{h,v} = a/(1 \pm u'k\,(a + f')/f'^{\,2}),\ \text{genähert gilt:}$$

$$1/a_{h,v} = 1/a \pm u'k/f'^{\,2}.$$

Die Schärfentiefe hängt also von der eingestellten Blendengröße ab. Eine kleinere Blendenöffnung (größere Blendenzahl) ergibt eine größere Schärfentiefe. Außerdem gilt: je größer die Brennweite, desto kleiner der Schärfentiefebereich. Das Fokussieren auf ein Objekt (Scharfstellen) ist deshalb im Telebereich am einfachsten.

In der Praxis sind die abzubildenden Gegenstände meist weit von der Linse entfernt, und damit ist die Gegenstandsweite viel größer als die Brennweite der Linse. Für diesen Fall folgt aus der Abbildungsgleichung, dass die Bildweite sich nur sehr wenig von der Brennweite unterscheidet. In vereinfachten Formeln werden daher beide oft einfach gleichgesetzt.

Tabelle 2.7
Vergleich der Normalbrennweiten bei verschiedenen Bildformaten für Video und Film

Format	Bilddiagonale	Normalbrennweite
1/2"-CCD	8 mm	9,7 mm
2/3"-CCD	11 mm	13,3 mm
16-mm-Film	12,7 mm	15,4 mm
Super 16	14,4 mm	17,3 mm
35 mm mit 1:1,66	25,7 mm	31,0 mm
Super 35	31,1 mm	37,6 mm

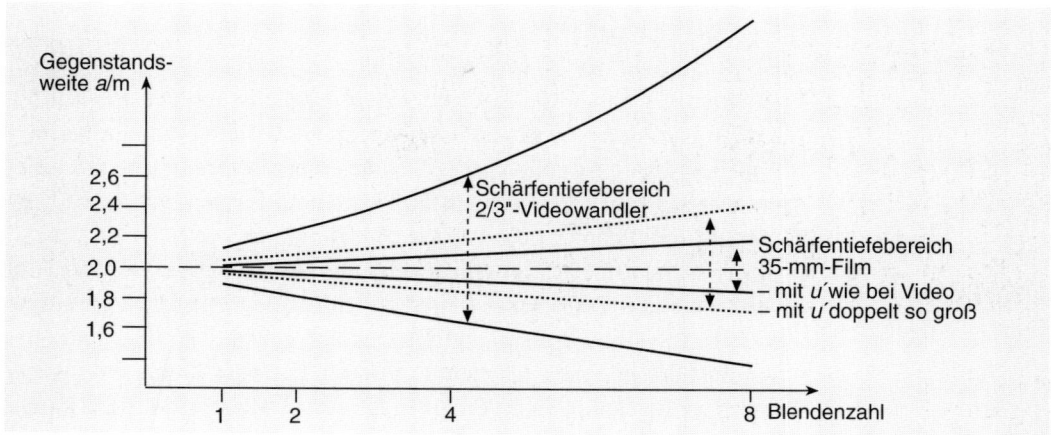

Abb. 2.29
Vergleich der Schärfentiefebereiche von 35-mm-
Film und elektronischem
2/3"-Bildwandler bei
a = 2 m

Die Brennweite wird oft als Orientierung für die Bildwirkung angegeben, entscheidender ist diesbezüglich jedoch der Bildwinkel. Abgeleitet
vom deutlichen Sehwinkel des menschlichen Sehfeldes wird ein Normal-
bildwinkel angegeben, der ca. 45° bezüglich der Bilddiagonalen beträgt.
Beim Bildseitenverhältnis 4:3 folgt daraus ein vertikaler Bildwinkel von
ca. 28° und ein horizontaler von 36°. Aus diesen Werten kann die zugehörige Normalbrennweite abgeleitet werden. Bei Verwendung größerer
Brennweiten spricht man von einem Tele- und kleineren Brennweiten
von einem Weitwinkelobjektiv. Abbildung 2.28 zeigt einen Vergleich von
Weitwinkel-, Normal- und Teleabbildung.

Mit veränderter Bildwandlergröße ändert sich auch die Brennweite,
die eine Normalabbildung hervorruft. Für eine Normalabbildung auf einen 35-mm-Film ergibt sich eine Brennweite von ca. 32 mm, bei 16-mm-
Film dagegen eine Brennweite von ca. 15 mm. Tabelle 2.7 zeigt weitere
Brennweiten für derart definierte Normalabbildungen. Es wird deutlich,
dass die Normalbrennweiten in Videosystemen am geringsten sind. Daraus folgt, dass Videokameras und der 16-mm-Film im Vergleich zu 35-
mm-Film bei gleicher Blende eine viel größere Schärfentiefe bzw. eine
wesentlich geringere selektive Schärfe aufweisen. Nur mit großen Bild-
flächen ist es daher möglich, den Filmlook zu erzeugen, der von geringer
Schärfentiefe geprägt ist. Der dominante, weil quadratische, Einfluss der
Bildgröße bzw. Brennweite auf die Schärfentiefe lässt sich über die Blende in den meisten Fällen nicht ausgleichen. In Abbildung 2.29 ist der unterschiedliche Schärfentiefebereich von 35-mm-Film im Vergleich zu
dem eines 2/3"-Videobildwandlers bei einer Gegenstandsweite a = 2 m
dargestellt, und zwar unter der Annahme, dass der Unschärfebereich u'
= 5 µm bei Film a) gleich und b) wegen der größeren Fläche doppelt so
groß ist wie bei (HD-)Video. Darin wird deutlich, dass an der Videokamera ein Blendenwert von ca. 2 eingestellt werden müsste, um die gleiche Schärfentiefe zu erreichen, die der 35-mm-Film bei Blende 8 erzielt.

2.4.2 Die Filmkamera

Filmkameras haben die Aufgabe, einen möglichst exakten intermittierenden Filmtransport zu gewährleisten und dabei den Film nur in seiner Ruhelage über eine definierte Zeit zu belichten. Bekannte Hersteller dieser mechanischen Präzisionsinstrumente sind Firmen wie Aaton, Arri (Arnold und Richter), Bolex, Moviecam, Panavision etc.

Der Filmantrieb erfolgt schrittweise mit einem Greiferwerk. Der Film wird von einer Vorratsrolle ab- und auf einem Wickelkern wieder aufgewickelt. Die Filmvorratsrollen befinden sich gewöhnlich über- oder nebeneinander in einem Magazin (Kassette), das vom Kamerakörper getrennt werden kann, damit für einen Filmwechsel nicht die ganze Kamera in einen Dunkelsack gesteckt werden muss (Abb. 2.30). Der Film wird beim Einlegevorgang in festgelegter Länge aus der Kassette heraus und in den Wickelkern geführt. Nach dem korrekten Einlegen und der Verbindung von Kamera und Kassette läuft er mit definierter Schlaufenlänge durch den Kamerakörper. In Abbildung 2.31 wird deutlich, wie der Film oben aus der Kassette austritt und innerhalb der Kamera über der Schlaufenmarkierung liegt.

Im Betrieb wird der Film mit einer Zahnrolle kontinuierlich abgewickelt und dem Greiferwerk zugeführt. Ein darin enthaltener Doppel- bzw. Sperrgreifer hat die Aufgabe, den Film vor der Belichtung sehr genau in Position zu bringen. Zusätzlich wird in diesem Moment der Film durch eine Andruckplatte auch in der Tiefendimension fixiert. Nach der Belichtung werden die Fixierungselemente automatisch ausgekoppelt, und der Transportgreifer kann den Film um ein Feld weiterziehen. Um den Prozess möglichst geräuscharm realisieren zu können, sind sehr ausgeklügelte Transportsysteme erforderlich. Dabei muss eine Bildstandsgenauigkeit im Mikrometerbereich erreicht werden.

Abb. 2.30
Filmkassette /15/

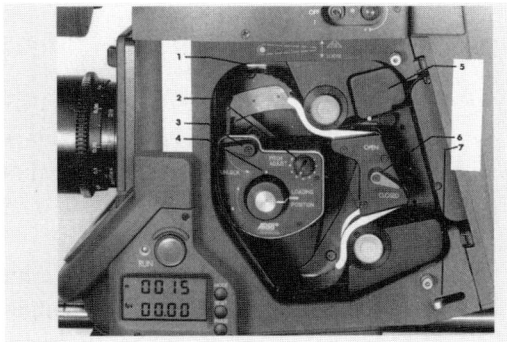 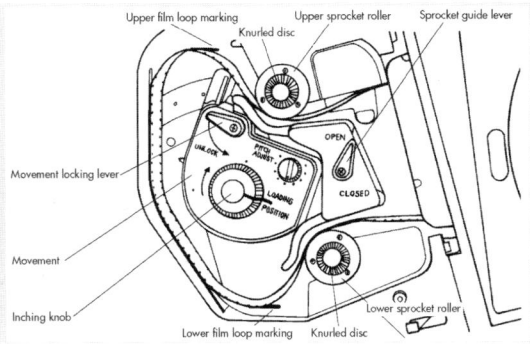

Das Greiferwerk ist direkt mit einer rotierenden Blende gekoppelt, die die Aufgabe hat, den Lichtweg während der Filmtransportphase abzudecken. Diese Umlaufblende hat einen Hellsektor, der nur bei sehr wenigen Geräten den Wert 180° übersteigt, jedoch aus unten genannten Gründen bei den meisten Kameras verringert werden kann.

Filmkameras können sehr einfach gebaut sein, wenn die Antriebsenergie durch ein Federwerk aufgebracht wird, kann die Kamera rein mechanisch betrieben werden. Auf der anderen Seite stehen moderne Kameras, die eine sehr aufwändige Kombination aus hochpräziser Mechanik und ausgefeilter Elektronik beinhalten. Ein Beispiel für die letztgenannte Art ist die hier etwas näher betrachtete Kamera Arriflex 535 der Firma Arri (Abb. 2.32). Dies ist eine 35-mm-Kamera, die als Studiokamera für den Stativbetrieb konzipiert ist /16/. Neben den dort üblicherweise verwendeten 300-m-Kassetten kann auch eine 122-m-Kassette und ein Akku angebracht werden, so dass sie auch für den Schulterbetrieb geeignet ist. Diese Kamera wird elektronisch mit 24-V-Gleichspannungsmotoren betrieben, die quarzstabilisierte Bildwechselfrequenzen von 24; 25; 29,97 und 30 Bildern/s erzeugen. Darüber hinaus lässt sich die Geschwindigkeit auch stufenlos (3...50 B/s) und für Rückwärtslauf einstellen. Die variable Geschwindigkeit ist einer der wesentlichen Vorteile von Filmkameras gegenüber elektronischen HD-Videokameras.

Abb. 2.31
Filmführung innerhalb der Kamera /16/

Abb. 2.32
35-mm-Kamera
Arriflex 535 /17/

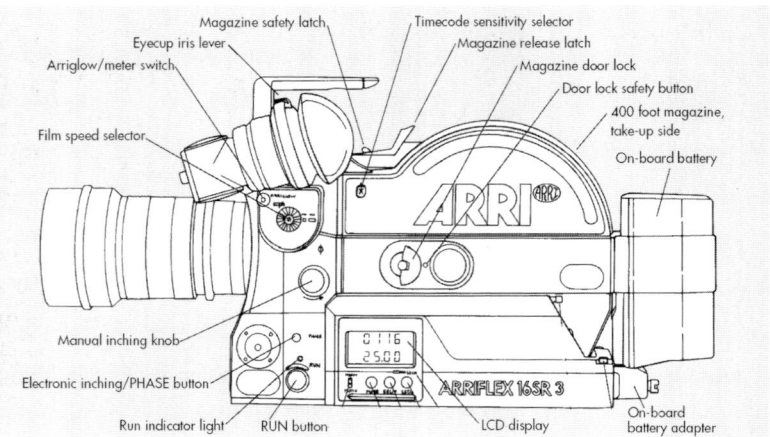

Magazine safety latch,
Eyecup iris lever
Arriglow/meter switch
Timecode sensitivity selector
Magazine release latch
Magazine door lock
Door lock safety button
400 foot magazine, take-up side
On-board battery
Film speed selector
Manual inching knob
Electronic inching/PHASE button
Run indicator light
RUN button
LCD display
On-board battery adapter
ARRIFLEX 16SR 3

Abb. 2.33
Schema der 16-mm-Ka-
mera Arriflex 16 SR3 /17/

Als Beispiel für eine 16-mm-Kamera zeigt Abbildung 2.33 die Arriflex
16 SR. Dieses ist eine Schulterkamera, die neben den quarzgesteuerten
Bildfrequenzen von 24/25 B/s auch variabel mit 5 bis 75 B/s läuft. 1992
wurde die neueste Variante SR3 vorgestellt, von der einige Ausstattungs-
merkmale der Arriflex 535 sowie die 24-V-Betriebsspannung übernommen wurden.

Moderne Kameras sind so geräuscharm, dass sie keine Störungen bei
der Tonaufnahme verursachen. Eine Arriflex SR3 erzeugt z. B. einen Ge-
räuschpegel von nur 20 dB(A). Da die Geräuschisolation direkt in die Kamera integriert ist, spricht man von selbstgeblimpten Kameras, im Gegensatz zu „lauten" Typen, die zur Minderung der Geräuschintensität
mit einem schallabsorbierenden Gehäuse, dem sog. Blimp, umgeben
werden müssen.

Die Arriflex-Kamera steht in der Tradition der Kameras, die durch
Verwendung des bei Arri entwickelten Spiegelreflexsystems dem Kameramann die optimale Kontrolle über das Bild im Sucher (engl.: Finder)
geben. Beim Spiegelreflexverfahren wird der durch das Objektiv abgebil-
dete Gegenstand in ein Suchersystem gelenkt, wenn der Lichtweg zum
Film verschlossen ist, denn der Spiegel befindet sich auf der rotierenden
Umlaufblende, die den Lichtweg während des Filmtransports unter-
bricht. Bei Verwendung eines 180°-Hellsektors wird somit das Licht in
einer Zeitperiode je zur Hälfte auf den Film und auf eine Mattscheibe gelenkt, die wiederum durch eine Lupe betrachtet wird. Vor oder auf der
Mattscheibe befinden sich die Einzeichnungen für das jeweils verwendete Filmformat. Bei Kamerastillstand bleibt die Umlaufblende in einer Position stehen, über die das Bild in den Sucher gelangt. Bei älteren Kameras ist dies nicht automatisch der Fall, die Umlaufblende muss dann entsprechend nachgestellt werden.

Die Sucherlupe zur Betrachtung der Mattscheibe kann vielfältige Formen haben, um einen flexiblen Einsatz zu ermöglichen. So kann z. B. bei

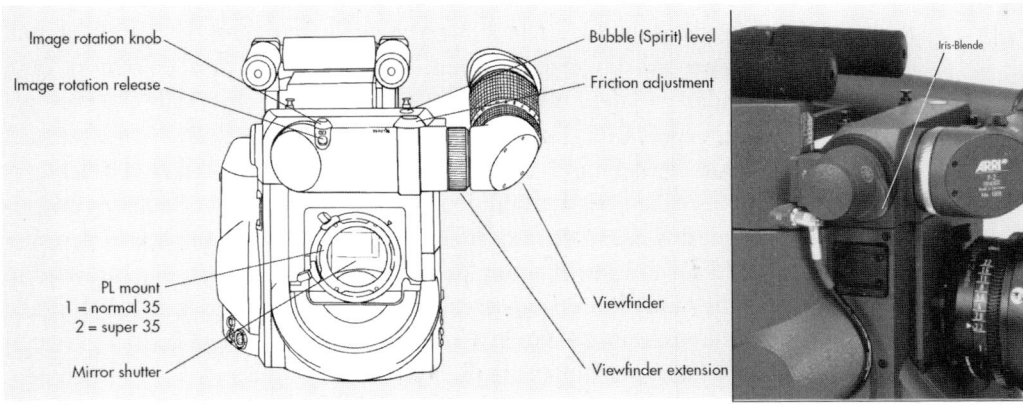

Image rotation knob

Image rotation release

PL mount
1 = normal 35
2 = super 35

Mirror shutter

Bubble (Spirit) level

Friction adjustment

Viewfinder

Viewfinder extension

Iris-Blende

Abb. 2.34
Vorderansicht der Kamera
mit Suchersystem und
Seitenansicht mit
angeschlossener Video-
ausspiegelung /17/

Verwendung eines großen Magazins eine Lupenverlängerung angebracht werden, die bei teuren Kameras zudem in sehr viele Positionen
auch quer zur Kamera geschwenkt werden kann. Die Sucherlupen lassen
sich z. T. auch auf ein horizontal entzerrtes Bild umschalten, zum Ausgleich der Verzerrung, die bei Verwendung eines anamorphotischen Objektivs entsteht. Es gibt auch beheizbare Lupen, die ein Beschlagen
durch Feuchtigkeit verhindern (Abb. 2.34).

Von dem zur Mattscheibe gespiegelten Licht wird oft ein Teil abge-
zweigt und zu einer angeschlossenen Videokamera gelenkt. Bei einer
solchen Konstruktion spricht man von einer Videoausspiegelung, deren
Bild also zusätzlich zum Suchersystem über einen angeschlossenen Videomonitor betrachtet werden kann. Bei der Arriflex 535 kann festgelegt
werden, ob 0 %, 50 % oder 90 % der Lichtintensität die Videoausspiegelung erreichen. Letzterer Fall ist z. B. für eine fernbediente Kamera in
Motion-Control-Systemen nützlich. Die Videobildqualität liegt allerdings nicht auf dem Niveau gewöhnlicher Videokameras, da Videosysteme in Europa immer mit einer Bildfrequenz von 25 Hz arbeiten, während sie bei der Filmkamera standardmäßig 24 Hz beträgt bzw. variiert
werden kann, so dass eine Anpassung erforderlich wird, die die Bildqualität schmälert. Hinzu kommt das Problem, dass der Videobildwandler
nur etwa während der halben Bildperiodendauer das Licht empfängt.

Wenn die Filmaufnahme nicht im Standardformat, sondern als Super
35 bzw. Super 16 gemacht werden soll, wird ein Bildbereich genutzt, der
in Richtung der für die Tonspuren reservierten Fläche seitlich vergrößert
ist. In diesem Fall muss das Zentrum des Objektivs ebenfalls ein kleines
Stück seitlich verschoben werden. Moderne Kameras sind auf diesen Ob-
jektivversatz vorbereitet, ältere Kameras müssen umgebaut werden.

Im Gegensatz zu Fotokameras ist die Belichtungszeit bei Filmkameras nicht frei wählbar. Sie ergibt sich aus der Filmtransportgeschwindig-
keit und der Größe des Hellsektors der Umlaufblende. Als Standardwerte gelten hier 24 Bilder/s und 180° Hellsektor, woraus eine Belichtungs-

zeit von 1/48 s folgt. Die Filmgeschwindigkeit kann für Zeitraffer- und Zeitlupeneffekte variiert werden. Auch die Größe des Hellsektors kann verändert werden, allerdings nur auf Werte kleiner 180°. Dieses geschieht einerseits, um mit kürzeren Belichtungsphasen entsprechend kürzere Bewegungsphasen abzubilden, damit z. B. ein Ball, der sich in 1/48 s über die gesamte Bildbreite bewegt, nur an einer Stelle im Bild erscheint und damit deutlicher sichtbar wird (Shutter-Effekt). Ein zweiter Grund für die Verringerung des Hellsektors besteht in der Notwendigkeit die Aufnahme an pulsierende Lichtquellen anzupassen, um störende Interferenzen und Helligkeitsschwankungen (Flicker-Effekt) zu vermeiden. Bestimmte Kunstlichtquellen, wie nicht flickerfreie HMI-Lampen, ändern ihre Intensität im Rhythmus der Netzfrequenz. Bei Nutzung der Standardbildfrequenz von 24 Frames per second (fps) ergibt sich damit sowohl bei der europäischen 50-Hz- als auch bei der amerikanischen 60-Hz-Netzfrequenz ein Interferenzproblem, da die Kamera die 25 Hz oder 30 Hz quasi mit 24 Hz abtastet. Die entstehenden Interferenzerscheinungen erzeugen einen schwankenden Helligkeitseindruck und werden auch als Alias-Störungen bezeichnet. Das Problem wird nun gelöst, indem die Belichtungszeit mit Hilfe der Hellsektorgröße der Periodendauer der pulsierenden Quellen angepasst wird. Beim 50-Hz-Netz beträgt die Periodendauer 20 ms. Die Sektorenblende wird für die Anpassung so verkleinert, dass die Belichtungsdauer statt 1/48 s dann 1/50 s beträgt. Die dafür zu verwendenden Hellsektorgrößen, bezogen auf 360°, folgen aus der Multiplikation der Bildfrequenz mit der Belichtungsdauer. In diesem Fall gilt: 24 fps multipliziert mit 20 ms gleich 0,48, entsprechend 48 % von 360°, d. h. eine Hellsektorgröße von 172,8°. Bei einer Netzfrequenz von 60 Hz ist eine Hellsektorgröße von 144° zu verwenden. Hellsektoren für die wesentlichen Netzfrequenzen, also mit den Werten 180°, 172,8° und 144°, sind bei den meisten Kameras fest einstellbar, allerdings ist die verwendete Größe von außen oft nicht erkennbar. Sie sollte entsprechend deutlich an der Kamera vermerkt werden, da verringerte Hellsektorengrößen natürlich einen Einfluss auf die Lichtintensität haben, die den Film erreicht, und somit in die Berechnung der zu verwendenden Arbeitsblenden eingehen.

Im Zusammenhang mit der Änderung der Transportgeschwindigkeit ergibt sich auch ein besonderes Problem bei der Verwendung unterschiedlicher Bildfrequenzen, die natürlich ebenfalls einen Einfluss auf die Belichtung haben. Auch zum Ausgleich dieser Belichtungsänderungen kann der Hellsektor der Umlaufblende verwendet werden. Normalerweise wird die Hellsektorgröße vor der Aufnahme fest eingestellt, bei hoch entwickelten Kameras wie der Arriflex 535 ist es sogar möglich, die Hellsektorgröße während des Betriebs der Kamera zu ändern (Abb. 2.35), so dass durch die kombinierte elektronische Steuerung von Film-

Abb. 2.35
Steuerbare Umlaufblende der Kamera Arriflex 535 /16/

geschwindigkeit und Hellsektorgröße eine definierte Belichtung auch bei kontinuierlich veränderter Transportgeschwindigkeit erreicht werden kann.

Moderne Kameras besitzen auch eine Einrichtung zur Aufbelichtung eines Zeitcodes (Timecode), der neben der Fußnummer eine wichtige Hilfe bei der Nachbearbeitung darstellt. Bei Arri-Kameras werden die zur Aufbelichtung des bei Arri eingesetzten so genannten Arricodes verwendeten Leuchtdioden neben dem Bildfenster eingebaut. Die Timecode-Spur liegt daher dicht neben den Perforationslöchern, für die korrekte Platzierung in Längsrichtung sollte die vorgegebene Schlaufenlänge vor dem Bildfenster möglichst genau eingehalten werden. Um einen gut lesbaren Timecode zu gewährleisten, muss die Empfindlichkeit des verwendeten Filmmaterials eingegeben werden. Eine alternative, besonders flexible TC-Form wird bei Kameras der Firma Aaton benutzt, die auch vom Kamerahersteller Panavision übernommen wurde. Beim Aaton-Zeitcode wird ein Informationsgehalt von 91 bit in Form einer Matrix aus 7 x 13 Punkten geschrieben. Von Vorteil ist dabei die Tatsache, dass die Matrixform so gesteuert werden kann, dass sich Timecode-Daten oder direkt lesbare alphanumerische Zeichen ergeben /11/.

2.4.3 Filmprojektion

Ebenso wie die Filmkamera hat auch ein Filmprojektor die Aufgabe, den Film schrittweise zu transportieren. Während des Bildstillstandes durchdringt das Licht einer hellen Quelle den Film und das Filmbild kann auf die Bildwand abgebildet werden. Die Geschwindigkeit ist auf 24 oder 25 Bilder/s festgelegt. Die verwendeten Antriebe sind wie bei der Kamera mit einer Umlaufblende gekoppelt. Die Umlaufblende hat einen Hellsektor, der in zwei Teile geteilt ist (Abb. 2.36). Alternativ wird eine Blende verwendet, die mit doppelter Geschwindigkeit rotiert. Innerhalb der Bildwechselperiodendauer treten damit zwei Hell- und zwei Dunkelphasen auf. Während der Hellphasen durchdringt das Licht einer starken Xenonlampe den Film und über das Projektionsobjektiv entsteht auf der Bildwand das für die Zuschauer sichtbare Bild. Die Dunkelphasen sind zeitlich so gewählt, dass die eine genau im Zeitraum des Filmtransportes liegt und diesen damit unsichtbar macht. Die zweite Phase dient nur der symmetrischen wiederholten Unterbrechung des Lichtstroms, womit auf der Leinwand die Hell/Dunkel-Phasen mit einer Frequenz von 48 Hz entstehen, wenn die Filmgeschwindigkeit 24 Bilder/s beträgt. Jedes Bild wird also zweimal gezeigt. Die Verdopplung der Bildfrequenz ist deshalb erforderlich, weil eine Frequenz von 24 Bildern/s zwar ausreicht, um bezüglich der abgebildeten Bewegungen einen Verschmelzungseindruck zu erzeugen, aber nicht bezüglich der Helligkeitswahrnehmung des ge-

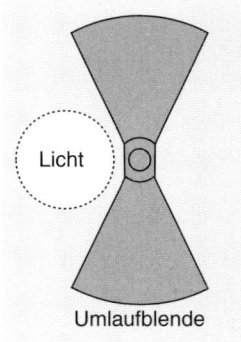

Abb. 2.36
Umlaufblende im Projektor

Abb. 2.37
Filmprojektor /18/

Abb. 2.38
Filmtellereinrichtung /18/

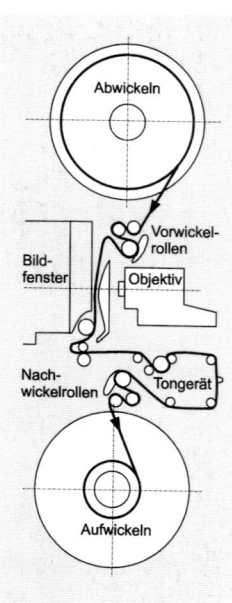

Abb. 2.39
Filmweg durch den
Projektor /18/

samten Bildes. Ein mit 24 Hz projiziertes Bild erscheint flackernd, das Auge empfindet das störende Großflächenflimmern. Die Stärke dieser Erscheinung hängt vor allem von der Lichtintensität und der Bildfrequenz ab. Bei den im Kino verwendeten Leuchtdichten von ca. 30...40 candela/m² bzw. Beleuchtungsstärken von ca. 120 lx reichen 48 Hz aus, um die Flimmerverschmelzungsgrenze zu erreichen, so dass also ein doppelt projiziertes Bild weitgehend flimmerfrei ist und das Großflächenflimmern nur noch bei geringem Betrachtungsabstand in sehr hellen Bildteilen auffällt.

Das Verfahren der doppelten Unterbrechung des Lichtstroms ist simpel, kann aber bei Videosystemen nicht angewendet werden bzw. nur dann, wenn Videobilder gespeichert vorliegen. Hier wird stattdessen das Zeilensprungverfahren angewandt, das zwei ineinander verschachtelte Halbbilder erzeugt (s. Abschnitt 4.1.1). Auch auf diese Weise lässt sich die Flimmerverschmelzungsgrenze erreichen, doch erzeugt das Verfahren eine gegenüber der Filmtechnik erheblich veränderte Bildwirkung, da durch das Zeilensprungverfahren eine verdoppelte zeitliche Auflösung der Bewegungen entsteht.

Die technische Ausführung eines Kinoprojektors zeigt Abbildung 2.37 am Beispiel des verbreiteten 35-mm-Projektors FP 30 der Firma Kinoton. Oben und unten sind jeweils die Filmspulen zu erkennen, die mit Filmlängen von 600 m, 2000 m oder 4000 m verwendet werden können. Die Spulenachsen können entfernt werden, so dass ein Betrieb mit Filmtellereinrichtungen oder Spulentürmen möglich wird. Die Verwendung von Spulen hat den Nachteil, dass der Film nach dem Programmende wieder zurückgespult werden muss, damit der Filmbeginn wieder außen liegt. Bei Filmtellereinrichtungen wird der Beginn nach innen gewickelt und von dort aus dem Projektor zugeführt. Auf dem Aufwickelteller kommt der Beginn automatisch wieder nach innen, so dass der Film direkt für die nächste Projektion bereit ist. Die horizontal liegenden Filmteller (Abb. 2.38) fassen bis zu 7000 m Film, was 2,5 Stunden Programm entspricht /18/.

Abbildung 2.39 zeigt ein Schema, in dem der Filmweg deutlich wird. Der Film läuft von oben nach unten und wird über eine Schaltrolle bewegt, die über ein Malteserkreuz oder über einen elektronischen Antrieb bewegt wird. Das Malteserkreuzgetriebe ist ein Antrieb, der sich seit dem Beginn der Filmtechnik bewährt hat. Es hat die Funktion, eine gleichmäßige Rotation in eine intermittierende Bewegung umzusetzen. Das Arbeitsprinzip beruht darauf, dass ein Stift in das Malteserkreuz greift und über eine Welle die Schaltrolle um eine Viertelumdrehung weiterdreht, wobei der Film um genau ein Bild bewegt wird. Für den restlichen Teil der vollen Umdrehung wird der ildstillstand gewährleistet, indem der Sperrbogen verhindert, dass sich das Kreuz weiter dreht

(Abb. 2.40). Statt des Malteserkreuzes kann ein elektronischer Antrieb verwendet werden, wobei sich ein verbesserter Bildstand und eine höhere Lichtleistung durch längere Standzeiten ergeben. Der Antrieb ist justierbar, damit das Filmbild auch bei unkorrekten Klebestellen oder ähnlichen Fehlern wieder in das Bildfenster gebracht werden kann und der Bildstrich verschwindet.

In Abbildung 2.41 wird ein Revolverkopf für drei Projektionsobjektive und das Bildfenster sichtbar. Der Film wird hier über einen Andruckmechanismus an eine gekrümmte Filmbahn gedrückt, um eine optimale Bildschärfe zu erreichen. Mit Hilfe des Revolverkopfes wird eine leichte Auswechslung der Objektive erreicht, die erforderlich ist, um eine Anpassung an verschiedene Bildformate zu erreichen. Typische Brennweiten der Objektive lassen sich mit der Beziehung $a/a' = y/y'$ (Abb. 2.25) leicht berechnen, wenn die zulässige Näherung gemacht wird, dass die Brennweite der Gegenstandsweite des abzubildenden Filmbildes entspricht. Für die Abbildung eines 35-mm-Films mit 13,25 mm Bildhöhe auf eine Projektionswand der Höhe 4 m im Abstand 24 m ist danach eine Brennweite von 80 mm erforderlich. Anamorphotische Bildentzerrung wird durch die Verwendung von Vorsatzlinsen erreicht.

Nach DIN soll die Leuchtdichte auf der Leinwand etwa 40 cd/m², mindestens jedoch 30 cd/m² betragen und zum Rand hin kaum abnehmen. Abhängig vom Reflexionsgrad der Leinwand sind dafür Beleuchtungsstärken erforderlich, die bei Verwendung von Xenon-Lampen und Reflektoren mit elektrischen Leistungen erreicht werden, die bei 30 W pro ausgeleuchtetem Quadratmeter Bildwand liegen. Die Lichtquelle und der Spiegel befinden sich im Lampenhaus. Es können Lampenleistungen zwischen 1000 W und 10000 W verwendet werden, ab 2500 W sind Hitzefilter zum Schutz des Bildfensters und Kühleinrichtungen erforderlich. Abbildung 2.42 zeigt das Innere eines Lampenhauses.

Das Einlegen des Films erfolgt von oben nach unten. Bei korrekt eingelegtem Film stehen die Bilder im Bildfenster auf dem Kopf und die Lichttonspur liegt in Projektionsrichtung gesehen an der rechten Seite. Die beschichtete Seite des Films ist der Lichtquelle zugewandt /19/. Zur Anpassung des schrittweisen Filmtransports im Bildfenster an den kontinuierlichen Lauf, der für die Tonwiedergabe erforderlich ist, wird eine Schlaufe gebildet, mit einer Länge, die gewährleistet, dass die Lichttonwiedergabe um 20 Bilder gegenüber dem Bildfenster versetzt ist. Die Wiedergabeeinheit mit zwei Abtastsystemen für Analogton und Dolby Digitalton (s. Abschnitt 3.3.2) wird in Abb. 2.41 unterhalb des Revolverkopfes sichtbar. Zur Wiedergabe von Audiosignalen nach DTS oder SDDS muss eine separate Abtasteinheit montiert werden.

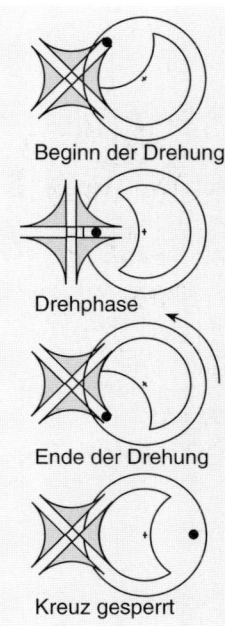

Abb. 2.40
Malteserkreuzfunktion

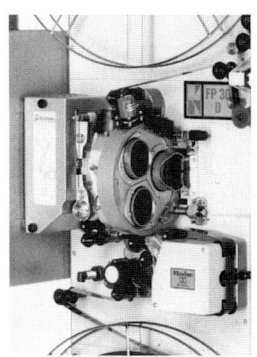

Abb. 2.41
Bildfenster und Objektivhalter /18/

Abb. 2.42
Lampenhaus /18/

2.5 Filmproduktion

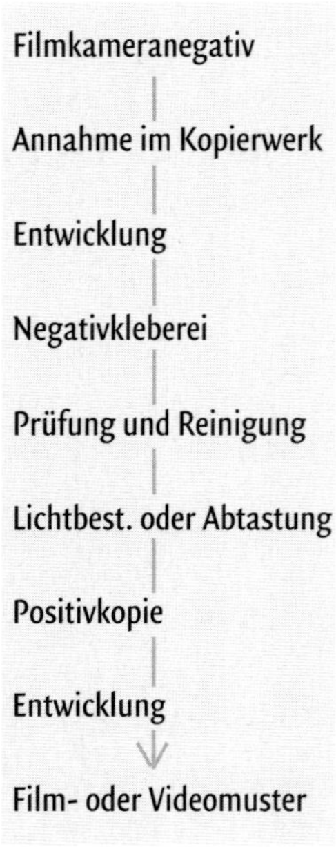

Filmkameranegativ

|

Annahme im Kopierwerk

|

Entwicklung

|

Negativkleberei

|

Prüfung und Reinigung

|

Lichtbest. oder Abtastung

|

Positivkopie

|

Entwicklung

↓

Film- oder Videomuster

Abb. 2.43
Arbeitsablauf zur Erstellung der Musterkopie

In diesem Kapitel werden kurz die technischen Schritte dargestellt, die zur Filmentstehung erforderlich sind. Für die Filmproduktion gibt es zunächst wesentliche Unterscheidungskriterien, die erheblichen Einfluss auf den technischen Ablauf haben. Dies ist zunächst die Frage, ob dokumentarisch gearbeitet wird oder szenisch, also eine Spielhandlung inszeniert wird. Die zweite wichtige Frage ist die Auswertungsform, d. h. ob für Kino oder Fernsehverwendung produziert wird. Beide Fragen hängen eng mit dem finanziellen Aufwand zusammen, der die technische Realisierung natürlich erheblich beeinflusst. Diese Aspekte bestimmen z. B., ob auf 16-mm oder 35-mm gedreht wird, die verfügbaren Kameras und Objektive, den Lichtaufwand, das Personal etc.

Bei Fernsehproduktionen wird Film vorwiegend nur noch für szenische Produktionen wie z. B. den ARD-Tatort verwendet, aktuelle und auch dokumentarische Beiträge werden dagegen fast ausschließlich mit Videosystemen realisiert. Aufgrund der geringen Bildauflösung von Standard-TV-Systemen ist es für Fernsehproduktionen ausreichend, mit 16-mm-Film zu arbeiten. Mit Hilfe von Filmabtastern (s. Kap. 6) werden die Filmbilder nach der Entwicklung vom Negativ in ein Videosignal umgesetzt. Dabei ist bereits bei der Aufnahme das gegenüber Film eingeschränkte Kontrastübertragungsverhalten der Videobildwiedergabe zu beachten, ggf. ist auch dem großen Betrachtungsabstand bei der TV-Wiedergabe bei der Bildgestaltung Rechnung zu tragen. Abgesehen von einer Filmgeschwindigkeit, die mit 25 fps dem Fernsehbereich angepasst ist, sind die Produktionsschritte sonst weitgehend ähnlich wie für den Kinofilm.

Bei Kinofilmproduktionen soll in der Regel ein 35-mm-Positivfilm entstehen. Aufnahmeseitig wird dafür 35-mm-Material verwendet, aus Kostengründen aber teilweise auch auf (Super) 16-mm gedreht und das Format beim Kopierprozess angepasst. Der Ton wird separat aufgezeichnet, wobei mit Hilfe der Filmklappe und ggf. von Timecode die Synchronisation sichergestellt wird. Der belichtete Film wird am Ende eines jeden Drehtages entwickelt und als Muster (rushes) in Form eines Filmpositivs oder als Videoabtastung zur Beurteilung bereitgestellt. Dazu werden die gewünschten Takes von den unerwünschten (Nichtkopierern) getrennt, im Negativ aneinander geklebt und auf Positivfilm kopiert bzw. durch Filmabtastung (FAT) auf Videoband übertragen. Zur Überprüfung wird das Tonmaterial angelegt, und wenn alles Material für eine Szene vorliegt, kann bereits mit dem Rohschnitt begonnen werden.

Für die Arbeit am Filmschneidetisch muss der Ton auf Perfobänder, also ein Filmmaterial mit Magnettonspuren, überspielt werden (s. Kap. 3.2.1). Heute wird aber vorzugsweise mit nichtlinearen Schnittsystemen gearbeitet. Hier kann das Audiosignal direkt eingespielt werden, während das Bildmaterial vorher abgetastet werden muss. Abbildung 2.43 zeigt ein Schema des Ablaufs zur Erstellung der Musterkopie.

Der Rohschnitt des gesamten Films, d. h. das Aneinanderfügen der Szenen nach den Vorgaben im Drehbuch, liegt bereits kurz nach Beendigung der Dreharbeiten vor. Dann beginnt die Phase der Postproduktion. Dabei wird der Feinschnitt durchgeführt, bei dem anhand des zur Verfügung stehenden Materials die künstlerische Gesamtwirkung festgelegt und der Erzählrhythmus herausgearbeitet wird /20/. Mit dem Bild wird auch der Ton geschnitten, im Audiobereich kommen weiterhin noch Geräusche, Nachsynchronisationen und die Filmmusik hinzu, die in einem Mischatelier unter kinoähnlichen Abhörbedingungen abgemischt werden. Die Schnittinformationen gelangen dann in Form einer Schnittliste zum Kopierwerk, wo das Originalnegativ montiert, ggf. Trickteile eingefügt und die fertige Tonmischung auf ein Tonnegativ belichtet wird, so dass schließlich Bild- und Tonnegativ gemeinsam auf die Vorführpositive kopiert werden können. Für das Bild ist dabei ein wesentlicher Schritt die Lichtbestimmung, bei der die Helligkeit und Farbstimmungen der einzelnen Szenen einander angeglichen und für das Positiv optimiert werden. Abbildung 2.44 zeigt ein Schema des Ablaufs zur Erstellung der Massenkopie. Bei Nutzung von High-Definition-Videosystemen als Aufnahmemedium sind diese Abläufe ähnlich. Es entfällt zunächst die Entwicklung der Muster, dafür muss am Ende das ausgewählte Material über ein Filmaufzeichnungssystem (FAZ) auf Filmnegativ belichtet werden, wenn am Ende ein 35-mm-Positiv erzeugt werden soll.

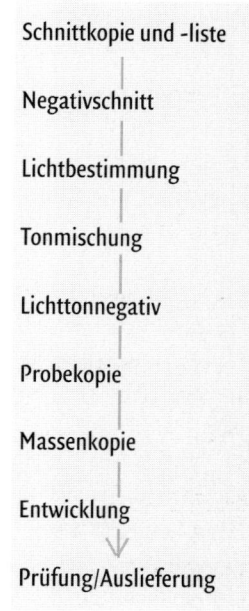

Abb. 2.44
Arbeitsablauf zur Erstellung der Massenkopie

2.5.1 Filmaufnahme

Die technische Seite der Aufnahme selbst bestimmt das Kamerateam, das in der Regel aus dem Kameramann und dem Kameraassistenten besteht. Der Kameramann oder die Kamerafrau, im englischen Sprachraum als Director of Photography (DoP) bezeichnet, ist für die Bildgestaltung, d. h. die Kadrierung, die Bildausschnittsfestlegung und das Setzen von Licht und Schatten verantwortlich. Die Kameraführung übernimmt der DoP selbst oder eine separate Person, der sog. Schwenker, der dann für die Kadrierung verantwortlich ist. Der Kameraassistent ist für die technische Prüfung und Säuberung der Kamera zuständig, um z. B. zu vermeiden, dass Staub und Fussel in das Bildfenster geraten. Während der Dreharbeiten hilft er vor allem bei der Einstellung der Schärfe. Ein Materialassistent ist für den sorgfältigen Umgang mit dem Filmmaterial einschließlich Ein- und Auslegen in die Kassette verantwortlich.

Wenn keine besonderen Effekte erzielt werden sollen, wie z. B. Zeitlupeneffekte, die eine Veränderung der Filmgeschwindigkeit erfordern, sind die wesentlichen technischen Parameter bei der Filmaufnahme am Objektiv einzustellen. Hier kann zunächst die Brennweite gewählt werden, die durch die Einstellung der Szene bestimmt ist. Zweitens muss auf das wesentliche Objekt der Szene fokussiert werden. Dabei verlässt man sich nicht auf die visuelle Beurteilung der Schärfe im Sucher, sondern es wird der Fokus auf die Entfernungsmarkierung eingestellt, die der mit dem Maßband ausgemessenen Entfernung zwischen Kamera und Objekt entspricht. Kamerafahrten erfordern dabei Schärfeverlagerungen, die mit Hilfe des Assistenten durchgeführt werden. In schwierigen Situationen können in diesem Zusammenhang elektronische Lens-Control-Systeme hilfreich sein, die es erlauben, die genannten Parameter fernzusteuern, was auch drahtlos geschehen kann (Funkschärfe).

Ein relativ frei wählbarer Parameter ist die Blende. Die Bezugsblende wird für den mittleren Grauwert der Szene eingestellt, der mit 18 % Remission angenommen wird. Die Blende hat neben der verwendeten Brennweite erheblichen Einfluss auf die erreichte Schärfentiefe. Da die Brennweite über die Bildgestaltung oft weitgehend festgelegt ist, kann die Schärfentiefe am ehesten über die Blende beeinflusst werden, soweit es die Lichtintensität und die Filmempfindlichkeit zulassen.

Neben der mittleren Blende interessieren auch die gemessenen Blendenwerte, die an den hellsten bzw. dunkelsten Stellen im Bild auftauchen. Falls die Differenz 6 Blendenstufen überschreitet, ist evtl. der Kontrast zu vermindern, indem mit Scheinwerfern (s. Tabelle 2.8) Schatten aufgehellt werden. Als Alternative lassen sich zu starke Lichtquellen dämpfen, indem z. B. die Transparenz eines hell beschienenen Fensters durch Abkleben mit Filterfolie reduziert wird. Um die Kamera selbst abschatten zu können, wird auf dem Objektiv meist ein Kompendium befestigt, das mit Flügeltoren ausgestattet ist, die die Entstehung von Lichtreflexen vermeiden helfen (Abb. 2.45). Das Kompendium dient auch als Halter von Vorsatzfiltern und wird dann Mattebox genannt.

Filter haben eine wichtige Funktion für die Bildgestaltung. Die wichtigsten Filter für den Bereich der Bildaufnahme dienen der Lichtabschwächung und der Konversion der Farbtemperatur. Die reine Dämpfung der Lichtintensität wird über eine verminderte Transparenz mit entsprechender optischer Dichte erreicht. Sie soll für alle Wellenlängen des sichtbaren Lichts denselben Wert aufweisen. Derartige Filter werden daher als Neutraldichtefilter bezeichnet (ND). Wie beim Filmmaterial ist die Dichte über den Logarithmus des Kehrwertes der Transmission definiert (s. Kap. 2.3.2), d. h. die Halbierung der Lichtintensität entspricht einer Transmission von 50 %, einer Blendenstufe oder einer Dichteänderung vom Wert 0,3. Wenn der Dichtewert nach einer Seite des Filters über einen gewissen Bereich gleichmäßig ansteigt, spricht man von einem Verlaufsfilter. Er wird so eingesetzt, dass z. B. bei einer Land-

Für hartes Licht –
Stufenlinsenscheinwerfer
Verfolgerspot
PAR

Für weiches Licht –
Flächenleuchte (Fluter)
Weichstrahler
Horizontfluter

Tabelle 2.8
Scheinwerfertypen

Abb. 2.45
Kompendium

schaftsaufnahme die größere Dichte parallel zum Horizont auf dem Himmel liegt. Damit kann die Helligkeit in diesem Bereich so weit herabgesetzt werden, dass im Himmel wieder Strukturen durch Wolken etc. erkennbar werden.

Konversionsfilter dienen dazu, das Filmmaterial, das für eine bestimmte Farbtemperatur des eingesetzten Lichts sensibilisiert wurde, auch mit Lichtquellen verwenden zu können, die eine andere Farbtemperatur aufweisen. Ein typischer Fall ist die Verwendung von Filmmaterial, das für Kunstlicht mit 3200 K sensibilisiert ist, mit dem aber Tageslichtaufnahmen bei einer Farbtemperatur von 5500 K gemacht werden sollen. Für diesen Zweck geeignete Konversionsfilter werden über den Mired-Verschiebungswert, d. h. über die Differenz zwischen den Farbtemperaturen gekennzeichnet, die dann in Mired angegeben werden (s. Kap. 2.3.8). Die angegebene Anpassung des Tageslichtspektrums an den Kunstlichtfilm erfordert bei dem genannten Fall einen Konversionswert von $10^6/3200 - 10^6/5500 = +131$ mrd mit Hilfe eines gelb-orange gefärbten Filters. Der umgekehrte Fall, d. h. die Konversion von Kunstlicht, erfordert -131 mrd mit einem blau gefärbten Filter. Da Blaufilter eine viel größere Dichte aufweisen als orangefarbene, werden Filmmaterialien und auch Videokameras meist für Kunstlicht eingestellt. Tabelle 2.9 gibt eine Übersicht über Konversionsfiltertypen von Kodak.

Weitere Filter werden eingesetzt, um bestimmte Effekte zu erzeugen, wie Farbeffekte, Kontrastminderung, Sterneffekte oder Weichzeichner. Ein Filtertyp, der nicht direkt in diese Klasse fällt, ist das Polarisationsfilter. Dieses wird in der täglichen Praxis verwendet, wenn starke Reflexionen von Gegenständen oder Glasflächen vermindert werden sollen / 21/. Da das von diesen Gegenständen reflektierte Licht meist stark polarisiert ist, d. h. dass die Schwingungsebene der Lichtwelle eine sehr dominante Richtung hat, kann mit einem Filter gearbeitet werden, das nur Licht einer definierten Schwingungsebene transmittiert. Zur Minderung der Reflexe muss dann das Polarisationsfilter einfach so gedreht werden, dass die Transmissionsschwingungsebene senkrecht zur Ebene des Lichts steht.

Am Produktionsort wird neben dem Bild auch der Originalton aufgenommen. Die Aufzeichnung von Bild und Ton am Set erfolgt getrennt. Daher muss während der Dreharbeiten natürlich auf die Synchronisation von Bild und Ton geachtet werden. Im Schneideraum wird das Bild- und Tonmaterial synchron zusammengebracht, man spricht vom Anlegen der Bänder. Als wesentliches Hilfsmittel dazu dient immer die Filmklappe, die zum Symbol für den ganzen Filmbereich geworden ist (Abb. 2.46). Auf die Klappe (engl.: Slate) wird nicht verzichtet, auch wenn als weiteres Hilfsmittel Timecode zur Verfügung stehen sollte, der in identischer Form auf Bild- und Tonband aufgezeichnet wird.

No.	Konv.	mired
Blau: Kunstl. $\rightarrow$ Tagesl.		
78	2360→5500	−242
80A	3200→5500	−131
80B	3400→5500	−112
80C	3800→5500	−81
Orange: Tagesl.→Kunstl.		
85	5500→3400	+112
85B	5500→3400	+131

Tabelle 2.9
Kodak-Konversionsfilter

Abb. 2.46
Filmklappe

Die Klappe hat den Vorteil, dass bei richtiger Handhabung das Zusammentreffen der Balken sowohl im Bild sichtbar als auch in der Tonaufzeichnung deutlich hörbar ist. Sie trägt darüber hinaus Zusatzinformationen, die im Timecode nicht vorhanden sind. Das sind im Besonderen der Name der Produktion und der Produktionsfirma, das Datum, die Rollennummer, die Nummer der Szene und des Takes und ggf. die Namen von Regisseur und Kameramann. Darüber hinaus wird vermerkt, ob eine Tag- oder Nachtaufnahme stattfindet und ob ggf. ohne Ton gedreht wird (Kennzeichnung durch das Kürzel st für stumm). Dabei sollte die Klappe geschlossen bleiben, damit beim Schnitt nicht angenommen wird, dass vergessen wurde, die Kennzeichnung wegzuwischen /22/. Die Beschriftung muss deutlich lesbar sein. Beim Schlagen der Klappe ist darauf zu achten, dass sie groß genug und auch im Schärfebereich der Kamera erscheint, bei einer Nahaufnahme kann sie z. B. vorsichtig in der Nähe des Gesichts des Schauspielers geschlagen werden.

In manchen Fällen ist es nicht möglich, die Klappe zu Beginn der Aufnahme zu schlagen, z. B. weil es keinen Ort für sie gibt oder weil Mensch oder Tier nicht erschreckt werden soll. In diesem Fall wird zu Beginn nur eine Schlussklappe angesagt, die dann auch erst am Schluss geschlagen wird, wobei sie auf den Kopf gehalten wird.

2.5.2 Kopierwerksaufgaben

Auftragsannahme
Materialprüfung
Negativentwicklung
Negativkleberei
Lichtbestimmung
Negativverwaltung
Negativschnitt
Rohfilmlager
Massenkopie
Positiventwicklung
Kontrolle
Konfektionierung
Auslieferung

Abb. 2.47
Aufgabenbereiche im
Filmkopierwerk

Vom ersten Drehtag bis zur Auslieferung der fertigen Filme ist das Kopierwerk ein wichtiger Partner beim Filmproduktionsprozess. Das Kopierwerk entwickelt die Negative und lagert und verwaltet sie. Sie werden hier nach der Schnittliste, die vom Schnittplatz kommt, geschnitten und geklebt. Weiterhin werden im Kopierwerk die Positive belichtet, wobei die Bestimmung der dafür erforderlichen Lichtmischung eine große Rolle spielt. Es können auch Bildformatänderungen und Verkleinerungen bzw. Vergrößerungen (Blow ups) und weitere Trickarbeiten vorgenommen werden. Schließlich werden auch die Positive entwickelt und für die Auslieferung konfektioniert (Abb. 2.47).

Zunächst ist es wichtig, dass das belichtete Filmnegativ möglichst schnell entwickelt wird, damit die empfindlichen latenten Bilder keinen Schaden nehmen. Das Negativmaterial wird daher täglich nach Drehschluss in schwarzer Folie und den sorgfältig beschrifteten Originaldosen zum Kopierwerk geschickt. Für die Negativentwicklung wird heute für Kodak-Material ein Prozess mit der Bezeichnung ECN-2 (Eastman Color Negativ) eingesetzt. Dabei wird der Film in einer Entwicklungsmaschine mittels Rollenantrieb so durch die verschiedenen Verarbeitungsstufen geführt, dass er dort über die jeweils erforderliche Dauer verbleibt. Zuerst wird in einem Vorbad in der Dauer von 10 s die Lichthofschutzschicht, die sich auf dem Negativ befindet, eingeweicht und dann in 5 s entfernt. Im eigentlichen Entwicklerbad bleibt der Film für 3 Minuten, bis in einem Stoppbad in 30 s die Entwicklung der Silberhalogenidkörner gestoppt und die Farbentwicklersubstanz aus dem Film gewaschen wird. Anschließend erfolgt eine 30-sekündige Wässerung, dann gelangt der Film für 3 Minuten in das Bleichbad, in dem das Silber, das sich beim Entwicklungsprozess neben den Farbstoffen gebildet hat, in Halogenidverbindungen verwandelt wird, die wiederum im Fixierprozess und der anschließenden Wässerung entfernt werden können. Im Fixierbad bleibt der Film für 2 Minuten, vor- und nachher wird er für eine bzw. zwei Minuten gewässert /6/. Der Prozess endet mit einer 10-sekündigen Stabilisierung und einer 5-minütigen Trocknung (Abb. 2.48). In ähnlicher Weise läuft auch der Positiv-Entwicklungsprozess ab, der bei Kodak mit ECP-2B bezeichnet wird.

Der Entwicklungsprozess lässt sich auch verwenden, um Fehlbelichtungen auszugleichen, die über die Lichtbestimmung nicht erfassbar sind. Zum Ausgleich von Unterbelichtungen wird die forcierte Entwicklung verwendet, bei der die Verweildauer im Entwicklerbad verlängert wird. Auf diese Weise können Schwärzungsänderungen hervorgerufen werden, die einer Belichtungsänderung um mehrere Blendenstufen entsprechen. Da die Bildqualität durch diesen Vorgang gemindert wird, sollte die Änderung auf ca. eine Blendenstufe begrenzt bleiben, falls der Vorgang nicht bewusst als besonderer Effekt genutzt wird. Die Forcierung wird auch als Push-Prozess, das Umgekehrte als Pull-Prozess bezeichnet. Als zweite Möglichkeit ist die Vor- oder Nachbelichtung (Flashing) zu nennen, eine kurzzeitige ganzflächige Zusatzbelichtung, die eine Aufhellung von Schattenbereichen bewirkt. Eine weitere Bildbeeinflussungsmöglichkeit bei der Entwicklung stellt die Bleichbadüberbrückung dar, bei der das Silber zusammen mit dem Farbstoff in der Schicht verbleibt und zu einem dunkleren Bild mit gedämpften Farben führt.

Für die Umsetzung des Negativs in ein Positivbild (Printprozess) wird das Negativ durchleuchtet und mit dem transmittierten Licht das Positiv belichtet. Für diesen Prozess können beide Filme kontinuierlich oder schrittweise transportiert werden. Der Kopiervorgang kann weiterhin danach unterschieden werden, ob die Emulsionen der Filme beim Kopiervorgang in direktem Kontakt stehen oder ob eine optische Abbildung zwischengeschaltet wird. Wenn keine Bildgrößenänderungen erforderlich sind, wird in den meisten Fällen eine Kontaktkopie mit kontinuierlichem Lauf durchgeführt (Continuous Contact Printer), was den Film mehr schont als der schrittweise Transport und auch größere Geschwindigkeiten ermöglicht. Es werden Kopiergeschwindigkeiten von mehr als 200 m/min erreicht /4/. Das Prinzip einer Kontakt-Kopiermaschi-

Abb. 2.48
Der Entwicklungsprozess ECN-2

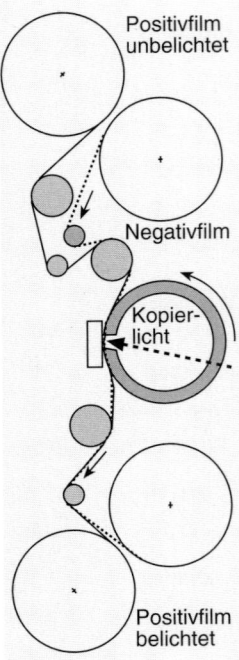

Abb. 2.49
Arbeitsprinzip des
Continuous Contact
Printers

ne wird in Abbildung 2.49 deutlich. Die Belichtung findet an der Kopiertrommel statt. Aufgrund ihrer Krümmung ist es erforderlich, dass der außen geführte Positivfilm einen minimal größeren Perforationslochabstand aufweist als der innen liegende Negativfilm. Bei der Erstellung von Endkopien muss die Kopiermaschine so konstruiert sein, dass gleichzeitig das Bild- und das Tonnegativ auf das Positiv abgebildet werden.

Die Verwendung eines Kopierprozesses mit zwischengeschalteter Abbildungsoptik ist erforderlich, wenn beim Kopierprozess Bildgrößenanpassungen oder besondere Effekte erforderlich sind. Typische Fälle sind die Umsetzung (Blow up) von (Super-)16-Negativmaterial auf 35-mm-Positivfilm oder die Erzeugung eines anamorphotisch gestauchten Bildes. In den meisten Fällen wird bei der optischen Kopierung der schrittweise Transport verwendet, die Kopierleistung liegt mit ca. 6 m/min erheblich niedriger als bei den Massenkopiermaschinen mit kontinuierlichem Lauf. Abbildung 2.50 zeigt das Schema einer optischen Schrittkopiermaschine (Optical Step Printer). Es wird deutlich, dass das Licht aus dem Projektor über eine austauschbare Optik auf die Kamera geführt wird. Der gewünschte Effekt kann durch Abstands- und Abbildungsänderung hervorgerufen werden.

Zur Erzielung hoher Kopierqualitäten, insbesondere bei älterem, verkratztem Ausgangsmaterial, kann die Schrittkopiermaschine mit einer Nasskopiereinrichtung ausgestattet werden. Dabei liegen beide Filme in einem als Wetgate bezeichneten Kopierfenster, das mit einer Flüssigkeit gefüllt ist, die den gleichen Brechungsindex aufweist wie das Filmmaterial. Die von den Kratzern und Schrammen verursachten Unebenheiten werden durch die Flüssigkeit gefüllt und die schadhaften Stellen werden bei diesem Immersion-Print-Prozess nicht mehr abgebildet, da keine Differenzen im Brechungsgrad mehr vorhanden sind. Zum Zwecke der hochqualitativen Archivierung kann ein Film auch so verarbeitet werden, dass die drei RGB-Farbauszüge separat auf S/W-Material kopiert werden. Da auf diese Weise kein Ausbleichen der Farbstoffe zu befürchten ist, kann mit einer erheblich längeren Lebensdauer gerechnet werden.

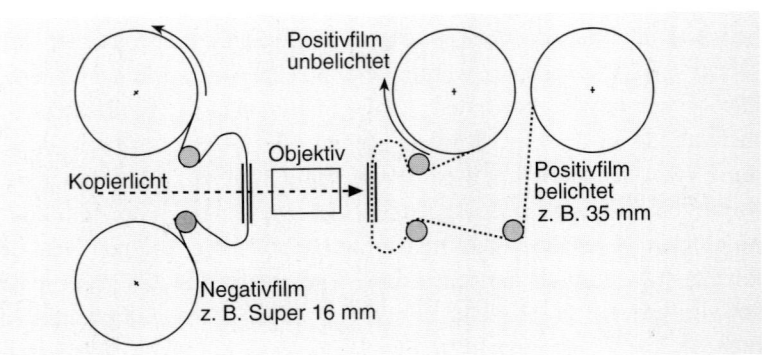

Abb. 2.50
Arbeitsprinzip des Optical
Step Printers

Der in zwei Schritte aufgeteilte Filmproduktionsprozess, nämlich die Negativbelichtung am Drehort und die Positivbelichtung unter Laborbedingungen, hat zwei Vorteile: erstens, dass das Negativmaterial über die flache Gradationskurve so gestaltet werden kann, dass Fehlbelichtungen leicht ausgeglichen werden können, zweitens gibt es auch einen Spielraum für die Farben. Am Drehort muss nicht und kann auch kaum darauf geachtet werden, dass eine Farbabstimmung zwischen den verschiedenen Szenen exakt vorgenommen wird. So ist es günstig, dass die Bestimmung der Farbstimmung sowie die Angleichung dieser Werte für die verschiedenen Szenen unter kontrollierten Bedingungen im Kopierwerk bei der Lichtbestimmung vorgenommen werden kann.

Der technische Prozess ist die Beeinflussung des Kopierlichts. Heute wird meist das additive Verfahren angewandt, bei dem das Licht einer 1000-W-Kunstlichtquelle mittels dichroitischer Filter in die Anteile Rot, Grün und Blau aufgespalten wird. Diese Anteile können über so genannte Lichtventile in ihrer Intensität verändert werden. Die drei, ggf. veränderten, Anteile werden wieder zusammengeführt und für den Kopierprozess benutzt (Abb. 2.51). Die Lichtänderung ist exakt reproduzierbar, da sie stufenweise eingestellt wird, der Einstellumfang beträgt 50 Schritte /4/. Bei einem Positiv-Gamma von 1 entspricht ein Schritt einer Belichtungsänderung von 0,025 H, zwölf Schritte etwa einer Blendenstufe.

Die Farbanpassung erfordert, dass die Dichteänderungen beachtet werden, die sich aus der Änderung einzelner Anteile ergeben. Sie erfolgt mit Hilfe eines Color-Analysers, d. h. das Negativ wird über eine Videokamera abgetastet, und das Bild wird auf einem Videomonitor dargestellt, der in besonderer Weise kalibriert ist, so dass die Farbwirkung weitgehend mit der übereinstimmt, die bei der Projektion des Positivs zu sehen sein wird. Allerdings ist aufgrund der Tatsache, dass das Videobild eine aktiv leuchtende Fläche darstellt, während auf der Leinwand reflektiertes Licht betrachtet wird, die Übereinstimmung auch bei bester Kalibrierung nie vollständig erreichbar, so dass die Handhabung durch er-

Abb. 2.51
Prinzip der additiven
Lichtsteuerung

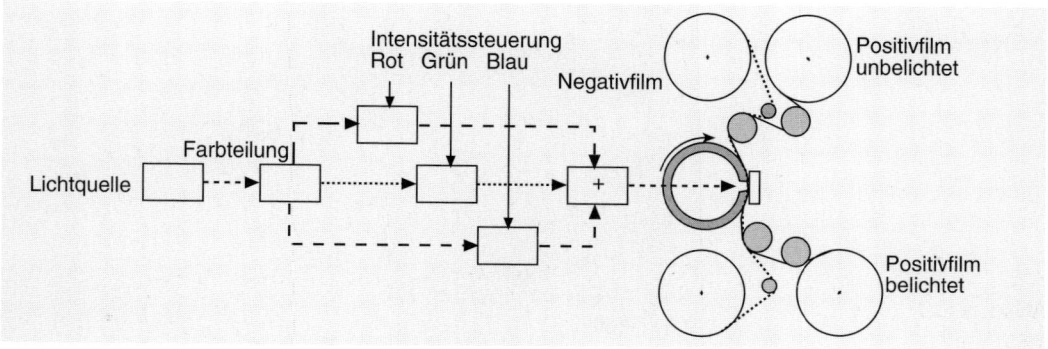

fahrene Lichtbestimmer erfolgen sollte. Diese Personen werden beim
Angleichen der Szenen vom Kameramann unterstützt, denn dieser weiß,
welche Teile absichtlich unterbelichtet oder farbstichig bleiben sollen.
Die für jede Einstellung gewählten Farbwerte werden gespeichert, so
dass beim eigentlichen Kopiervorgang die ausgewählten Werte automatisch aufgerufen werden können.

Zur Kalibrierung steht bei der Lichtbestimmung ein entwickelter Ne-
gativ-Kontrollfilm zur Verfügung, der Hell- und Dunkelfelder mit Dichten enthält, die 90 % bzw. 2,5 % Remission in der Szene entsprechen,
weiterhin Abbbildungen von Graustufen, Farbflächen und Hauttönen.

Zu den Aufgaben des Filmkopierwerks gehört auch die Anfertigung
von speziellen Filmsequenzen, die Titel, Überblendungen oder aufwändigere Tricks enthalten. Diese Aufgaben erfordern oft mehrere Kopien
und viel Zeit, so dass sie entsprechend teuer sind. Sie werden meist am
Tricktisch und an der Trickkopiermaschine durchgeführt.

Der Tricktisch dient der Aufnahme flacher Vorlagen, wie z. B. Bilder
oder Titel. In Abb. 2.52 wird deutlich, dass die Kamera senkrecht steht
und auf die Vorlagenfläche gerichtet ist. Die abzufilmende Vorlage kann
von oben oder unten beleuchtet werden, sie darf somit auch transparent
sein. Der Abstand der Kamera kann ebenso geändert werden wie die Position der Vorlage. Damit lässt sich die Konstruktion für die schrittweise
Aufzeichnung von Einzelbildern einsetzen, um z. B. einen Rolltitel zu erzeugen, indem die Vorlage präzise motorisch gesteuert nach jeder Ein-
zelbelichtung um eine definierte Strecke weiterbewegt wird.

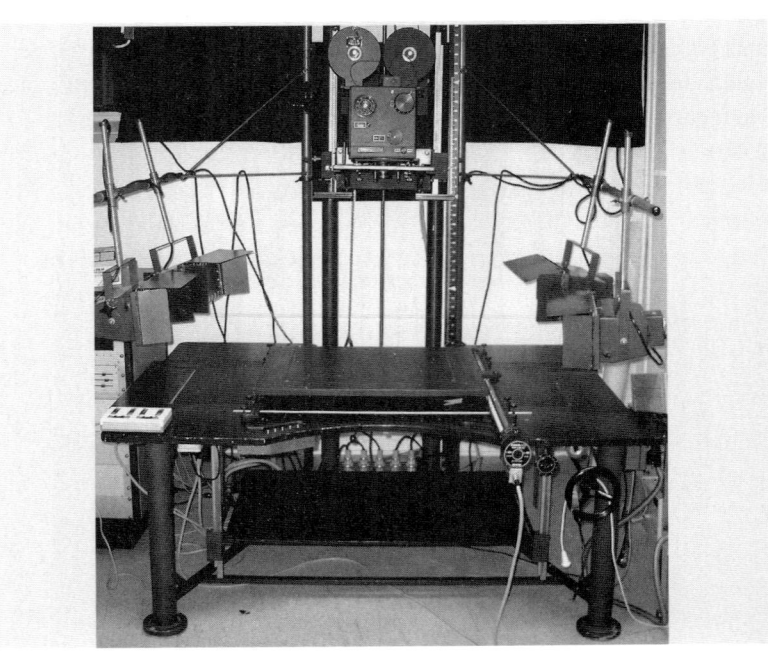

Abb. 2.52
Tricktisch

Die Trickkopiermaschine (Optical Printer) ist eine weit aufwändigere Konstruktion, die mit hoher mechanischer Präzision arbeitet. Hier wird auf einer optischen Bank eine Kamera montiert, die das Bild eines Projektors aufnimmt. Über die Bildkombination mit Hilfe von Strahlenteilern können auch mehrere Projektoren eingesetzt werden (Abb. 2.53). In den optischen Weg können verschiedene Elemente eingesetzt werden, die das Bild in gewünschtem Sinne beeinflussen.

Im einfachsten Fall sind nur Auf- und Abblenden zum Schwarz zu erzeugen, dabei verschwindet das Bild durch eine logarithmisch gesteuerte Reduktion der Öffnung der Sektorenblende bei der Belichtung. Auf ähnliche Weise lassen sich auch Überblendungen von einer Sequenz zur anderen realisieren: hier wird für die erste Sequenz eine lineare Abblende erzeugt. Der Film wird dann um die Blendendauer zurückgespult und die zweite Szene wird mit einer entsprechenden Aufblende darüber kopiert. Unschärfeblenden können durch Verschiebung der Abbildungsoptik aus oder in den Schärfepunkt erzeugt werden.

Die Trickkopiermaschine erlaubt auch die Herstellung von Bildkombinationen. Dabei kommen oft Masken (Mattes) zum Einsatz, die die Belichtung an Stellen verhindern, an denen andere Bildteile einkopiert werden sollen /23/. Eine besondere Form ist das Wandermaskenverfahren (Travelling Matte), mit dem eine Vordergrundszene mit einer andernorts aufgenommenen Hintergrundszene verbunden wird, indem ein Paar komplementärer Masken in Form der Silhouette des Vordergrunds verwendet wird. Eine der beiden dient dazu, nur die Vordergrundszene zu belichten, während die andere den Vordergrund gerade ausspart, so dass das Hintergrundbild belichtet werden kann. Derartig aufwändige Tricks werden heute jedoch fast nur noch in der digitalen Ebene realisiert, indem der Film zunächst abgetastet wird und die Bilder nach der Manipulation wieder auf Film ausbelichtet werden (s. Abschnitt 6.3).

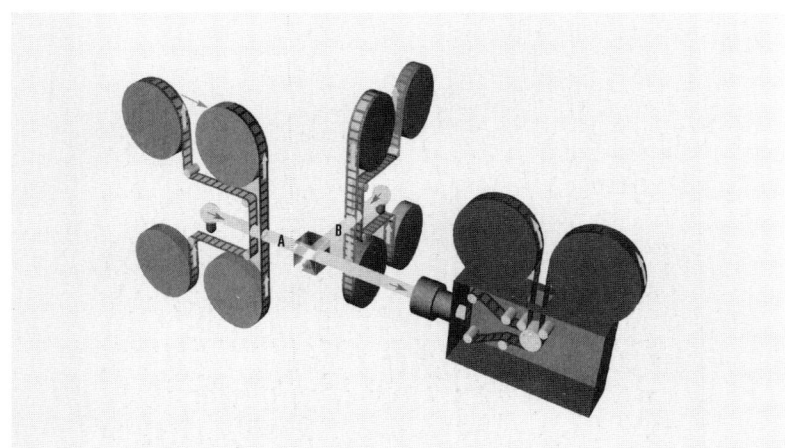

Abb. 2.53
Erstellung eines Wandermaskentricks mit Hilfe von zwei Bipack-Projektoren

2.5.3 Der Schnitt

Der eigentliche Schnitt im Sinne des Wortes – und auch das folgende Zu-sammenkleben – des Negativs findet heute meist nur noch im Kopier-werk statt. An dieser Stelle geht es um die Schnittbestimmung, auch Montage oder Editing genannt, ein Prozess, dessen Ergebnis eben jene Schnittliste ist, die im Kopierwerk abgearbeitet wird.

Die Schnittfestlegung gehört zur Postproduktion, sie erfolgt heute im Wesentlichen mit elektronischen Systemen und wird erst in Kapitel 6.7.1 genauer behandelt. Hier soll kurz auf die konventionelle Schnittmethode eingegangen werden, bei der noch im Wortsinne geschnitten wird.

Für den Schnitt wird vom Negativmaterial eine Arbeitskopie als Posi-tiv angefertigt. Der Ton wird vom Aufnahmemedium, z. B. 1/4"-Tonband (Senkel) auf perforiertes Magnetband überspielt (s. Kap. 3.2.1). Die Syn-chronisation ist dann unproblematisch, sie erfolgt über die mechanische Verkopplung der Antriebe für die Perfobänder. Der entsprechende Ar-beitsplatz ist der Schneidetisch. Er gewährleistet die Synchronisation und bietet Sicht- und Abhörmöglichkeiten für Bild und Ton. Weit ver-breitet sind die Schneidetische der Firma Steenbeck. Abbildung 2.54 zeigt einen solchen Tisch mit vier Tellern für die Aufwicklung des Mate-rials, an dem mit einem Bild- und einem Tonband gearbeitet werden kann. Der Filmtransport wird mit dem so genannten Steenbeck-Hebel gesteuert, der unten rechts zu sehen ist.

Die Schnittfestlegung ist ein kreativer Prozess, der als solcher hier nicht im Vordergrund steht. Bevor er zum Tragen kommt, sind aber eini-ge technische Vorarbeiten zu erledigen. Zunächst sollte geprüft werden, ob in den Mustern die Fußnummern vorhanden sind und ob der Ton so

Abb. 2.54
Filmschneidetisch

überspielt wurde, dass er zu der verwendeten Bildfrequenz passt, d. h.
ob einer Sekunde Audiomaterial 24 oder 25 Bilder entsprechen. Als
nächstes gilt es, die zusammengehörigen Bild- und Tonteile am Schnittplatz zu synchronisieren. Dieser Vorgang wird Anlegen genannt. Als wesentliche Merkmale werden dafür die Klappen benutzt, die im Bild- und
Tonmaterial zum selben Zeitpunkt sicht- und hörbar sind, wenn das Material richtig angelegt ist. Um sich in der Flut des Materials orientieren
zu können, müssen zunächst die Einstellungen beschriftet werden. Die
Anfänge und Enden werden mit A und E bezeichnet und die Einstel-
lungsnummer notiert, weiterhin wird vermerkt, ob eine Schlussklappe
vorliegt und ob ohne Ton oder ohne Klappe gedreht wurde /20/.

Nach dem Anlegen werden die Einstellungen in Klappenreihenfolge
hintereinander angeordnet und möglichst durchgehend nummeriert.
Dann kann eine Schnittliste angefertigt werden, in der das Material hinsichtlich seiner Verwendung klassifiziert und ausgemustert wird. Nun
beginnt der eigentliche Schnitt, nach dessen Beendigung die fertig bear-
beitete Arbeitskopie vorliegt. Für den Negativschnitt, der dann im Kopierwerk stattfindet, werden die Fußnummern in einer Negativschnitt-
liste notiert, die dort abgearbeitet werden kann. Als Orientierung steht
dort auch die Arbeitskopie zur Verfügung.

Während das Bildnegativ im Kopierwerk bereits geschnitten wird und
die Lichtbestimmung erfolgen kann, muss der Ton noch seine endgültige Bearbeitung erfahren. In der Tonmischung werden die zu den Schnitt-
sequenzen synchronen Originaltöne mit Geräuschen, Musik und Audio-
effekten zu einem homogenen Klanggebilde gestaltet, das die Gesamtwirkung des Films in erheblichem Maße bestimmt. Als Orientierung
steht auch hier eine fertig geschnittene Bildarbeitskopie zur Verfügung.
Für die Verwendung im Kino wird von der Tonmischung, die natürlich
dieselbe Länge hat wie das geschnittene Bildmaterial, im Kopierwerk mit
Hilfe einer Lichttonkamera (s. Abschnitt 3.2.2) ein Lichttonnegativ hergestellt. Bild- und Tonnegativ werden schließlich zusammen auf den Positivfilm kopiert.

3 Filmton

Der Filmton hat eine sehr große Bedeutung, die für die emotionale Wirkung besonders des fiktionalen Films kaum hoch genug eingeschätzt werden kann. Dementsprechend gab es seit dem Ende der Stummfilmzeit – die übrigens oft nicht tonlos war, da wegen der angesprochenen Wirkung häufig Begleittöne z. B. in Form von Livemusik eingesetzt wurden – bereits früh ein großes Interesse am Tonfilm und im Laufe der Zeit viele tontechnische Entwicklungen, die mit dem Kino in Zusammenhang standen.

Zunächst wurden, u. a. vom Filmpionier Oskar Meßter, Versuche mit der Kopplung von Filmprojektor und Grammophon betrieben. Aufgrund von Problemen mit der Synchronität – z. B. auch bei eventuellen Filmrissen – konnte sich das Verfahren nicht durchsetzen. Derartige Schwierigkeiten wurden erst mit dem Lichtton beseitigt, der zuerst von Vogt, Engl und Massolle für das so genannte Tri-Ergon-Verfahren entwickelt wurde und bis heute eine große Bedeutung hat. Das Verfahren beruht darauf, dass die Schallschwingungen erst in elektrische Signale gewandelt werden, die anschließend die Intensität der Filmschwärzung steuern. Beim Abspielen werden dann die auf dem Film festgehaltenen Signale in elektrische Impulse zurückverwandelt, die ihrerseits die schallerzeugende Membran zum Schwingen bringen /24/. Der erste Film nach diesem Verfahren (Abb. 3.1) wurde im Jahre 1922 in Berlin aufgeführt, im selben Jahr wie der Stummfilmklassiker ´Nosferatu´ von Murnau.

Abb. 3.1
Bild- und Tonwiedergabeprinzip nach dem Tri-Ergon-Verfahren sowie Bild- und Tonstreifen des ersten Tonfilms 1921 /24/

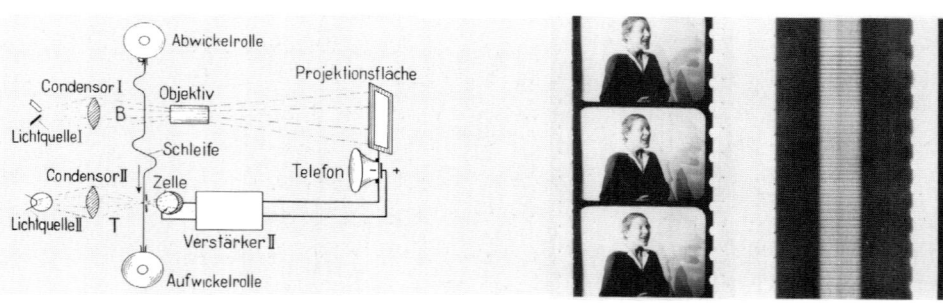

Der Tonfilm konnte sich zu diesem Zeitpunkt jedoch noch nicht durchsetzen. Das geschah fünf Jahre später über die Einführung des Tonfilms in Amerika. Als erster Tonfilm der Geschichte gilt daher ´The Jazz-Singer´, der noch mit dem Verfahren des verkoppelten Grammophons (Abb. 3.4) arbeitete, was aber bald durch das Lichttonverfahren abgelöst wurde. Dieser Beginn datiert aus dem Jahre 1927, dem Jahr, in dem in Deutschland Fritz Langs Filmklassiker ´Metropolis´ entstand und in den USA bereits die Academy of Motion Picture Arts and Sciences gegründet wurde, die bis heute den Oscar als bekanntesten Filmpreis verleiht.

Das redende Bild!
Die Photographie der Stimme gelungen!
Der Film spricht, singt und musiziert.
Neue Methoden der modernen Physik.

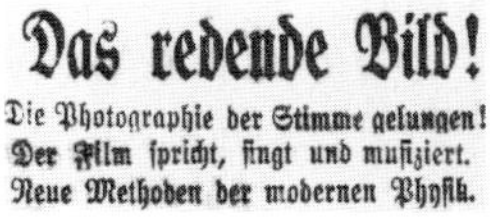

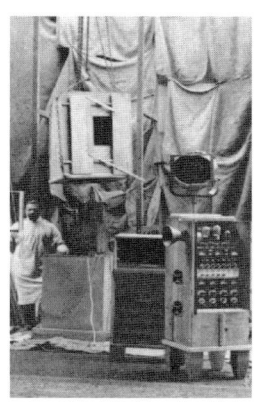

Abb. 3.2
Zeitungsausschnitt von 1922 /24/

Die Einführung des Tonfilms hatte starke Auswirkungen sowohl auf inhaltliche als auch auf technische Aspekte der Filmproduktion. Schauspieler mussten plötzlich nicht nur gut mimen, sondern auch gut sprechen können. Erstmals konnten Informationen vermittelt werden, die nicht im Bild auftauchten, und die emotionale Wirkung der Musik konnte noch gezielter eingesetzt werden als in der „Stummfilmära". Technisch gesehen mussten teure Tonaufnahmesysteme beschafft werden (Abb. 3.3), die Bildgestaltung musste plötzlich die Tonaufnahme berücksichtigen und Störgeräusche am Aufnahmeort sowie die Laufgeräusche der Kamera wurden zum Problem. Schließlich mussten natürlich auch die Abspielstätten mit Tonanlagen ausgerüstet werden, die für die Beschallung einer größeren Menschenmenge geeignet waren.

Abb. 3.3
Tonfilmatelier in den 20er Jahren /24/

Allgemein ist festzustellen, dass es gegenüber der Rundfunk- und Fernsehtechnik für die Filmtechnik erforderlich ist, dass die Audioinformation nicht nur einfach übertragen, sondern auch gespeichert wird. Dazu wird sie zunächst durch Mikrofone in elektrische Signale gewandelt, die dann in Änderungen der mechanischen Auslenkung einer Nadel (Nadeltonverfahren, Abb. 3.4), Änderungen der Intensität magnetischer Felder (Magnettonverfahren) oder Änderungen der Lichtintensität (Lichttonverfahren, Abb. 3.1) umgesetzt und jeweils auf ein Medium aufgezeichnet werden, das sich am entsprechenden Aufnahmesystem vorbeibewegt. Heute wird für die Filmtechnik entweder das Magnetton- oder das Lichttonverfahren verwendet – jeweils in analoger und digitaler Form. Beide können auf Film aufgebracht werden und bilden auf demselben Streifen den kombinierten Magnet- oder Lichtton (COMMAG oder COMOPT). Aus Gründen der kostengünstigeren optischen Kopierbarkeit hat sich auf der Wiedergabeseite der Lichtton etabliert. Auf der Aufnahmeseite ist dieser Vorteil irrelevant, hier wird der Ton getrennt verarbeitet, und es kommt das qualitativ hochwertigere Magnettonverfahren (SEPMAG) zum Einsatz – zum Teil noch in analoger Form oder digital. Die technischen Parameter der Geräte sind dabei so gewählt, dass die Signalverarbeitung – gemessen am menschlichen auditiven Wahrnehmungsvermögen – möglichst unhörbar ist.

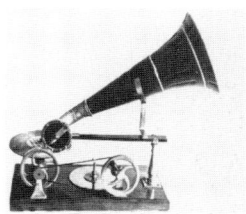

Abb. 3.4
Grammophon nach Emil Berliner /24/

3.1 Die menschliche Hörwahrnehmung

Der wesentliche Vorgang beim Hören ist die Umsetzung von Schalldruckschwankungen in Nervenreize. Das Lautheitsempfindungsvermögen ist sehr ausgedehnt und steigt deshalb nicht linear mit dem Schalldruck. Der Dynamikbereich, also der empfundene Unterschied zwischen laut und leise, umfasst 6 Größenordnungen, er liegt etwa zwischen $2 \cdot 10^{-5}$ und 20 Pa. Die Grenzen werden als Hörschwelle und Schmerzgrenze bezeichnet. Da der große Dynamikbereich vom Gehör logarithmisch verarbeitet wird, ist es vorteilhaft, auch die Schallwechselgrößen in logarithmischer Form als Pegelwerte anzugeben, wobei der Bezugswert (Pegel 0 dB) etwa dem Schalldruck der Hörschwelle entspricht. Der Schalldruckpegel berechnet sich nach der Beziehung

$$L = 20 \log p/p_o.$$

Als Bezugswert gilt $p_o = 2 \cdot 10^{-5}$ Pa. Ein Schalldruck von $2 \cdot 10^{-2}$ Pa entspricht einem Schallpegel von 60 dB und wird als mittellaut empfunden.

Die Gehörempfindlichkeit hängt von der Frequenz ab. Nur bei mittleren Frequenzen (1...4 kHz) liegt die Hörschwelle in der Größenordnung $2 \cdot 10^{-5}$ Pa, bei höheren und tieferen Frequenzen nimmt die Empfindlichkeit des Gehörs ab und erreicht die Grenzen der Unhörbarkeit bei 16 Hz bzw. 20 kHz, wobei die obere Grenze mit zunehmendem Alter der Hörer sinkt. Der Verlauf der Frequenzabhängigkeit der Hörempfindung bei verschiedenen Pegeln ist in Abb. 3.5 als sog. Hörfläche dargestellt. Hier wird deutlich, welcher Schallpegel bei jeder Frequenz für eine bestimmte Lautheitsempfindung erforderlich ist (dargestellt sind die so genannten Kurven gleicher Lautstärke mit der Einheit phon, die bei 1 kHz mit dem Schallpegel in dB übereinstimmen).

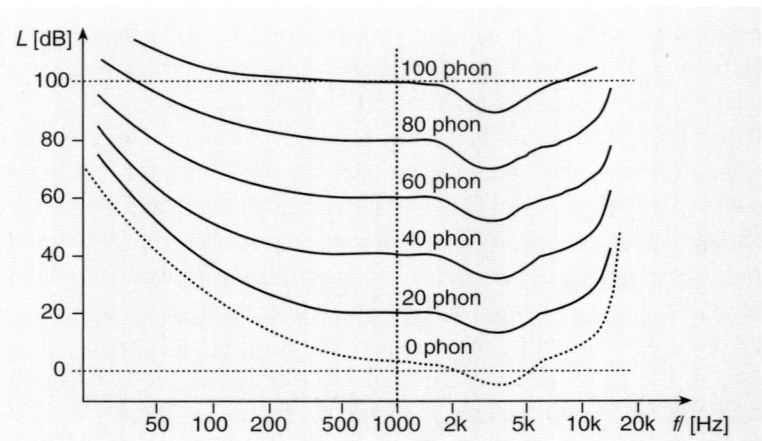

Abb. 3.5
Die Hörfläche mit den Kurven gleicher Lautstärke

Zur Signalverarbeitung wird der Schalldruck mit Mikrofonen möglichst linear in elektrische Spannungen umgesetzt. Für die ggf. anschließende Digitalisierung wird die Spannung i. d. R. mit einer Rate von 48 kHz abgetastet, denn nach dem Abtasttheorem muss für eine störfreie Verarbeitung die Abtastfrequenz mehr als das Doppelte der oberen Grenzfrequenz der Hörwahrnehmung betragen (s. Kap. 4.2.1). Bei der Digitalisierung entsteht ein Störsignal, das als Quantisierungsrauschen bezeichnet wird. Der Abstand zwischen Stör- und Nutzleistung, d. h. der Signal-Rauschabstand (Dynamik im Signal) sollte größer sein als der Dynamikbereich des Gehörs. Um einen guten Signal-Rauschabstand zu erhalten, wird jeder Abtastwert mit 16 bit oder mehr dargestellt. Daraus folgt ein Dynamikbereich von ca. 96 dB, der sich aber durch Head- und Feetroom auf ca. 70 dB verringert. Dieser Wert ist ausreichend, da bei der Wiedergabe meistens nicht mehr umgesetzt werden kann. So liegt z. B. bei der Abhörsituation im Kino keine absolute Stille vor, so dass Rauschsignale, die um 70 dB unter dem Maximalpegel liegen, nicht mehr wahrgenommen, sondern von den Nutzsignalen verdeckt werden.

Dieser so genannte Verdeckungseffekt, bei dem Hörereignisse durch andere überdeckt werden können, hat für die moderne Signalverarbeitung eine sehr große Bedeutung, denn er ist die Grundlage aller Datenreduktionsverfahren im Audiobereich. Für die effektive Ausnutzung des Effekts macht man sich die Erkenntnis zunutze, dass nicht nur Fremdsignale das Nutzsignal verdecken können, sondern auch Spektralanteile im Signal selbst. Durch Experimente mit definierten Tönen und Rauschen lässt sich feststellen, in welcher Form die Hörschwelle bzw. die Kurven gleicher Lautstärke in der Hörfläche durch die verdeckenden Anteile, die so genannten Maskierer, verändert werden. Abbildung 3.6 zeigt als Beispiel das Verhalten des Gehörs bei Anregung durch Schmalbandrauschen mit drei verschiedenen Mittenfrequenzen bei einem Schallpegel von 60 dB /25/. Der sich ergebende gesamte Kurvenverlauf wird als Mithörschwelle bezeichnet. Signale, die unter dieser Schwelle liegen, sind unhörbar, sie werden von den Maskierern verdeckt. Dies gilt auch

▸ **Der Verdeckungseffekt hat für die moderne Signalverarbeitung eine sehr große Bedeutung, denn er ist die Grundlage aller Datenreduktionsverfahren im Audiobereich**

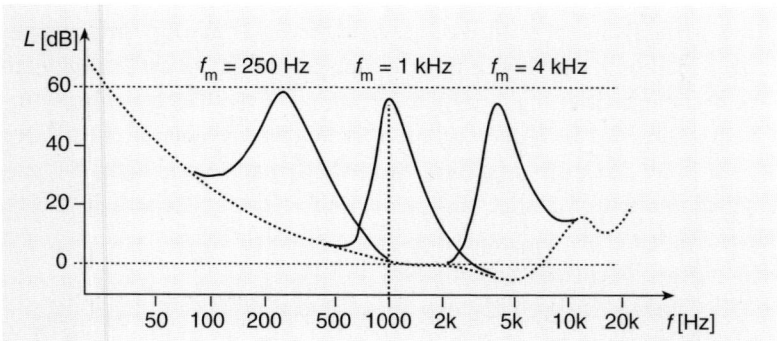

Abb. 3.6
Verlauf der Mithörschwelle bei Anregung mit Schmalbandrauschen bei den angegebenen Mittenfrequenzen

für das Quantisierungsrauschen. Daraus resultiert die Grundidee der Datenreduktion: Das Signal wird fortlaufend auf die Veränderung der Mithörschwelle hin untersucht und dann wird jeder Abtastwert nur mit so wenig Bits quantisiert, dass das Quantisierungsrauschen gerade unter der Mithörschwelle liegt. Auch bei der digitalen Signalverarbeitung für den Filmton – insbesondere bei dem sehr verbreiteten System Dolby Digital – wird ein Audio-Datenreduktionsverfahren nach diesem Prinzip verwendet.

3.2 Tonaufzeichnungsverfahren

Wie bereits in 3.1 dargestellt sind von den drei Aufzeichnungs- oder Speicherprinzipien heute nur noch das Magnetton- und das Lichttonverfahren von Bedeutung, sowohl in analoger als auch in digitaler Form.

3.2.1 Magnettonverfahren

Die magnetische Signalspeicherung geschieht mit Hilfe ferromagnetischer Materialien, die auf Bänder oder Platten aufgetragen sind. Mit dem zu speichernden Signal wird ein Magnetfeld erzeugt, das in die bewegte Magnetschicht übertritt und dort die Magnetpartikel kollektiv ausrichtet.

Für die Langzeitspeicherung von Informationen ist der Grad der verbleibenden Magnetisierung nach Abschalten des magnetisierenden Feldes bzw. die magnetische Feldstärke von Bedeutung, die zur Beseitigung der Magnetisierung erforderlich ist. Der Zusammenhang wird an der Magnetisierungskennlinie deutlich. Die Magnetisierungskennlinie beschreibt die Abhängigkeit der Magnetisierung M (bzw. Flussdichte B) von der magnetischen Feldstärke H (Abb. 3.7). Mit steigender Feldstärke steigt zunächst die Magnetisierung stark an, dann flacht die Kurve ab, weil die meisten der Partikel ausgerichtet sind. Nach Abschalten der Feldstärke geht die Magnetisierung etwas zurück, der Großteil, die Remanenz, bleibt aber erhalten. Um die remanente Magnetisierung zu beseitigen, muss eine entgegengesetzte Feldstärke aufgewandt werden (Koerzitivfeldstärke). Wird die magnetische Feldstärke in entgegengesetzter Richtung schließlich noch weiter gesteigert, so ergibt sich eine negative Magnetisierung, symmetrisch zur positiven. Der gesamte Kennlinienverlauf wird als Hysteresekurve bezeichnet. Bei einer breiten Kurve ist eine hohe Koerzitivfeldstärke erforderlich, man spricht dann von magnetisch hartem Material, das eine hohe Speichersicherheit bietet. Weichmagnetisches Material, mit einer schmalen Hysteresekurve, lässt sich dagegen leicht ummagnetisieren.

Der Zusammenhang zwischen Signal und Magnetisierung ist nichtlinear. Auch der remanente Bandfluss weist aufgrund der schnellen Um-

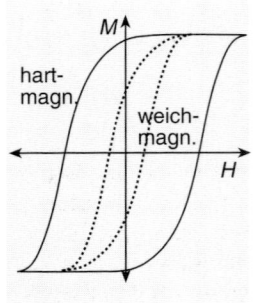

Abb. 3.7
Hysteresekurve von hart-
und weichmagnetischem
Material

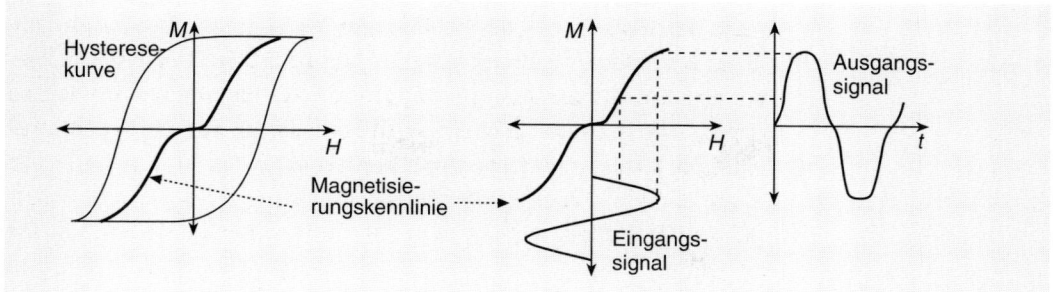

magnetisierung eine nichtlineare Magnetisierungskennlinie auf. Ein Signal wird hier verzerrt. Abbildung 3.8 zeigt als Beispiel die Verformung eines Sinussignals an der Magnetisierungskennlinie.

Abb. 3.8
Signalverformung an der nichtlinearen Magnetisierungskennlinie

Die Signalverzerrungen stellen, abhängig von der aufzuzeichnenden Signalart, ein mehr oder weniger großes Problem dar. Die geringsten Schwierigkeiten ergeben sich bei der Aufzeichnung digitaler Signale. Hier sind nur zwei Zustände erlaubt, die ohne Rücksicht auf die Kennlinie den zwei möglichen Magnetisierungsrichtungen (Nord und Süd) zugeordnet werden können. Daher ist die Digitalaufzeichnung der Magnetaufzeichnung am besten angepasst und die Aufzeichnung kann direkt erfolgen. Bei der analogen Videosignalaufzeichnung wird das Kennlinienproblem umgangen, indem die Information nicht in der Signalamplitude, sondern in der Frequenz verschlüsselt wird (FM). Dieses Verfahren wird auch zur hochqualitativen analogen Audioaufzeichnung verwendet. Bei der üblichen analogen Audioaufzeichnung auf Längsspuren werden mit der HF-Vormagnetisierung technische Maßnahmen ergriffen, die dazu führen, dass nur die linearen Teile der Magnetisierungskennlinie wirksam werden.

Zur Erzeugung des Magnetfeldes dient der Aufnahmekopf, der auch als Tonkopf bezeichnet wird (Abb. 3.9). Das zu speichernde Signal erzeugt hier ein entsprechend wechselndes Magnetfeld, das über weichmagnetisches Material zu einem sog. Kopfspalt geführt wird und dort aus- und in das Band übertritt. Durch die Bewegung ergibt sich auf dem Band eine räumliche Periodizität, die als Bandwellenlänge λ bezeichnet wird (Abb. 3.9). Sie ist der Kopf-Band-Relativgeschwindigkeit v proportional und umso größer, je kleiner die Signalfrequenz f ist: $\lambda = v/f$.

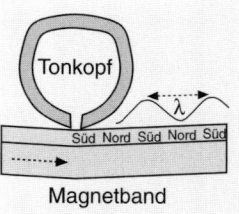

Abb. 3.9
Magnetfeld im Tonkopf und im Band

Die Spaltlänge bestimmt die Breite der Videospur, die Spaltbreite d die kleinsten magnetisierbaren Bereiche auf dem Band /7/. Daraus resultiert mit $d \approx \lambda/2$ die kleinste räumliche Periodizität λ_{min}. Tonköpfe haben Spaltbreiten zwischen 3 μm und 8 μm, Videoköpfe zwischen 0,3 μm und 0,5 μm. Je schneller das Band bewegt wird, desto schneller können die Perioden wechseln und desto höher liegt die aufzeichenbare Grenzfrequenz $f_{gr} = v/\lambda_{min}$. Professionelle analoge Bandmaschinen arbeiten daher mit 19 cm/s oder 38 cm/s.

▶ Mit $f_{gr} = v/\lambda_{min}$ folgt, **dass eine Kopf-Bandrelativgeschwindigkeit v = 20 cm/s erforderlich ist, um eine Audiogrenzfrequenz von 20 kHz mit einer Kopfspaltbreite von 5 μm aufzeichnen zu können**

Zur Wiedergabe wird das Band in gleicher Weise wie bei der Aufnahme am Magnetkopf vorbeigeführt. Die auf dem Band gespeicherte, veränderliche Magnetisierung erzeugt bei diesem Bewegungsvorgang im Kopf ein wechselndes Magnetfeld, das wiederum zur Induktion einer Spannung U führt. Das Induktionsgesetz lautet:

$$U = - N \cdot d\Phi/dt.$$

Darin steht N für die Windungszahl der Spule und $d\Phi/dt$ für die Veränderung des magnetischen Flusses mit der Zeit. Daraus folgt, dass die induzierte Spannung umso größer ist, je schneller sich der Fluss bzw. die Magnetisierung ändert, woraus wiederum folgt, dass sich die Spannung bei Frequenzverdopplung (pro Oktave) auch verdoppelt. Der zugehörige Spannungsverlauf über der Frequenz wird als ω-Gang bezeichnet. Zu hohen Frequenzen hin nimmt die Spannung wieder ab, weil Verluste auftreten, die vor allem bei hohen Frequenzen wirksam werden. Dazu gehört der wegen des mechanischen Antriebs nicht optimale Band-Kopf-Abstand, außerdem werden bei hohen Frequenzen die Wellenlängen so klein, dass sie im Bereich der Kopfspaltbreite kurzgeschlossen werden (Abb. 3.10).

Magnetbänder sind wieder beschreibbar. Die Signale auf dem Band werden vorher mit Hilfe eines Löschkopfes gelöscht. Dieser Zustand wird erreicht, wenn alle Magnetpartikel so ungeordnet sind, dass sich die Magnetisierung im Mittel aufhebt. Ein Löschkopf arbeitet mit hohem Wirkungsgrad und einem Hochfrequenzfeld ($f > 100$ kHz) und hat einen breiten Spalt oder Doppelspalt.

Die am häufigsten benutzte Art der analogen Tonaufzeichnung ist die Längsspur-Aufzeichnung. Das Magnetband zieht an einem feststehenden Tonkopf vorbei, wobei durchgehende Längsspuren entstehen. So arbeiten auch die oft bei Filmaufnahmen verwendeten portablen Geräte des Typs Nagra (Abb. 3.11), mit denen in der Regel zwei Tonspuren aufgezeichnet werden können. Im Bereich der Nachbearbeitung von Filmtönen sind erheblich mehr Spuren erforderlich, weil sich die Filmtonmischung aus den Dialogtönen, Umgebungsgeräuschen, Effekten und Filmmusik zusammensetzt, die zudem heute auch für eine mehrkanalige Wiedergabe abgemischt werden müssen. Da bei der Nachbearbeitung die Synchronität aller dieser Signale eine sehr große Rolle spielt, verwendet man für die analoge Audiopostproduktion im Filmbereich Perfoband (Cordband), d. h. perforierten Film von 16 mm, 17,5 mm oder 35 mm Breite, der mit 2 bis 6 Magnetspuren versehen ist (Abb. 3.12)/26/. Aufgrund der vorhandenen Perforation kann hier die Synchronisation mehrerer so genannter Perfoläufer mit dem Filmbild auf einfache Weise mechanisch sichergestellt werden.

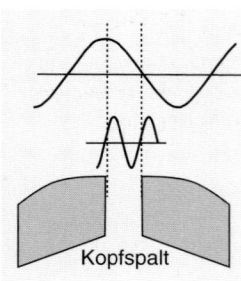

Abb. 3.10
Große und kleine Wellenlängen am Kopfspalt

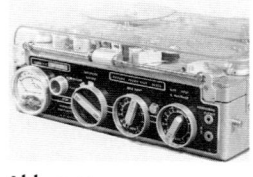

Abb. 3.11
Portables analoges Magnetbandgerät Typ Nagra

Bei der Filmwiedergabe kommt der Magnetton kaum noch zum Einsatz. Er hatte eine relativ große Bedeutung, als in den 50er Jahren mit der Einführung der Breitbildformate auch eine intensivere Wirkung auf der Audioseite erreicht werden sollte. Man verwendete damals bereits Mehrkanalsysteme mit 4 Magnetspuren, die beim Cinemascope-Format beidseitig der beiden Perforationsreihen des 35-mm-Films liegen, und bis zu sechs Magnetspuren beim 70-mm-Film, der deshalb breiter ist als das 65-mm-Aufnahmematerial (Abb. 3.13).

Abb. 3.12
4 bzw. 6 Tonspuren auf 17,5-mm-Film

Die analogen Geräte werden in allen Bereichen zunehmend von digitalen abgelöst. Der dominante Grund für diese Entwicklung ist einerseits die bessere Audioqualität bei mehrfachen Kopiervorgängen, da die Daten exakt dupliziert werden können. Ein nicht weniger wichtiger Grund ist aber auch die Tatsache, dass die Digitalgeräte erheblich geringeren Aufwand bei der Kalibrierung und der Pflege erfordern, während analoge Magnetbandgeräte bei hohen Qualitätsansprüchen jeden Tag gereinigt und hinsichtlich der Entzerrungs- und Vormagnetisierungseinstellungen überprüft werden müssen.

Für die digitale Aufnahme des Filmtons kommen meist DAT-Recorder zum Einsatz (Abb. 3.14). Die Digitalaufzeichnung ist im Prinzip einfach, weil die nichtlineare Magnetisierungskennlinie keine Probleme bereitet, dagegen können einzelne Bitfehler, durch sog. Drop outs, erheblich stärkere Auswirkungen haben als im Analogbereich. Die Fehler können aber mit Hilfe von Zusatzdaten durch Rechenprozesse korrigiert werden. Ein zweites Problem ist der Umstand, dass die erforderlichen Grenzfrequenzen bei der Digitalaufzeichnung erheblich höher liegen als im analogen Fall. Bei Beachtung des Abtasttheorems (s. Kap. 4.2.1) muss ein Audiosignal, das eine Grenzfrequenz von 20 kHz aufweist, mit mehr als 40 kHz abgetastet werden. Im professionellen Bereich wird 48 kHz als Abtastfrequenz verwendet. Jeder Abtastwert wird als Zahl im Dualzahlsystem dargestellt, in dem jeder Wert einem Bit entspricht. Für eine gute Audioqualität muss mit einem Zahlbereich von mindestens 2^{16} gearbeitet werden. Daraus folgt, dass bei zwei Audiokanälen in einer Sekunde 48000-mal 32 bit aufgezeichnet werden, was einer Bitrate von ca. 1,5 Mbit/s entspricht. Die Bitfolgen werden im Zuge einer Kanalcodierung noch umgeordnet, damit sie den Übertragungseigenschaften des Mediums, also des Magnetbandes, optimal angepasst sind. Dabei entsteht oft eine Erhöhung der Bitrate, die zusammen mit den Zusatzdaten für den Fehlerschutz zu einer Bruttobitrate führt, die bei dem Doppelten der Nettorate liegen kann. Unter der Annahme, dass zwei Digitalzuständen ein Schwingungszug im Aufnahmemedium zugeordnet wird, folgt wiederum, dass für eine zweikanalige digitale Audioaufzeichnung eine Grenzfrequenz im MHz-Bereich erforderlich ist. Beim DAT-Recorder wird für die Beherrschung dieser Grenzfrequenz das Arbeitsprinzip der Videore-

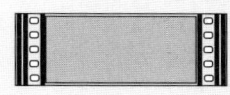

Abb. 3.13
6 Tonspuren auf 70-mm-Film

Abb. 3.14
Stationäres und portables digitales Magnetbandgerät

corder übernommen, d. h. dass der Magnetkopf nicht stillsteht, sondern gegenüber dem relativ langsam bewegten Band mit hoher Geschwindigkeit rotiert und dabei Schrägspuren auf das Band schreibt. Die Magnetköpfe werden dafür auf eine Kopftrommel montiert, die vom Band umschlungen ist.

Auch im Bereich der Nachbearbeitung werden an Stelle der analogen Perfoläufer immer mehr Digitalgeräte verwendet. Die Aufzeichnung erfolgt hier auf wieder beschreibbaren Magneto Optical Discs (MOD) oder Festplatten der Computertechnik, also rotierenden Plattenstapeln, die magnetisch beschichtet sind. Die Digitaltechnik bietet die Möglichkeit, alle zu mischenden Töne zunächst zu speichern und für einen gleichzeitigen Zugriff bereitzuhalten. Sie stehen dann für den Tonschnitt mit einem Computer basierten Editingsystem, wie z. B. Avid Media Composer, zur Verfügung und können ohne weitere Wandlung der anschließenden Tonmischung mit einem Audiobearbeitungssystem, wie z. B. Pro Tools, übergeben werden. Dabei muss vor allem dafür gesorgt werden, dass alle beteiligten Systeme mit denselben Datenformaten arbeiten können. Die Datenübertragung kann durch Transport von Datenträgern erfolgen, zunehmend werden zu diesem Zweck aber die schnellen Netzwerke verwendet, die sich im Bereich der Standardcomputer etabliert haben.

▶ **Beispiel für die digitale Filmtonverarbeitung:**
- **Aufnahme auf DAT**
- **Einspielung in das Schnittsystem**
- **Datenübergabe zur Mischung**
- **Mehrkanalabmischung und Ausgabe auf MOD**

3.2.2 Lichttonverfahren

Beim Lichttonverfahren wird das elektrische Audiosignal in eine veränderliche Schwärzung des Filmmaterials umgesetzt. Dies kann einfach durch die Variation der Lichtintensität in Abhängigkeit von der Signalspannung geschehen. Diese Art wird als Intensitätsschrift bezeichnet und wurde früher angewandt (Abb. 3.1). Heute kommt stattdessen die Transversal- oder Zackenschrift zum Einsatz, die den Vorteil bietet, dass keine Graustufen auftreten, sondern nur Schwarzweißkontraste, die einfacher zu reproduzieren sind als die Grauwerte der Intensitätsschrift, da Nichtlinearitäten der Filmkennlinie keinen Einfluss haben. Bei der Zackenschrift wird in Abhängigkeit von der Signalspannung die vollständig geschwärzte Fläche mehr oder weniger groß, während der Restbereich transparent bleibt (Abb. 3.16).

Für die Aufnahme wird eine Lichttonkamera benutzt, die im einfachen Fall eine Schlitzblende (Spalt) enthält, die mechanisch mehr oder weniger stark abgedeckt wird (Abb. 3.15). Die Blende oder ein Spiegelsystem kann elektromechanisch, d. h. wie bei einem Lautsprecherantrieb mittels einer Tauchspule in einem Permanentmagnetfeld angetrieben werden. Wenn die Abdeckung mittels eines Dreiecks geschieht, sind dabei nur kleine Auslenkungen erforderlich /26/. Auf diese Weise entsteht die sog. Doppelzackenschrift (bilateral), bei der die Änderung der

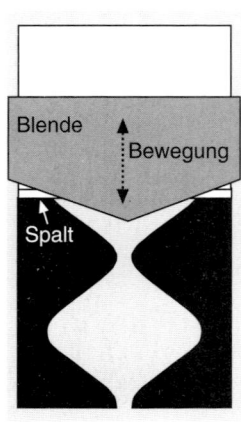

Abb. 3.15
Entstehung der Zackenschrift mit abgedeckter Schlitzblende

Signalamplitude deutlich sichtbar ist. Für zweikanalige Aufzeichnungen werden im Bereich der Monotonspur zwei schmale Audiospuren nach dem gleichen Prinzip untergebracht. Unter den verschiedenen Typen der Transversalschrift, wie Uni-, Bi- und Multilateralschrift, wird der dual bilaterale Typ heute am häufigsten verwendet (Abb. 3.16).

Das Lichttonverfahren bietet den großen Vorteil, dass Bild- und Toninformationen gleichzeitig auf optischem Wege kopiert werden können. Als zweiter Vorteil ist die Tatsache zu nennen, dass der Lichtton eine höhere Dokumentenechtheit aufweist als der Magnetton, weil Letzterer erheblich einfacher gelöscht werden kann. Der große Nachteil des Lichttonverfahrens ist der schlechte Geräuschspannungsabstand, der unter anderem vom unregelmäßig verteilten Filmkorn hervorgerufen wird. Hinzu kommt die Gefahr des Auftretens des sog. Donnereffekts, der aber heute beim Kopierprozess weitgehend eliminiert werden kann. Der Donnereffekt resultiert aus nichtlinearen Verzerrungen, die dadurch entstehen, dass bei hohen Frequenzen die Auslenkungsspitzen aufgrund von Lichtdiffusion zu dicht beieinander liegen.

Die Weiterentwicklungen der Lichttonaufzeichnung führten einerseits zu einem besseren Störsignalabstand und eliminierten andererseits auch die Trägheit der mechanischen Blendensteuerung. Dies gelingt durch die Nutzung eines Laserstrahls, der aufgrund seiner hohen Intensität die Verwendung von feinkörnigem Lichttonnegativmaterial erlaubt. Bei einer solchen Laser-Lichttonkamera wird der scharf gebündelte Strahl sägezahnförmig trägheitslos über eine akusto-optische Ablenkeinheit mit einer Frequenz von 96 kHz ausgelenkt, wobei die Amplitude vom Audiosignal abhängt. Auf diese Weise entsteht die gewohnte Transversalschrift. Die Geräte werden heute oft so gebaut, dass das Lichttonnegativ zusätzlich zu der Stereospur über ein Leuchtdioden-Array belichtet wird, um Audiosignale aufzuzeichnen, die nach dem im nächsten Abschnitt beschriebenen Dolby Digital-Verfahren codiert sind.

Die analoge Lichttonspur befindet sich zwischen den Filmbildern und der Perforation (Abb. 3.17) /27/. Für die Wiedergabe wird sie mit konstanter Intensität über einen Spalt durchstrahlt. Die durch die Filmschwärzung veränderte Lichtintensität wird durch eine Fotozelle registriert, die eine entsprechende Spannung abgibt, die wiederum einer Audio-Verstärkeranlage zugeführt werden kann. Bei Stereospuren wird eine Doppeloptik mit zwei Fotozellen verwendet. Falls eine Stereospur von einem alten Monoabtastgerät erfasst wird, entsteht das Monosignal direkt durch die Summenbildung bei der Abtastung.

Ein Problem bei der Wiedergabe ist der gleichmäßige Lauf der Tonspur und der intermittierende Antrieb für den Bildtransport. Bild- und Tonoptik sind daher räumlich getrennt und werden über eine Filmschleifenbildung und träge Schwungmassen mechanisch entkoppelt. Die

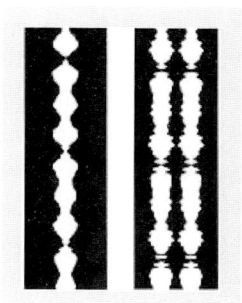

Abb. 3.16
Einfache und duale
Bilateralschrift /6/

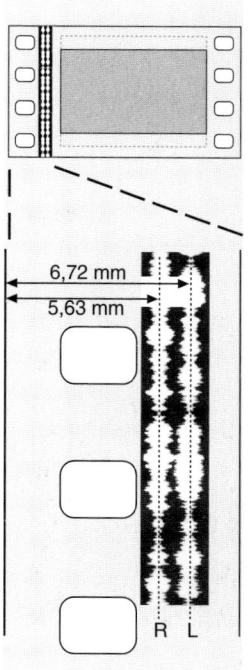

Abb. 3.17
Lage der Lichttonspuren
auf dem Filmpositiv

Lichttonabtastung erfolgt in einem genormten Abstand von 21 Bildern hinter dem Bildfenster, es existiert daher ein entsprechender Bild/Tonversatz, der bereits beim Kopiervorgang von Bild und Ton auf das gemeinsame Positiv berücksichtigt wird.

Der schlechte Störabstand des Lichttonverfahrens und unzulängliche Wiedergabeverhältnisse in einigen Filmtheatern wurden früher teilweise dadurch gebessert, dass bei der Aufzeichnung eine Hochfrequenzanhebung durchgeführt und bei der Wiedergabe entsprechend kompensiert wurde. Für die Wiedergabe wurde dafür der Academy-Frequenzgang normiert. Seit der Einführung der Rauschunterdrückungsverfahren nach Dolby wird diese Art der so genannten Pre- und Deemphasis hoher Frequenzen nicht mehr angewandt und mit linearem Frequenzgang gearbeitet.

3.3 Mehrkanaltonverfahren

▸ **Die Schallquellenortung des Menschen beruht auf Pegel- und Laufzeitdifferenzen zwischen den Signalen, die die beiden Ohren erreichen**

Während aufnahmeseitig Mehrkanalsysteme für die Audiopostproduktion gebraucht werden, dienen sie bei der Wiedergabe, die hier betrachtet wird, der besseren Einbeziehung der Zuschauer in das Kinoerlebnis. Die emotionale Wirkung wird einerseits durch die Wiedergabe mit hoher Qualität, d. h. in großer Lautstärke, mit hoher Dynamik und ausgedehntem Frequenzbereich sowie hohem Tiefbassanteil erreicht. Andererseits durch die Möglichkeit der Schallquellenortung und die Einbeziehung der Hörer in ein Umgebungsgeräuschfeld, das sie wie in der Natur auch von der Seite und von hinten erreicht.

Die menschliche Hörwahrnehmung hat eine Lokalisationsfähigkeit, die in der Ebene in Sichtrichtung am ausgeprägtesten ist. Die Richtungswahrnehmung beruht darauf, dass das Gehirn einerseits Pegel- und andererseits Laufzeitdifferenzen auswertet, die zwischen den beiden Ohren entstehen. Für die technische Umsetzung ist dabei interessant, dass das Gehör sich täuschen lässt und eine Schallquelle auch dort ortet, wo sich keine Quelle befindet. Die Wahrnehmung derartiger Phantomschallquellen wird bei der Stereophonie ausgenutzt. Dabei wird ein Hörer, der im etwa gleichschenkligen Dreieck vor zwei gleichen Lautsprechern platziert wird, die Veränderung der horizontalen Lage einer Schallquelle wahrnehmen, wenn beide Lautsprecher dasselbe Signal mit unterschiedlichem Schallpegel abstrahlen (Abb. 3.18).

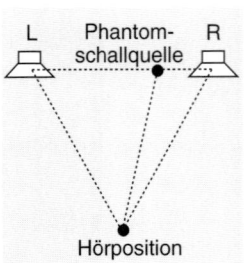

Abb. 3.18
Bildung der Phantomschallquelle im Stereosystem

Dieses einfache System ist für die Kinotonwiedergabe nicht geeignet, da das Gefühl, dass die Schallquelle bei gleichem Pegel in der Mitte liegt, nur an Orten erreicht wird, die mittig zwischen den Lautsprechern liegen. Im Kino ist das Auditorium aber über eine große Fläche verteilt. Damit auch an ungünstigen Sitzplätzen eine ausreichende Mittenortung – die ja gerade für die Filmdialoge von sehr großer Bedeutung ist – erreicht

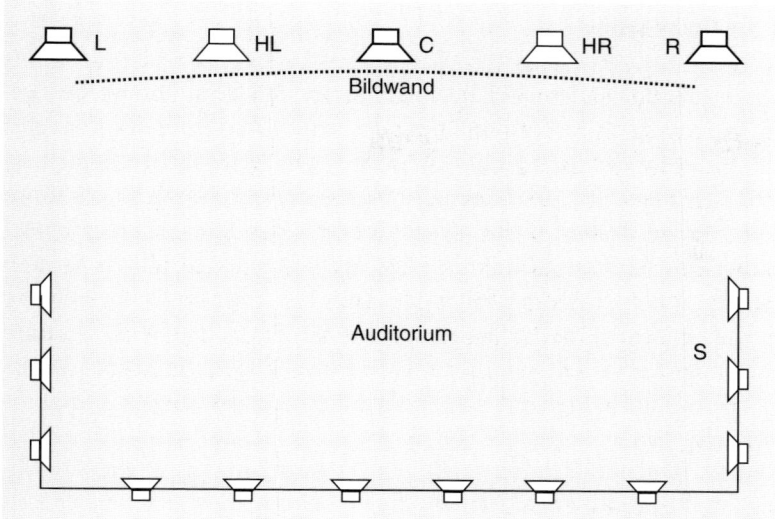

Abb. 3.19
Mehrkanalbeschallungs-
system in großen Kinos
der 50er Jahre

werden kann, wird das Stereosystem für den Kinoeinsatz durch einen
Centerkanal erweitert, über den das Mittensignal mit Hilfe eines zentral
hinter der perforierten Bildleinwand positionierten Lautsprechers abge-
strahlt wird. Die Leinwand ist für diesen Zweck mit feinen Löchern versehen, durch die der Schall hindurchtreten kann.

Für die weitere Einbeziehung der Hörer in das Schallfeld wurde bereits früh mit Lautsprechern experimentiert, die sich hinter und seitlich
von den Hörern befinden. Hierdurch soll meist keine direkte Ortung der
Quellen, sondern nur eine Wiedergabe von Effektklängen oder eine Ein-
hüllung durch Geräusche, die sog. Ambience, erreicht werden. Signale
mit einer solchen Funktion werden heute als Surroundsignale bezeichnet. Erste derartige Mehrkanalsysteme erlangten in den 50er Jahren gewisse Bedeutung, als durch die Einführung der Breitbildformate und der
verbesserten Tonwiedergabe in den Kinos der Konkurrenz durch das
Fernsehen Paroli geboten werden sollte. Das damals eingeführte Cine-
mascopesystem nutzte vier Kanäle, d. h. Left, Center, Right (L, C, R) und
einen Effektkanal, der aber nur bei Bedarf zugeschaltet wurde, damit der
schlechte Geräuschspannungsabstand nicht dauernd störte /28/. Die
größten Systeme, wie Cinerama, arbeiteten damals mit einem eigenen,
durch Perforation mit den Bildprojektoren verkoppelten 35-mm-Mag-
netband. Die Bildbreite war so groß, dass wegen der genannten Or-
tungsprobleme zwischen dem Center und den Seitenkanälen noch jeweils ein halblinker und halbrechter (HL, HR) Lautsprecher platziert
wurde (Abb. 3.19). Signale von einer sechsten und siebten Spur wurden
über weitere Lautsprecher von der rechten und linken Seitenwand abge-
strahlt. In den 60er und 70er Jahren wurde dieser Aufwand nicht mehr
betrieben und man kehrte vielfach zum Monoton zurück.

3.3.1 Dolby Stereo

Diese Situation änderte sich nachhaltig erst mit der Einführung des Dolby-Stereosystems in der Mitte der 70er Jahre. Der Erfolg des Konzepts der Dolby Laboratories beruht auf dem wegen der einfachen Kopierbarkeit ökonomischen Lichttonverfahren, mit dem ein hochwertiger Kinoton produziert wird. Dabei wurde erstens das Störabstandsproblem durch eine Kompandertechnik erheblich gemindert (Dolby Noise Reduction, Dolby NR). Ein zweiter Punkt für den Erfolg des Dolby-Systems ist die konsequente Abwärtskompatibilität, die sich über die gesamte Systemfamilie vom Mono- bis zum Mehrkanal-Digitalton hinzieht /27/.

Die maximale Systemdynamik, d. h. das geräteabhängige Verhältnis von leisestem zu lautestem Signal, wird vom Signal-Rauschabstand bestimmt, der beim Lichttonverfahren sehr gering ist. Der Signal-Rauschabstand kann verbessert werden, indem beim Audiosignal bei der Aufnahme eine frequenzbereichs- und pegelabhängige Signalanhebung vorgenommen und bei der Wiedergabe entsprechend rückgängig gemacht wird. Das Signal wird dazu aufnahmeseitig komprimiert (verringerte Dynamik) und wiedergabeseitig entsprechend expandiert (Abb. 3.20), wobei auch das Rauschen abgesenkt wird. Die Bezeichnung Kompander resultiert aus der Kombination von Kompression und entsprechender Expansion. Die zugehörigen Kennlinien müssen dabei standardisiert sein. Zunächst wurde das Dolby-A-Verfahren entwickelt, das mit verschiedenen Dynamikeinschränkungen für unterschiedliche Frequenzbänder arbeitet und dementsprechend eine aufwändige Kalibrierung erfordert. Es folgten die vereinfachten Verfahren Dolby B und C, die aber nicht für den Filmton, sondern vor allem bei Heimcassettenrecordern verwendet werden. Für die professionelle analoge Audioaufzeichnung entstand dann das Dolby-SR-System (Spectral Recording), das sowohl beim Einsatz in analogen Tonstudios als auch im Kino eine hervorragende Qualität bietet. Die Weiterentwicklung der Kompanderverfahren wurde durch die Einführung der Digitaltechnik schließlich obsolet.

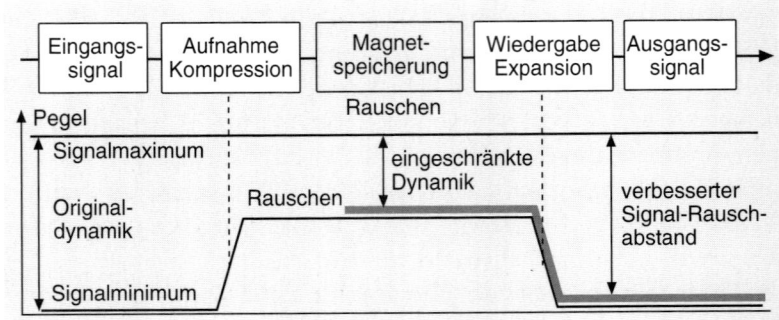

Abb. 3.20
Prinzip des Rauschminderungsverfahrens mit Kompandertechnik

Die Dolby-Rauschunterdrückung wurde für die Verwendung im Kino so geschickt mit einer mehrkanaligen Wiedergabe verbunden, dass bezüglich der Aufzeichnungsmedien nur zwei Kanäle zur Verfügung stehen müssen. Das analoge Verfahren nach diesem Prinzip wird mit Dolby Stereo bezeichnet. Es arbeitet mit zwei Lichttonspuren, die bei gemeinsamer Abtastung durch ein monophon arbeitendes Wiedergabegerät problemlos ein Monosignal ergeben. Dolby Stereo beschreibt aber keine gewöhnliche Stereophonie, sondern eine Matrixcodierung (Motion Picture Matrix), mit der in den beiden Audiospuren zusätzlich zu den Informationen für Links und Rechts (L und R) die Informationen für das Center- und das Surroundsignal verschlüsselt übertragen werden. Die vier Kanäle sind so gewählt, dass die Tonwiedergabesysteme aus den Zeiten der Cinemascope-Filme genutzt werden konnten.

Abbildung 3.21 zeigt die Dolby-Stereo-Codierung. Die Informationen für die Lautsprecher links und rechts vorn werden unverändert auf die beiden Transportkanäle L_t und R_t gegeben, während das Centersignal zunächst um 3 dB abgesenkt wird und dann den Kanälen L_t und R_t in gleichem Maße zugesetzt wird. Das Surroundsignal wird ähnlich behandelt, allerdings wird es mit einer Phasenverschiebung von + 90° dem linken und von − 90° dem rechten Kanal zugemischt. Auf diese Weise bleibt auch das vierkanalige Signal monokompatibel, denn bei einer Summierung heben sich die phasenverschobenen Anteile auf. Im Dolby Stereo Decoder werden die Links- und Rechtsanteile wieder direkt den entsprechenden Wiedergabekanälen zugeordnet und der Centerkanal wird aus der Summenbildung $C = L + R$ gewonnen. Das Surroundsignal ergibt sich aus der Differenz $L − R$. Damit die diesem Kanal zugehörigen Atmosphärengeräusche nicht direkt geortet werden können, wird das Surroundsignal durch ein Tiefpassfilter auf 7 kHz bandbegrenzt /27/ .

Die Variante von Dolby Stereo für den Heimbereich wird Dolby Surround genannt, hier ist eine Kombination mit dem Rauschunterdrückungsverfahren nach Typ B enthalten. Dolby Surround kann mit einem Surround Pro Logic Decoder betrieben werden, der das wesentliche Problem

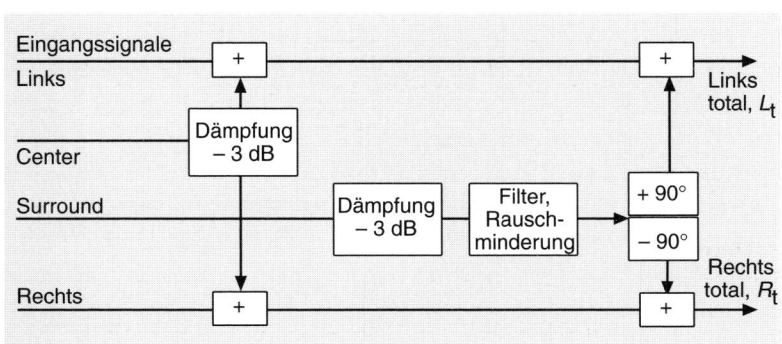

Abb. 3.21
Prinzip der Dolby-Stereo-Codierung

von Dolby Stereo, nämlich die schlechte Kanaltrennung, verringert. Der Decoder mindert vor allem das störende Übersprechen in den Surroundkanal und verbessert damit die Richtungswahrnehmung. Zunächst wird dazu das Surroundsignal gegenüber dem Hauptsignal um 20 ms verzögert, da nach dem Gesetz der ersten Wellenfront die Lokalisation vom zuerst eintreffenden Schallereignis bestimmt wird, das dann vorne liegt / 29/. Zusätzlich wird eine Schaltung eingesetzt, die die Aufgabe hat, das codierte Signal ständig auf eine dominante Schallquellenrichtung hin zu untersuchen. Mit Hilfe steuerbarer Verstärker werden entsprechend den Ergebnissen die Intensitäten der Kanäle so geregelt, dass eine Verstärkung der festgestellten Dominanz auftritt.

3.3.2 Dolby Digital

Für das Dolby-Lichttonverfahren traten erhebliche Veränderungen durch die Einführung der Digitaltechnik auf, denn die Basis des Digitaltons sollte weiterhin ein optisch kopierbares Aufzeichnungsverfahren sein, des Weiteren sollte aber auch die Kompatibilität zum analogen System gewahrt bleiben. Letzteres gelingt durch die Vorschrift, dass neben den neuen Digitalsignalen immer auch die bekannten zwei analogen Lichttonspuren verfügbar sein müssen.

Der Digitalton erfordert also eine separate Aufzeichnungsfläche, die aus den genannten Gründen zusätzlich zur Verfügung stehen muss. Bei Dolby entschied man sich, die bis dahin ungenutzten Flächen zwischen den Perforationslöchern zu belegen (Abb. 3.22). Das Verfahren wurde wegen der Kombination aus analogen Spuren mit SR-Rauschunterdrückung und dem Digitalton Dolby SR.D genannt /27/. Da aber die zugehörige Audiocodierung auch eine große Verbreitung im Heimanwenderbereich findet, spricht man heute nur noch von Dolby Digital.

Die Fläche zwischen den Perforationslöchern reicht aus, um mit Laserdioden die robuste Aufzeichnung einer Matrix aus 76 x 76 Punkten zu gewährleisten, mit denen 5776 bit dargestellt werden können. Da ein 35-mm-Film mit 24 Bildern pro Sekunde läuft, die jeweils mit vier Perforationslöchern versehen sind, folgt daraus eine aufzeichenbare Bitrate von 554,5 kbit/s. Davon werden im Kino 320 kbit/s genutzt. Diese Datenrate wird für fünf Audiokanäle und einen sechsten, auf 120 Hz bandbegrenzten Subbasskanal zur Verfügung gestellt.

Da die fünf Hauptsignale mit 48 kHz abgetastet werden, überschreitet bereits die Datenrate eines einzigen Kanals die oben genannte Bitrate, so dass die Gesamtinformation nur mit Hilfe eines Datenreduktionsverfahrens aufgezeichnet werden kann. Das bei Dolby verwendete Verfahren heißt AC3 und arbeitet nach den in Kap. 3.1 beschriebenen Prinzipien. Die Datenreduktion ist so leistungsfähig, dass es möglich wurde, über

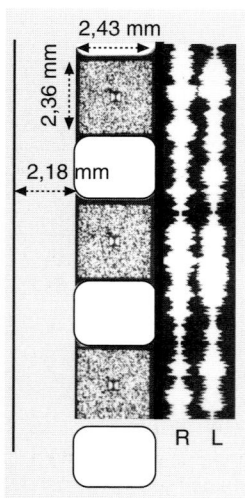

Abb. 3.22
Für Dolby Digital genutzte Fläche zwischen den Perforationslöchern

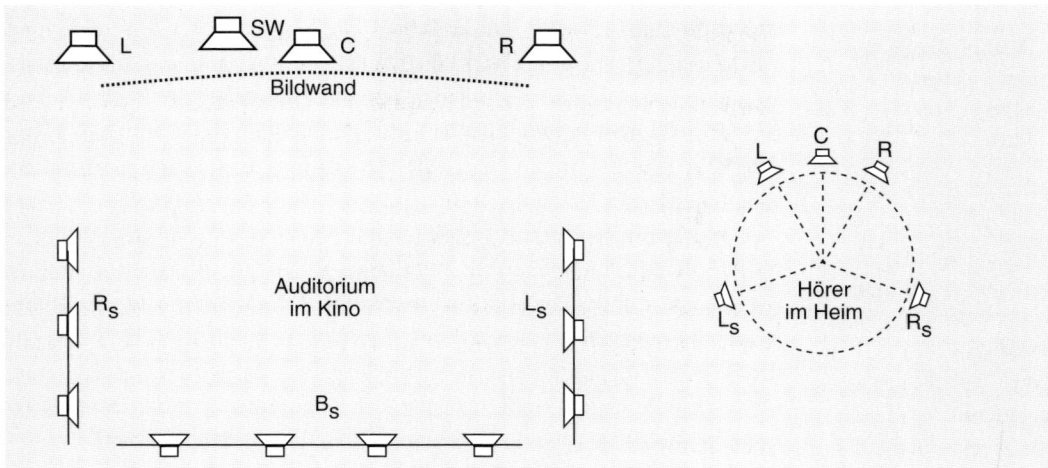

die 4 Kanäle bei Dolby Stereo hinauszugehen und auch die Surroundbeschallung stereophonisch auszulegen. Bei Dolby Digital wird damit im Kino die so genannte 5.1-Wiedergabe realisiert, die auch bei anderen Systemen zu finden ist. Die fünf Kanäle stehen für die bekannten Frontsignale Left, Center und Right sowie für die zwei Surroundsignale Left und Right Surround (L_s und R_s) zur Verfügung. Die abgetrennte 1 bezeichnet den optional einsetzbaren Tiefbasskanal (Subwoofer, SW). Dieser ist für die normale Wiedergabe nicht erforderlich, kann aber zur Verstärkung akustischer Effekte im Tieftonbereich verwendet werden.

Abb. 3.23
Für Dolby Digital empfohlene Lautsprecheranordnung im Kino und im Heim

Die neueste Variante der Dolby-Familie wird mit Dolby Digital Surround EX bezeichnet. Es handelt sich dabei um eine zu Dolby Digital kompatible Erweiterung mit einem dritten Surroundkanal für die direkte Beschallung von hinten (Back Surround, B_s). Damit entsteht also ein 6.1-Format (Abb. 3.23). Um die Kompatibilität zum 5.1-System zu gewährleisten, wird der Zusatzkanal matrixcodiert in den beiden Surroundkanälen übertragen (Abb. 3.24). Dies geschieht in einer Weise, dass ein so genanntes All-Surroundsignal, das in alle drei Surroundkanäle gegeben wird, auch von allen drei Lautsprechergruppen wiedergegeben wird.

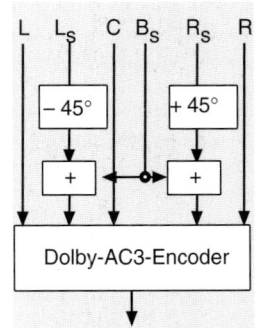

Nachdem Dolby Digital im Kinobereich eine sehr dominante Position erringen konnte, dringt es zunehmend auch in den Bereich der Heimanwendung vor. Da dort unterschiedlichste Abhörkonfigurationen vorliegen, ist eine größere Flexibilität erforderlich. Dolby Digital erlaubt daher, ebenso wie die alternative Audiocodierung nach MPEG, die Verwendung aller in Tabelle 3.1 dargestellten Kanalkonfigurationen. Die dort verwendete Bezeichnungsweise 3/2 anstelle von 5.1 verdeutlicht die Kanalzuordnung vorne/hinten. Abbildung 3.23 zeigt rechts die optimale Lautsprecheranordnung für den Heimbereich.

Abb. 3.24
Dolby Digital-Surround-EX-Codierung

Dolby Digital unterstützt Datenraten zwischen 32 kbit/s bis 640 kbit/s, die den Kanälen flexibel zugeordnet werden. Eine 2/0-Stereokonfigurati-

Mode	Kanäle
1/0	Mono
2/0	Stereo
3/0	L - C - R
2/1	L - R - S
3/1	L - R - C- S
2/2	L - R - L_s - R_s
3/2	L - R - C- L_s - R_s - SW

Tabelle 3.1
Dolby-Digital-Kanalkonfigurationen

professionell	Heim
Rauschunterdrückung	
Dolby A, SR	B, C
Mehrkanal analog	
Dolby Stereo	Surround
	Pro Logic
Mehrkanal Digital	
Dolby Digital EX, E	Digital
Datenreduktion	
Dolby AC3	AC3

Tabelle 3.2
Übersicht über die Bezeichnungen bei Dolby

on wird typischerweise mit 192 kbit/s betrieben. Bei 5.1-Anwendungen wird diese Rate meist auf 384 kbit/s verdoppelt, wobei eine Audiogrenzfrequenz von 18 kHz erreicht wird. Für den Einsatz bei der Digital Versatile Disk (s. Abschnitt 5.2.4) ist eine Maximaldatenrate von 448 kbit/s möglich. Damit können bei einer 5.1-Konfiguration auch 20 KHz erreicht werden.

Darüber hinaus enthält Dolby Digital eine Erweiterung des Audiodatenstroms durch so genannte Metadaten, d. h. Hilfsinformationen über die Signale. Dieses Verfahren ist wertvoll für die Verbreitung von Mehrkanalprogrammen im Bereich des digitalen Fernsehens (DTV) und für die DVD. Für diese stehen auf der Wiedergabeseite Heimanwendergeräte unterschiedlichster Qualitätsstufen zur Verfügung. Mit den Metadaten können die Empfangsgeräte entsprechend ihren Möglichkeiten angesprochen werden. So braucht z. B. keine generelle Dynamikeinschränkung auf der Sendeseite vorgenommen zu werden, da sie im Endgerät durchgeführt werden kann. Oder eine aufwändige 5.1-Mischung kann mit Hilfe der Metadaten in optimaler Form in eine Stereomischung überführt werden und die mittlere Wiedergabelautstärke kann über das so genannte Dialnorm auf einfache Weise an unterschiedliche Programmarten angepasst werden. Dialnorm bezeichnet eine Schaltung, die den verwendeten Pegel an der empfundenen Lautheit orientiert, die gemäß der menschlichen Wahrnehmung nicht vom Spitzenwert des Signals, sondern von seinem Mittelwert bestimmt ist.

Als weitere Bezeichnung in der Dolby-Codierungsfamilie (s. Tabelle 3.2) gibt es Dolby E. Dabei geht es nicht mehr um die Vermehrung oder Umordnung von Audiokanälen für die Wiedergabe, sondern nur um die Audiodatenübertragung für den Produktions- und Postproduktionsbereich. In diesem Bereich ist es üblich, Signale digital über die auch in der Analogtechnik benutzten symmetrischen Leitungen mit 3-poligen XLR-Steckern zu übertragen. Für die digitalen Audiodaten wird eine von der AES/EBU definierte Schnittstelle verwendet. Diese Definition geht von einer zweikanaligen, nicht datenreduzierten Übertragung aus. Der Datenrahmen erlaubt die Verarbeitung von 24-Bit-Wortbreiten für jeden Abtastwert und jeden Kanal. Die Datenworte sind jeweils von 8 bit für den Rahmen und Zusatzdaten umgeben, so dass bei einer Abtastrate von 48 kHz ein Datenstrom von 3,072 Mbit/s resultiert. Bei Dolby E wird nun diese Schnittstelle und diese Datenrate zur Übertragung von bis zu acht Audiokanälen mit Metadaten genutzt, mit einer Datenreduktion, die so milde sein kann, dass nach Ansicht von Dolby die Qualität auch nach mehrfacher Signalverarbeitung nicht leidet. Eine typische Anwendung der acht Kanäle wäre der gleichzeitige Transport einer 5.1- und 2-Kanal-Mischung für ein Stereosignal.

3.3.3 DTS und SDDS

Als Alternative zum Mehrkanalsystem von Dolby gibt es das Digitale Theater System DTS, das mit einem Tonträgermaterial arbeitet, das vom Filmmedium getrennt ist. Bei DTS werden sechs Audiokanäle mit Hilfe eines Datenreduktionsverfahrens auf einer Doppel-CD-ROM gespeichert. Aufgrund der vergleichsweise hohen Speicherkapazität kann der Datenreduktionsfaktor dabei geringer sein als bei Dolby Digital. Auf dem Filmmaterial ist nur eine schmale, optisch lesbare Steuerspur für die Bild/Tonsynchronisation erforderlich, die zwischen der analogen Lichttonspur und dem Bildfeld Platz findet, so dass sie parallel zu einer Dolby-Digital-Tonspur zur Verfügung steht (Abb. 3.25).

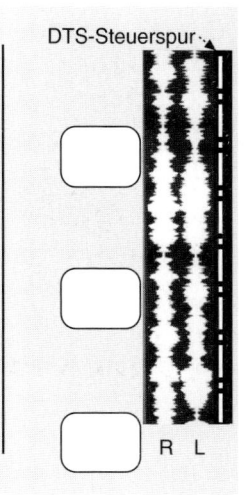

Abb. 3.25
Lage der DTS-Steuerspur

Als weitere Alternative ist das System Sony Dynamic Digital Sound (SDDS) zu nennen. Hier stehen als 7.1-System acht Audiokanäle zur Verfügung, die auch die halbrechten und halblinken Frontlautsprecher versorgen können (Abb. 3.19). Für diese Art der Digitalinformation wird der Platz an den Filmrändern an beiden Seiten außerhalb der Perforation genutzt (Abb. 3.26).

Unter den vielen Begriffen für Mehrkanalsysteme taucht auch immer wieder die Abkürzung THX auf. Diese leitet sich von ´Tomlinson Holman Experiments´ ab und bezeichnet keine eigene Tonaufzeichnungsform, sondern die genaue Definition elektroakustischer Parameter einschließlich der Abhörbedingungen. Diese sind oft viel kritischer für die Qualität der Darbietung als die Toncodierungsarten, da verschiedene Räume die abgestrahlten Schallwellen in unterschiedlicher Form frequenzabhängig bedämpfen und reflektieren. Mit steigender Reflexion steigt die Halligkeit des Raumes, die durch die sog. Nachhallzeit angegeben wird. Die Nachhallzeit ist die Zeit, in der der Schallpegel nach Abschalten der Quelle um 60 dB abgesunken ist. Große Nachhallzeiten können für Musikdarbietungen angenehm sein, dort, wo wie im Kino jedoch die Sprachverständlichkeit im Vordergrund steht, wirken sie sich negativ aus. Der erwünschte Nachhall wird bei der Mischung auf elektronische Weise hervorgerufen. Dementsprechend schreibt das THX-System z. B. für diesen wichtigen Parameter vor, dass die Nachhallzeit im Kino nicht mehr als 0,2 s betragen darf. Neben den raumakustischen Bedingungen sind bei THX auch die elektroakustischen Parameter festgelegt, z. B. der Frequenzgang der Frontlautsprecher, die im Kino ein besonderes Problem darstellen, da sie hinter der perforierten Bildwand angebracht sind, die insbesondere die höheren Frequenzen dämpft. Die elektroakustischen Parameter werden in Filmabspielstätten mit THX-Kennzeichnung regelmäßig überprüft.

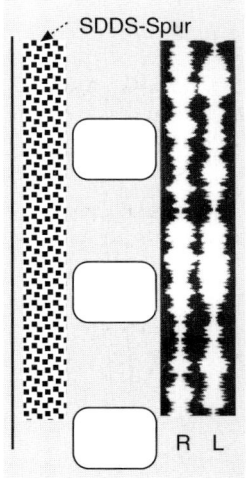

Abb. 3.26
Lage der einen Hälfte der SDDS-Digitaltonspur

4 Das Videosignal

Das Videosignal hat seine historischen Wurzeln im Bereich Fernsehen. Dieses Medium unterscheidet sich vom Film durch die Massenverbreitung des Programms zu praktisch jedem Haushalt, durch die Rezeption durch Einzelpersonen oder sehr kleine Gruppen und die direkte Umsetzung, die eine Berichterstattung quasi verzögerungsfrei zum Konsumenten bringt. Aus den drei genannten Punkten folgen drei technische Konsequenzen: Die Massenverbreitung erfordert preiswerte Empfangsgeräte, die entsprechend der Rezeptionsform mit relativ kleinen Displays ausgestattet sein können. Die Übertragung muss ohne Zwischenspeicher erfolgen können und darf nur eine geringe Signalbandbreite erfordern. Dieser Umstand begründet einen wesentlichen Unterschied zum Film: Beim Film liegt zum Zeitpunkt der Bildwiedergabe die gesamte Bildinformation gleichzeitig vor, während beim analogen Fernsehen zu jedem Zeitpunkt nur ein Bildpunkt übertragen wird und erst der menschliche Gesichtssinn das Gesamtbild formt. Die massentaugliche technische Realisierung gelang, als in den 40er-Jahren des 20. Jahrhunderts die Vakuumröhre für die Bildaufnahme und -wiedergabe eingesetzt werden konnte. In den 50er-Jahren wurde das Fernsehen in den USA, in den 60er-Jahren auch in Europa zum Massenmedium – zuerst schwarzweiß, in den 70er-Jahren dann farbig.

4.1 Das analoge Videosignal

Die Massenverbreitung erfordert technische Normen, die auch die Form des Videosignals betreffen. Die Form des heute verwendeten Videosignals hängt mit den technischen Möglichkeiten zu Zeiten der Systemkonzeption zusammen und nimmt vor allem Rücksicht auf die Funktionsweise der Wiedergabeeinheit mit der als Bildröhre bezeichneten Kathodenstrahlröhre (Cathode Ray Tube, CRT), die bis zum Beginn des 21. Jahrhunderts die dominante Displayform geblieben ist.

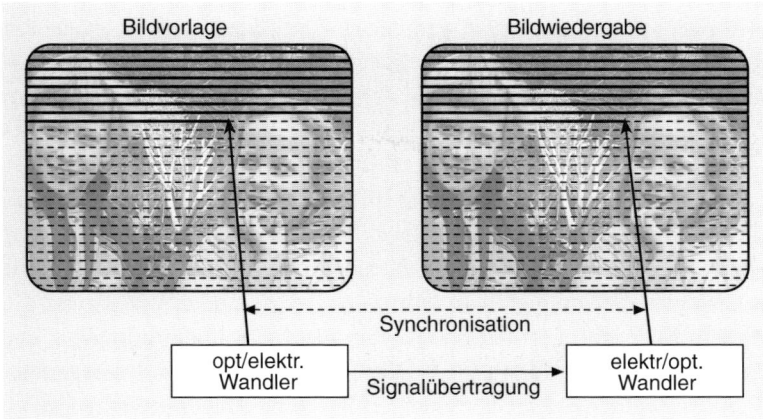

Abb. 4.1
Bildsignalübertragungs-
prinzip

4.1.1 Der Bildaufbau

Aufgrund der begrenzten Übertragungsbandbreite werden die Bildpunktinformationen seriell statt parallel übertragen. Wenn die Abtastung des Bildes, die Wandlung und der Bildaufbau bei der Wiedergabe
schnell genug vor sich gehen, erscheint dem menschlichen Auge ein
ganzes Bild (Abb. 4.1). Das Bild wird zeilenweise aufgebaut, die Helligkeit eines jeden Bildpunktes ruft im Bildwandler ein elektrisches Signal
hervor. Durch diese Art der Umsetzung wird aus dem räumlichen Nebeneinander der Bildpunktwerte ein zeitliches Nacheinander. Eine einfache Möglichkeit zur Parallel-Seriell-Wandlung bietet die Nutzung des
Elektronenstrahls in einer Braunschen Röhre (Abb. 4.2). Dabei werden
Elektronen in einer Vakuumröhre mittels einer geheizten Kathode erzeugt und durch elektrische Felder zu einem Strahl gebündelt. Der Elektronenstrahl wird durch magnetische Felder abgelenkt und zeilenweise
über eine lichtempfindliche Schicht geführt. Dabei ändert sich der
Stromfluss in Abhängigkeit von der Bildpunkthelligkeit, da der Wider-
stand der Schicht von der Lichtintensität abhängt.

Auf die gleiche Weise kann auch auf der Wiedergabeseite gearbeitet
werden. Die Intensität des Elektronenstrahls in der Wiedergaberöhre

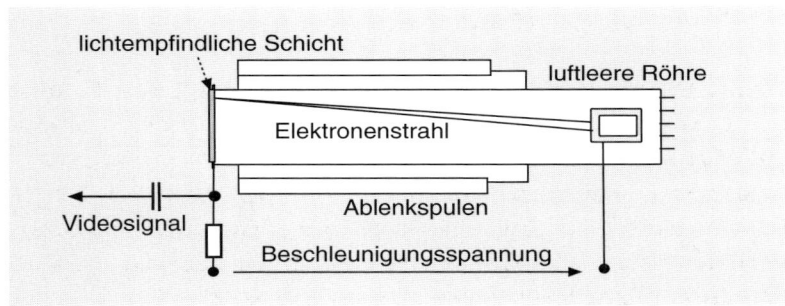

Abb. 4.2
Bildaufnahmeröhre

wird dann vom Videosignal gesteuert. Der Strahl wird in gleichem Rhythmus wie bei der Aufnahme über eine Schicht geführt, die in Abhängigkeit von der Stromstärke der auftreffenden Elektronen zum Leuchten angeregt wird (Abb. 4.4). Die Farbe des emittierten Lichtes ist dabei von der Art des Leuchtstoffes bestimmt.

Zur Elektronenerzeugung in der Bildwiedergaberöhre wird eine Metallfläche mit einem Glühdraht erhitzt und aufgrund der zugeführten thermischen Energie treten die Elektronen aus der Kathode aus. Damit der Elektronenstrom nicht von Luftmolekülen behindert wird, muss die Röhre luftleer sein. Die Kathode ist vom Wehneltzylinder umgeben, der gegenüber der Kathode negativ geladen ist. Je nach Größe des negativen Potenzials werden mehr oder weniger Elektronen zurückgehalten, d. h. über die Spannungsdifferenz zwischen Wehneltzylinder und Kathode kann also die Strahlintensität gesteuert werden. Die Steuerkennlinie bewirkt dabei einen nichtlinearen Zusammenhang zwischen der Videosignalspannung U und Leuchtdichte L, der mit Hilfe einer Potenzfunktion mit dem Exponenten γ angenähert beschrieben werden kann. Die Elektronen werden auf die Anode hin beschleunigt und gelangen dabei in den Bereich der Fokussierelektroden, die ein elektrisches Feld erzeugen, welches zur Bündelung des Elektronenstrahls führt. Nachdem sie die Anode passiert haben, fliegen die Elektronen mit hoher konstanter Geschwindigkeit weiter, bis sie auf die Leuchtschicht treffen und diese zur Lichtemission anregen. Die resultierende Leuchtdichte steigt mit der Beschleunigungsspannung und der Strahlstromstärke. Abbildung 4.3 zeigt den Aufbau der Bildwiedergaberöhre.

Damit der Elektronenstrahl nicht nur einen Punkt, sondern eine zweidimensionale Fläche zum Leuchten bringt, wird er gemäß dem genormten Fernsehzeilenraster horizontal und vertikal abgelenkt. Zur Ablenkung dient eine Spulenanordnung, die auf dem Röhrenhals angebracht ist. Durch die Ströme in den Spulen entstehen Magnetfelder, die Kräfte auf den Elektronenstrahl ausüben. Der Stromverlauf für die Ablenkung

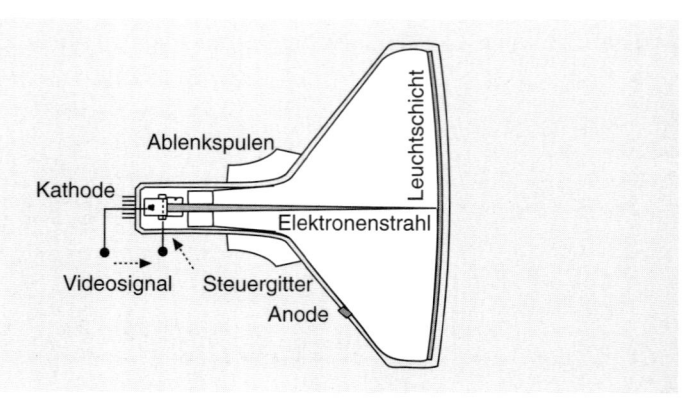

Abb. 4.3
Bildwiedergaberöhre

ist annähernd sägezahnförmig. So wird der Strahl während der aktiven Zeilendauer relativ langsam von links nach rechts über den Schirm geführt und während des schnellen Rücksprungs unterdrückt (ausgetastet). Analog funktioniert die Vertikalablenkung.

Die Farbbilddarstellung wird bei Videosystemen durch additive Mischung erreicht. In Farbbildröhren werden genormte rot, grün und blau leuchtende Leuchtstoffe verwendet, die in kleinen Strukturen sehr eng beieinander angeordnet werden. Jeder Bildpunkt besteht aus drei Teilen, die bei Anregung durch den Elektronenstrahl, Licht der entsprechenden Farben emittieren (Farbtripel). Bei genügend großem Betrachtungsabstand erscheint ein einziger Punkt, dessen Farbe durch die additive Mischung der Farbwerte bestimmt ist.

Im Röhrenkolben gibt es drei separate Strahlerzeugungssysteme für die drei Grundfarben. Die drei Elektronenstrahlen werden gemeinsam abgelenkt. Das wesentliche Problem besteht darin, dafür zu sorgen, dass die jeweiligen Elektronenstrahlen nur die zugehörigen Leuchtstoffe treffen. Die Lösung besteht in der Verwendung einer Schattenmaske, die in fest definiertem Abstand vor der Leuchtschicht angebracht wird. Jedem Farbtripel ist genau eine Öffnung in der Maske zugeordnet, die Elektronenstrahlen werden gemeinsam durch diese Maskenöffnung geführt. Da die Strahlen wegen der separaten Strahlerzeugung vor der Maske nicht in einer Linie laufen, sondern gegen die Röhrenachse geneigt sind, ergibt sich auch hinter der Maske für jeden Strahl eine andere, entsprechend definierte Richtung. Die Anordnung kann so gewählt werden, dass sich die Strahlen genau am Ort der Maske kreuzen und jeder Strahl hinter der Maske nur den ihm zugeordneten Leuchtstoff trifft (Abb. 4.4).

Das Bildseitenverhältnis Breite : Höhe beträgt bei Standard-TV-Systemen $B/H = 4/3$. Sie sind für einen großen Betrachtungsabstand a konzipiert, der etwa bei dem Sechsfachen der Bildhöhe H liegt. Unter Berücksichtigung der Auflösung des menschlichen Auges ergibt sich daraus eine Zeilenzahl, die bei ca. 600 liegt /7/. Entsprechend wurden auch die

▸ **Im Röhrenkolben gibt es drei separate Strahlerzeugungssysteme für die drei Grundfarben, die drei Elektronenstrahlen werden gemeinsam abgelenkt**

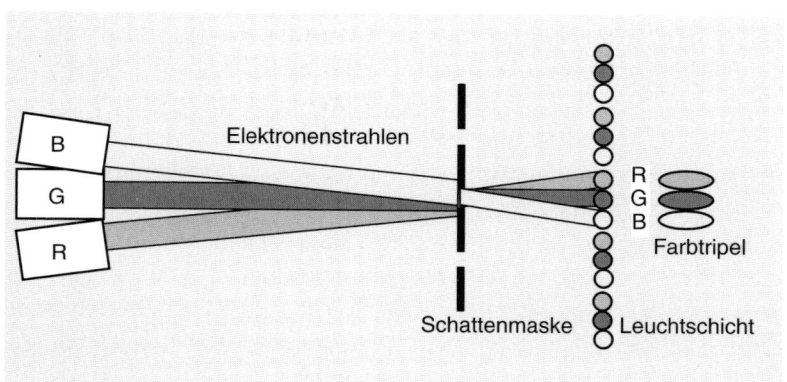

Abb. 4.4
Farbbildwiedergabe mit Hilfe der Schattenmaske

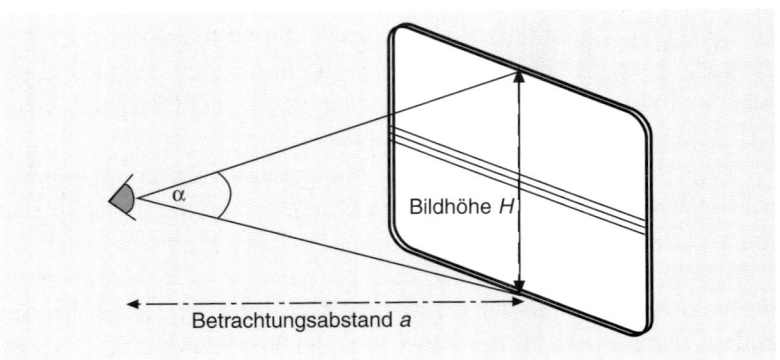

Abb. 4.5
Bildhöhe *H* und Betrachtungsabstand *a*

▶ **Europäische Standardfernsehsysteme arbeiten mit 625 Zeilen, wovon maximal 575 sichtbar sind, in den USA werden 525 Zeilen verwendet. Bei beiden beträgt das Bildseitenverhältnis 4:3**

beiden heute weltweit dominierenden Normen, nämlich die europäische und die der USA, festgelegt. Europäische Standardfernsehsysteme arbeiten mit 625 Zeilen, wovon maximal 575 sichtbar sind, in den USA werden 525 Zeilen verwendet. Bei beiden beträgt das Bildseitenverhältnis B/H = 4:3.

Zu Beginn der 90er Jahre wurde angestrebt, Fernsehsysteme künftig so zu gestalten, dass die Bild- und Tonqualität gegenüber dem bisher gültigen System deutlich verbessert würden, es sollte High Definition Television (HDTV) eingeführt werden. Für die Bildwirkung wird das Wort Telepräsenz verwendet, denn der Zuschauer kann einen kleineren Abstand zum Bildschirm einnehmen, so dass auch die Blickseitenbereiche das Bild erfassen. Das Blickfeld wird weitaus mehr gefangen genommen als bei der Television. Die vorgeschlagenen HDTV-Systeme beruhten auf einer Zeilenzahlverdopplung, in Europa also von 625 auf 1250 Zeilen, womit auch der Blickwinkel mehr als verdoppelt wird (Abb. 4.5). Das Bildseitenverhältnis wird zusätzlich von 4:3 auf 16:9 verändert, so dass sich bei einem Betrachtungsabstand von ca. 3 H ein kinoähnliches Sehgefühl einstellen kann. Das Problem bei der HDTV-Wiedergabe sind die erforderlichen großen Displays, bei einem Betrachtungsabstand von *a* = 3 m ist eine Bilddiagonale von ca. 2 m erforderlich. Meist werden für die HDTV-Wiedergabe Projektionssysteme eingesetzt, erst in neuester Zeit steht mit dem Plasmadisplay auch ein relativ großer selbstleuchtender Flachbildschirm zur Verfügung. Beide Verfahren sind noch sehr teuer.

Während die Einführung von HDTV-Systemen in Europa zum Ende des Jahrhunderts kaum noch auf Interesse stieß, wurde in den USA der Umstieg auf digitale Übertragungsverfahren (Digital Television, DTV) mit der Einführung hoch auflösender Videosysteme verknüpft. Im Zuge dieser Entwicklung kristallisieren sich zu Beginn des neuen Jahrhunderts auch in Europa Bestrebungen heraus, die High-Definition-Systeme für den Filmbereich zu verwenden. Diese Ansätze werden durch die Tatsache verstärkt, dass immer häufiger Filmsequenzen einer elektroni-

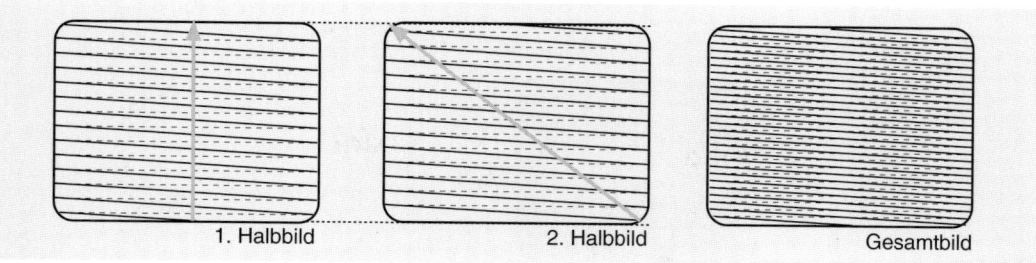

1. Halbbild   2. Halbbild   Gesamtbild

schen Nachbearbeitung für Tricks etc. unterzogen wurden, wobei die Bildauflösung etwa auf dem Niveau der HDTV-Systeme liegt. Diesem Themenfeld, das nur noch in Bezug zur Digitaltechnik relevant ist, ist das Kapitel 6 gewidmet, zunächst sei hier nur die Unterscheidung in High-Definition-Systeme und Standard-Definition-Systeme (HDTV und SDTV) vorgenommen, für die sich bei HD eine nutzbare Bildauflösung von 1920 x 1080 aktiven Bildpunkten durchgesetzt hat. Die folgenden Ausführungen beziehen sich, wenn nicht anders vermerkt, auf die sehr viel verbreiteteren Systeme mit Standardauflösung.

Bezüglich des Bildaufbaus gibt es zwei Varianten. Wenn die 625 Bildzeilen des europäischen SDTV-Systems Zeile für Zeile nacheinander abgetastet werden, liegt ein sog. progressiver Bildaufbau vor. Diese Form der Abtastung wird bei Standard-TV-Systemen nicht verwendet, denn wäre das der Fall, würde das Bild wegen der geringen Bildwechselfrequenz von 25 Hz stark flimmern. Zur Beseitigung des Großflächenflimmerns muss die Bildwechselfrequenz auf mindestens 50 Hz erhöht werden, was bei Beibehaltung der progressiven Abtastung zu doppelter Signalbandbreite führt. Eine andere Möglichkeit der Bildfrequenzverdopplung ist die zweimalige Wiedergabe eines jeden Bildes bzw. die Unterbrechung des Lichtstroms, wie es in der Kinotechnik üblich ist, dieses Verfahren setzt aber einen Bildspeicher bzw. das gleichzeitige Vorliegen aller Bildpunkte voraus.

Für die Videotechnik wurde als dritte Alternative das so genannte Zeilensprungverfahren eingeführt (2:1, engl.: Interlaced-Mode). Das Bild wird dabei in zwei Halbbilder zerlegt, die ineinander verkämmt sind (Abb. 4.6) /7/. Das erste Halbbild enthält die ungeraden und das zweite Halbbild die geraden Zeilen. Die letzte Zeile des 1. Halbbildes wird bei der Wiedergabe nur halb geschrieben, der Elektronenstrahl springt senkrecht nach oben und schreibt die erste (Teil-)Zeile des 2. Halbbildes. Nach Beendigung des 2. Halbbildes wird der Elektronenstrahl schließlich von rechts unten nach links oben geführt, und das nächste Bild wird wiedergegeben. Während des Strahlrücksprungs wird eine Dunkelphase eingefügt, um den Strahl unsichtbar zu machen. Durch die Halbbildverkämmung ist die Flimmerfrequenz verdoppelt.

Abb. 4.6
Teilbilder und Vollbild beim Zeilensprungverfahren

▸ **HDTV-Systeme beruhen auf einer Zeilenzahl- und Blickwinkelverdopplung. Das Bildseitenverhältnis wird dabei von 4:3 auf 16:9 verändert, so dass sich bei einem Betrachtungsabstand $a = 3H$ ein kinoähnliches Sehgefühl einstellen kann**

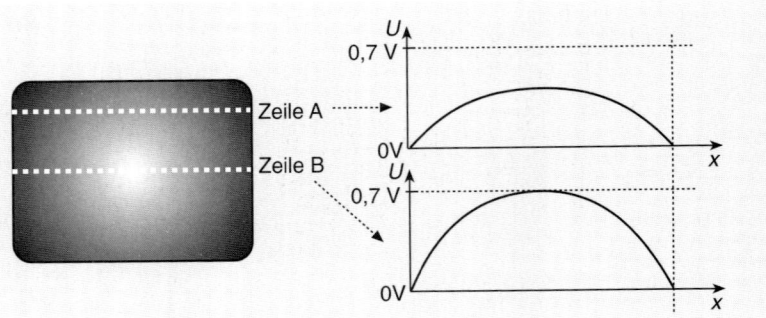

Abb. 4.7
Signalverläufe für zwei
Zeilen des Bildes

4.1.2 Das BAS-Signal

Durch die heute gebräuchliche Bildwandlung mit CCD-Wandlern (s. Kap. 5.1.2) wird das Bild horizontal und vertikal aufgerastert und in diskrete Picture elements (Pixel) zerlegt. Helle Bildpunkte werden durch ein hohes, dunkle Punkte durch ein geringes Videosignal repräsentiert. Der Unterschied zwischen dem dunkelsten und dem hellsten Wert wird einer Spannungsdifferenz zwischen 0 V und 0,7 V zugeordnet. Abbildung 4.7 zeigt den Signalverlauf für zwei Bildzeilen. Aufgrund der gleichmäßigen Abtastung der Zeile kann der Ortskoordinaten x auch eine Zeitkoordinate t zugeordnet werden. Der dargestellte Signalverlauf entspricht damit auch dem Verlauf über der Zeit.

In Europa wird mit 25 Bildern/s im Zeilensprungverfahren gearbeitet, damit beträgt die Bilddauer 40 ms (vertikale Periodendauer T_v) und die Halbbilddauer 20 ms. Während der Vollbilddauer werden insgesamt 625 Zeilen geschrieben, woraus wiederum eine Zeilen- oder H-Periodendauer $T_h = 64$ ms bzw. die Zeilenfrequenz 15,625 kHz folgt. Die angegebenen Zeiten stehen nicht vollständig zum Schreiben der Zeilen zur Verfügung, denn nachdem der Strahl den rechten Bildrand erreicht hat, muss er zum linken zurückspringen, und nachdem er das Bildende erreicht hat, wird eine gewisse Zeit gebraucht, damit er zum Bildanfang zurückgeführt werden kann.

Für den horizontalen Strahlrücksprung sind, in dem in Deutschland verwendeten 625-Zeilen-System, 12 µs reserviert. Diese Zeit wird horizontale Austastlücke genannt, da der Strahl beim Rücksprung nicht sichtbar sein darf und daher abgeschaltet (ausgetastet) wird. Der Pegel des Austastwertes ist mit 0 V festgelegt. Im europäischen Fernsehsystem ist für den Strahlrücksprung nach Beendigung eines Halbbildes jeweils eine Vertikalaustastlücke von 1,6 ms reserviert, d. h. für die Dauer von 25 Zeilen pro Halbbild ist der Elektronenstrahl ausgeschaltet. Damit sind von den 625 Zeilen pro Bild also nur 575 Zeilen nutzbar. Die für das Bild nutzbare (aktive) Zeilendauer beträgt 52 µs, bei einer Gesamtzeilendauer von 64 µs.

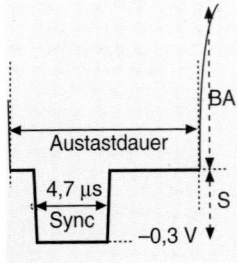

Abb. 4.8
Lage des horizontalen
Synchronimpulses in der
H-Austastlücke

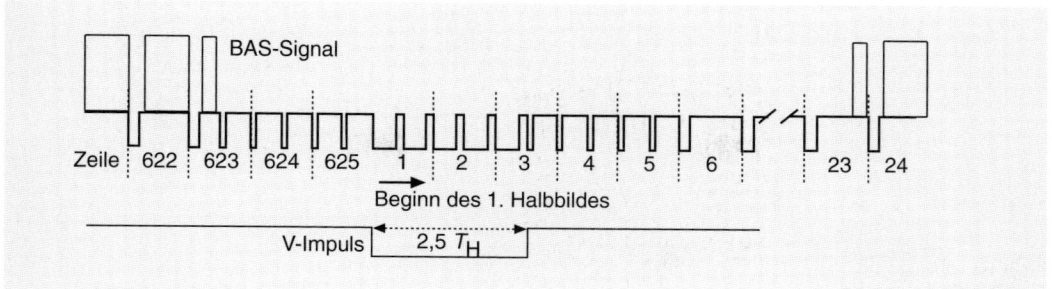

Abb. 4.9
Vertikalsynchronimpulse
in der V-Austastlücke

Damit im Empfänger die Zeilen in gleicher Weise geschrieben werden können, wie sie in der Kamera erzeugt wurden, werden dem Signal Synchronsignale zugesetzt. Zur Horizontalsynchronisation wird nach jeder Zeile ein Rechtecksignal von 4,7 µs Dauer in der Horizontalaustastlücke positioniert. Um eine sichere Synchronisation zu gewährleisten, hat der Synchronimpuls den Wert −0,3 V. Er ist relativ zum Bildsignal negativ gerichtet und damit leicht vom Bildsignal trennbar (Abb. 4.8).

Neben der Information zum Zeilenwechsel braucht der Empfänger auch die Bildwechselinformation zur Vertikalsynchronisation. Hierzu wird das H-Synchronsignal während der Vertikalaustastlücke auf eine Zeit verlängert, die der Dauer von 2,5 Zeilen entspricht (Abb. 4.9). Der Unterschied zwischen der Dauer der H- und V-Sync-Signale ist damit so groß, dass sie über einfache RC-Integrationsglieder getrennt werden können. Der Kondensator der RC-Kombination wird ständig durch die Synchronpulse geladen, aber nur bei Vorliegen des langen V-Pulses wird eine Spannung erreicht, die ausreicht den Bildwechsel auszulösen /7/. H- und V-Synchronimpulse werden zusammen als Synchronsignal S (Composite Sync) bezeichnet.

Bild-, Austast- und Synchronsignale werden zusammengefasst, um sie gemeinsam auf einer Leitung übertragen zu können. Die Kombination aus Bild-, Austast- und Synchronsignal wird als BAS-Signal bezeichnet. Dieses Signal beinhaltet alle Informationen, die zur Darstellung eines S/W-Bildes im Empfänger erforderlich sind. Die Spannung des Gesamtsignals beträgt 1 V, der Synchronboden liegt bei −0,3 V, der Austastpegel bei 0 V und der Weißwert bei 0,7 V. Manchmal werden die Spannungen auch auf den Synchronboden bezogen, so dass der Austastwert relativ dazu bei 0,3 V und der Weißwert bei 1 V liegt.

Die Feinheit der Bildauflösung ist in der Bildvertikalen durch die Anzahl der maximal sichtbaren Zeilen bestimmt, die in Europa 575 beträgt. Die Horizontalauflösung wird so gewählt, dass sie unter Berücksichtigung des Bildseitenverhältnisses vergleichbare Werte aufweist. Feine Strukturen in der Bildhorizontalen sind mit hohen Signalfrequenzen verknüpft. Für die Erzielung der vollen Horizontalauflösung ist bei Standard-TV-Systemen eine Bandbreite von 5 MHz erforderlich.

▶ **Wichtige Parameter des BAS-Signals in Europa:**
Bildfrequenz: 25 Hz
Zeilenfrequenz: 15625 Hz
Grenzfrequenz: 5 MHz

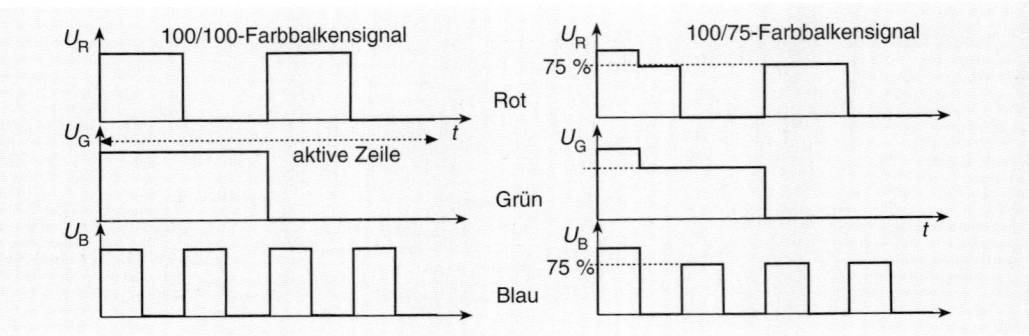

Abb. 4.10
Farbbalkenprüfsignale

4.1.3 Das Farbvideosignal

Die Farbdarstellung in Videosystemen beruht auf der additiven Mischung der drei Grundfarben Rot, Grün und Blau. Zur Ansteuerung der Farbbildröhren sind also drei elektrische Signale erforderlich, die als Farbwertsignale bezeichnet werden. Sie entstehen in drei Bildwandlern in der Kamera, wobei dem jeweiligen Bildwandler mit Hilfe von optischen Filtern nur einer der drei Farbauszüge zugeführt wird. Die Bildwiedergabe erfolgt so, wie es in Kap. 4.1.1 beschrieben ist. Die Farbwertsignale werden aus verschiedenen Gründen umgeformt, so dass in der Praxis drei verschiedene Farbsignalarten verwendet werden: das RGB-Signal, das Komponentensignal und das FBAS-Signal.

Für alle Signalformen wird als Farbprüfsignal ein Farbbalkentestbild verwendet, bei dem jede Zeile des Bildsignals die acht Farbkombinationen enthält, die sich ergeben, wenn die drei Signale für R, G, B jeweils zu 0 % oder 100 % eingeschaltet werden. Es entsteht so der 100/0/100/0-Farbbalken (Abb. 4.10), wobei die Balken der Helligkeit entsprechend angeordnet sind und damit bei S/W-Wiedergabe eine Grautreppe bilden. Oft wird auch das 100/0/75/0-Farbbalkensignal verwendet. Bei diesem Testsignal werden die Farben, außer bei Weiß, nur aus 75 %-Pegeln ermischt.

Die einfachste Farbsignalform ist das RGB-Signal, dabei werden drei Übertragungskanäle verwendet. Wie beim S/W-Signal entspricht ein Signalpegel von 100 % in jedem Kanal dem Spannungswert 0,7 V_{ss}. Es werden auch die γ-Vorentzerrung und die Austast- und Synchronsignale des S/W-Verfahrens übernommen. Das Synchronsignal wird bei der RGB-Übertragung häufig separat geführt. Alternativ wird das Synchronsignal allein auf der Leitung für Grün oder auch auf allen drei Leitungen übertragen. Die RGB-Übertragung bietet höchste Übertragungsqualität. Sie wird wegen des hohen Bandbreiten- und Leitungsbedarfs aber nur auf kurzen Strecken eingesetzt, z. B. zwischen Kameras und Einrichtungen der Bildtechnik oder zur Verbindung von Computern mit den zugehörigen Farbmonitoren.

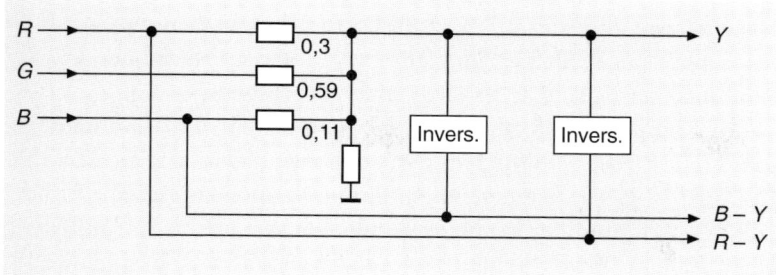

Abb. 4.11
Wandlung eines RGB-Signals in ein Komponen-tensignal

Die zweite Farbsignalform ist das Komponentensignal. Bei der Einführung des Farbfernsehsystems wurde die wichtige Forderung gestellt, dass das auszustrahlende Farbsignal S/W-kompatibel sein sollte, d. h. aus dem Farbsignal muss das Leuchtdichtesignal, das als Luminanzsignal Y bezeichnet wird, für konventionelle S/W-Empfänger einfach ableitbar sein. Das Leuchtdichtesignal wird in Bezug zur Helligkeitswahrnehmung des menschlichen Auges gebildet, das seine Maximalempfindlichkeit in der Mitte des sichtbaren Spektralbereichs bei der Farbe Grün hat. Der Grünanteil wird am höchsten bewertet. Es gilt:

$$Y = 0,299\,R + 0,587\,G + 0,114\,B.$$

Prinzipiell würde es ausreichen, neben dem Y-Signal zwei weitere Farbwertsignale, z. B. für Rot und Blau, zu übertragen. Damit jedoch Signalmanipulationen, wie z. B. eine Bandbreitenreduktion, vorgenommen werden können, die allein die Farbart (Buntheit) betreffen, werden beim Komponentensignal die Farbdifferenzkomponenten für Blau und Rot $(R-Y)$ und $(B-Y)$ verwendet. Die Farbdifferenzsignale verschwinden bei allen unbunten Farben, denn Farbkameras werden so eingestellt, dass die Signalanteile für RGB bei weißer Bildvorlage jeweils 100 % betragen. Bei allen unbunten Flächen weisen die RGB-Signalanteile jeweils gleiche Werte auf und es gilt: $R = G = B = Y$ und $(R-Y) = (B-Y) = 0$.

Die rückwirkungsfreie Gewinnung des Leuchtdichtesignals Y und der Farbdifferenzsignale aus RGB und umgekehrt wird Matrizierung genannt. Im Prinzip ergibt sich Y nach Abb. 4.11 einfach aus der Summation der RGB-Anteile unter Berücksichtigung der oben genannten Faktoren mit Hilfe entsprechender Spannungsteiler. Dabei wird auch deutlich, dass aus der Addition des invertierten Y-Signals zu Rot und Blau die Farbdifferenzsignale $(R-Y)$ und $(B-Y)$ gewonnen werden.

Die Farbdifferenzsignale treten mit positiver und negativer Amplitude auf (Abb. 4.12) und können bei Vollaussteuerung den für das Luminanzsignal gültigen Spannungsbereich von $0,7\ V_{ss}$ überschreiten. Ein einheitliches Komponentensignal soll jedoch bei allen drei Anteilen eine

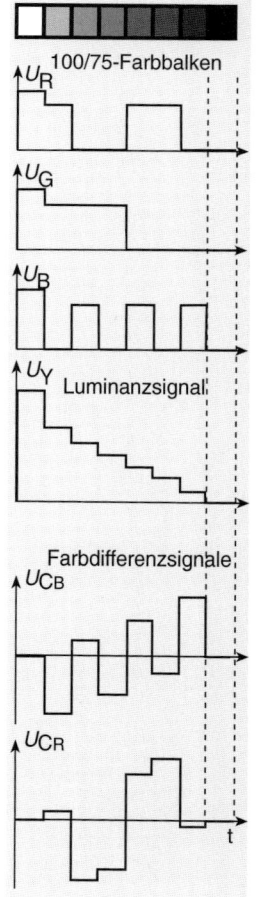

Abb. 4.12
Komponentensignalform

Maximalspannung von 0,7 V$_{ss}$ aufweisen, daher werden die Farbdifferenzsignale pegelreduziert und dann mit C_R und C_B bezeichnet. Die Reduktionsfaktoren sind in der EBU-Norm N10 festgelegt.

Die Komponentenform bietet die Möglichkeit, die Übertragungsbandbreite für die Farbdifferenzsignale zu vermindern, da das menschliche Auge, wegen des geringeren Auflösungsvermögens für feine Farbdetails, die aufgrund der kleineren Bandbreite verringerte Farbauflösung nicht bemerkt. Wird die Bandbreite für die Farbdifferenzsignale z. B. jeweils halbiert, so ist im Vergleich zum S/W-System statt der dreifachen insgesamt nur noch die doppelte Übertragungsbandbreite erforderlich. Komponentensignale sind trotz dieser Bandbreitenreduktion Signale mit hoher Qualität. Moderne Studios mit analoger Technik sind daher häufig für Komponentensignale ausgelegt /7/. Das Komponentensignal ist auch das Ausgangsformat zur Gewinnung eines hochwertigen Digitalsignals. Die Komponentensignalübertragung erfordert je eine Leitung für Y, C_R und C_B. Dem Y-Signal ist das Synchronsignal beigemischt, auf der Y-Leitung beträgt die Spannung insgesamt 1V$_{ss}$, auf den Leitungen für C_R und C_B beträgt sie 0,7 V$_{ss}$.

Aufgrund der dreifachen Signalführung ist das Komponentensignal nicht als Fernsehsignal geeignet, denn hier müssen Luminanz- und Chrominanzbestandteile in ein Signal integriert werden. Zur Bildung eines solchen Farb-, Bild-, Austast-Synchronsignals (FBAS) werden zunächst die Farbdifferenzsignale zu einem Chrominanzsignal zusammengefasst. Es gibt diesbezüglich die drei wichtigen Varianten NTSC, SECAM und PAL. In Deutschland wird das PAL-Verfahren (Phase Alternation Line) angewandt, die Darstellung sei hier zunächst an diese Form angelehnt.

Die beiden Differenzsignale R – Y und B – Y werden zunächst auf ca. 1,3 MHz Bandbreite begrenzt und pegelreduziert. Die reduzierten Differenzkomponenten werden dann mit U und V bezeichnet. Da das Chrominanzsignal und das zugehörige Luminanzsignal im Frequenzmultiplex übertragen werden, müssen die Chrominanzsignalkomponenten auf ei-

Abb. 4.13
Bildung des Chrominanzsignals mittels QAM

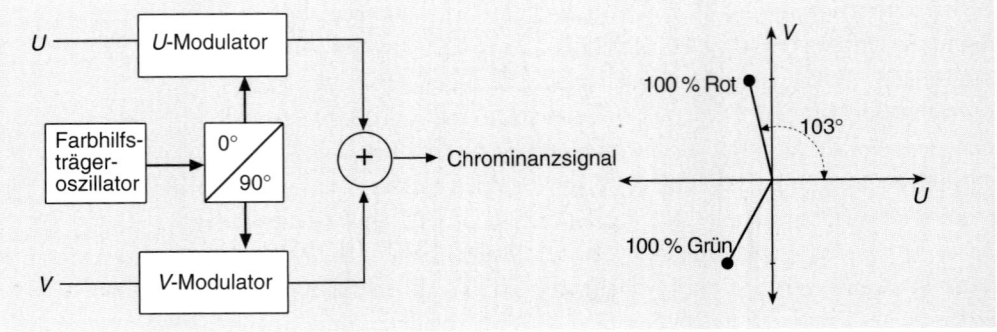

nen Hilfsträger (engl.: Subcarrier, Abk.: SC) moduliert werden. Die Farb-hilfsträgerfrequenz f_{sc} beträgt bei PAL ca. 4,4 MHz. Damit liegt das Chro-minanzsignal im Frequenzbereich des Luminanzsignals, das bis 5 MHz reicht. Dieser Umstand ist erwünscht, denn so beansprucht das FBAS-Signal die gleiche Bandbreite wie das BAS-Signal. Diese Art der Zusam-menfassung ist deswegen möglich, weil die Frequenzspektren der Lumi-nanz- und Chrominanzsignale Lücken aufweisen, so dass durch ge-schickte Verschachtelung erreicht werden kann, dass nur geringe gegen-seitige Störungen auftreten.

Um zwei Signale auf nur einer Trägerfrequenz unterbringen zu kön-nen, wird als Modulationsart die Quadraturamplitudenmodulation (QAM) gewählt. QAM bedeutet zweifache Amplitudenmodulation mit zwei Trägern gleicher Frequenz, die um 90° gegeneinander phasenver-schoben sind (Abb. 4.13) und die anschließend addiert werden. Durch diese Art der Modulation wird nicht nur die Amplitude der Träger-schwingung, sondern auch die Phasenlage verändert. Das Gesamtsignal wird als Chrominanzsignal C bezeichnet.

Entsprechend der Verschiebung um 90° können die Differenzsignale U und V als Zeiger in einem rechtwinkligen Koordinatensystem darge-stellt werden, U liegt auf der x- und V auf der y-Achse (Abb. 4.13). Es ent-steht eine Fläche, in der jeder Punkt einer Farbart entspricht. Jeder Punkt der Fläche kann durch einen Vektor beschrieben werden. Die Länge des Chrominanzvektors hängt von der Farbsättigung ab, bei Schwarz, Weiß und Grautönen ist seine Länge gleich null. Der Winkel ϕ repräsentiert den jeweiligen Farbton.

Das gesamte Farbvideosignal besteht aus den beiden Anteilen Lumi-nanz Y und Chrominanz C. Wenn diese beiden Anteile separat auf eige-nen Leitungen übertragen werden, spricht man vom Y/C-Signal /7/. Diese Art der Signalführung findet bei hochwertigen Heimsystemen und semi-professionellen Geräten (S-VHS, Hi8, Computerschnittsysteme) Ver-wendung und wird auch als S-Video bezeichnet. Der Luminanzkanal be-inhaltet das BAS-Signal mit 1 V_{ss}, also auch die Synchronimpulse.

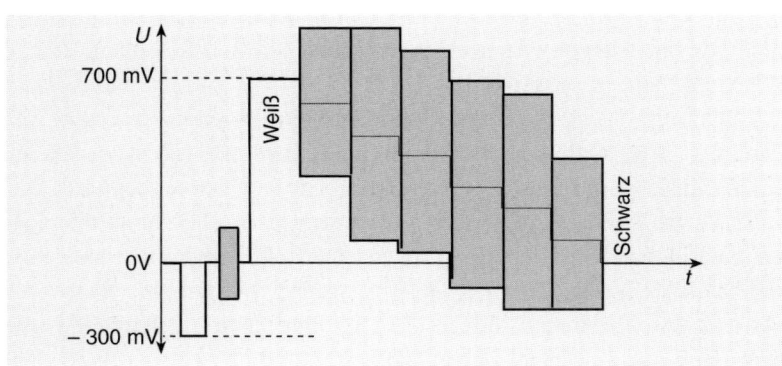

Abb. 4.14
FBAS-Signal bei einem 100 %-Farbbalkenprüf-signal

Durch die Zusammenführung von Luminanz- und Chrominanzsignal entsteht schließlich das zusammengesetzte (Composite) FBAS-Signal, wobei die Frequenzspektren miteinander verkämmt werden. In der zeitabhängigen Darstellung des Gesamtsignals wird deutlich, dass die Y- und C-Amplitudenwerte addiert werden. Das Chrominanzsignal hat positive und negative Anteile, bei der Addition der Amplitudenwerte zum Y-Signal ergibt sich für das Farbbalkensignal der in Abb. 4.14 dargestellte Verlauf. Das FBAS-Signal ist das Standardvideosignal, es wird auch als Composite-Signal oder einfach als Videosignal bezeichnet und kann über eine einzelne Leitung übertragen werden.

4.1.4 Farbfernsehnormen

Während für das BAS-Signal bereits international verschiedene Normen existieren, kommen aufgrund der verschiedenen Formen der Chrominanzsignalbildung unabhängig von der Art des BAS-Signals noch die Varianten des FBAS-Signals hinzu. Dominante Typen sind NTSC, PAL und SECAM. NTSC (National TV System Commitee) und PAL (Phase Alternation Line) haben viele Gemeinsamkeiten und beruhen auf dem bisher dargestellten Verfahren, bei dem die Farbdifferenzkomponenten mit Hilfe der QAM auf einen Farbhilfsträger moduliert werden. PAL weist im Unterschied zu NTSC eine integrierte Phasenfehlerkompensation auf, die die Bildqualität erheblich verbessert, da ein veränderlicher Phasenfehler zu einem veränderlichen Farbton führt, der bei NTSC stark ins Auge fällt (Never The Same Color). Die Fehlerkompensation bei PAL beruht auf der Inversion der V-Komponente in jeder zweiten Zeile und der Addition dieses veränderten Chrominanzvektors mit dem der vorhergehenden Zeile /7/. Die Phasenfehlerkompensation ist der wesentliche Unterschied zu NTSC, weitere ergeben sich nicht aus der Farbcodierung selbst, sondern vor allem dadurch, dass NTSC meist in Ländern verwendet wird, die mit 525 Zeilen und 59,94 Hz Halbbildwechselfrequenz arbeiten, wie die USA und Japan. Hier wird mit einer Luminanzsignalbandbreite von nur 4,2 MHz gearbeitet, deshalb kann der Farbhilfsträger nicht so hoch liegen wie bei den europäischen B/G-Systemen, er hat dann den Wert 3,579 MHz.

NTSC und PAL sind weltweit dominant, SECAM hat die geringste Bedeutung. Es ist nicht für die Produktion geeignet, also ein reiner Sendestandard, der in französisch dominierten Ländern verwendet wird. Die wesentliche Eigenart des Chrominanzsignals nach SECAM ist die Nutzung von Frequenzmodulation statt der QAM. Da dabei nicht zwei Signale gleichzeitig aufmoduliert werden können, werden sie zeilenweise abwechselnd übertragen. Tabelle 4.1 zeigt eine Übersicht über die Farbfernsehnormen in verschiedenen Ländern.

NTSC	Japan
	USA
	Kanada
	Korea
SECAM	Ägypten
	Frankreich
	Polen
	Russland
PAL	Brasilien
	China
	Deutschland
	Indien

Tabelle 4.1
Farbfernsehnormen in verschiedenen Ländern

4.2 Das digitale Videosignal

Die Nachrichtenübertragung mit Hilfe einer begrenzten Menge ganzer Zahlen anstelle von unendlich vielen Analogwerten hat viele Vorteile: Zunächst gilt, dass die wenigen Digitalwerte im Prinzip eindeutig rekonstruierbar sind. Zwar treten die bei der Signalübertragung unvermeidlichen Störungen und das Rauschen bei der Digitaltechnik ebenso auf wie im analogen Fall, die Digitalwerte können aber so gewählt werden, dass sie sich eindeutig von Störungen und Rauschen abheben.

Ein zweiter Vorteil ist, dass Digitaldaten vor allem aufgrund der zeitlichen Diskretisierung flexibler als ein Analogsignal verarbeitet werden können. Z. B. sind Kurzzeitspeicher (RAM) mit sehr schneller Zugriffszeit realisierbar. Digitale Daten können einfach umgeordnet und optimal an Übertragungskanäle angepasst werden, zusätzlich gibt es die Möglichkeit der Fehlerkorrektur auf der Basis von Rechenprozessen. Digitaldaten können auch mit Rechnern auf vielfältige Weise manipuliert werden, dabei werden extreme Bilddatenveränderungen möglich, die analog nicht realisierbar sind. Bezüglich der elektronischen Schaltungen ergibt sich der Vorteil, dass digitale Schaltkreise wesentlich stabiler arbeiten als analoge und sehr viel weniger Abgleich erfordern. Digitale Schaltungen sind oft auch störfester und brauchen daher nicht so aufwändig abgeschirmt zu werden.

▸ **Vorteile der Digitaltechnik:**
- **Signal leicht kopierbar**
- **Fehlerschutz**
- **Bildmanipulation**
- **Geringer Abgleichaufwand**

4.2.1 Digitalisierung

Digitalsignale werden aus analogen Signalen gewonnen, indem diesen in regelmäßigen Abständen Proben (Samples) entnommen und den Werten der Proben Zahlen aus einem endlichen Zahlbereich zugeordnet werden. Die Anzahl der Probenentnahmen pro Sekunde (Samplingfrequenz) muss so groß sein, dass auch bei den höchsten Frequenzen im Analogsignal genügend Details erfasst werden. Als untere Grenze für die korrekte Umsetzung gilt diesbezüglich das Abtasttheorem, das besagt, dass eine fehlerfreie zeitliche Diskretisierung gewährleistet ist, wenn bei der höchsten Frequenz jede Halbwelle mindestens einmal abgetastet wird. Das heißt, dass die Abtastfrequenz mehr als das Doppelte der höchsten Signalfrequenz betragen muss und keine Störkomponenten vorliegen dürfen, die noch höhere Frequenzen beinhalten.

Das nächste Stadium bei der Signaldiskretisierung ist die Quantisierung der Abtastwerte. Hier gibt es keine einfache Grenze für fehlerfreie Rekonstruktion, hier gilt: Je mehr Quantisierungsstufen zugelassen werden, desto besser ist die Signalqualität. Die sinnvolle Auflösung richtet sich nach den Qualitätsansprüchen, die durch die maximale Auflösungsfähigkeit der menschlichen Sinne bestimmt ist. Im Audiobereich ist bei

▸ **Grundprinzip der Digitalisierung:** zeitliche Diskretisierung durch Abtastung und Diskretisierung des Wertebereichs durch Quantisierung

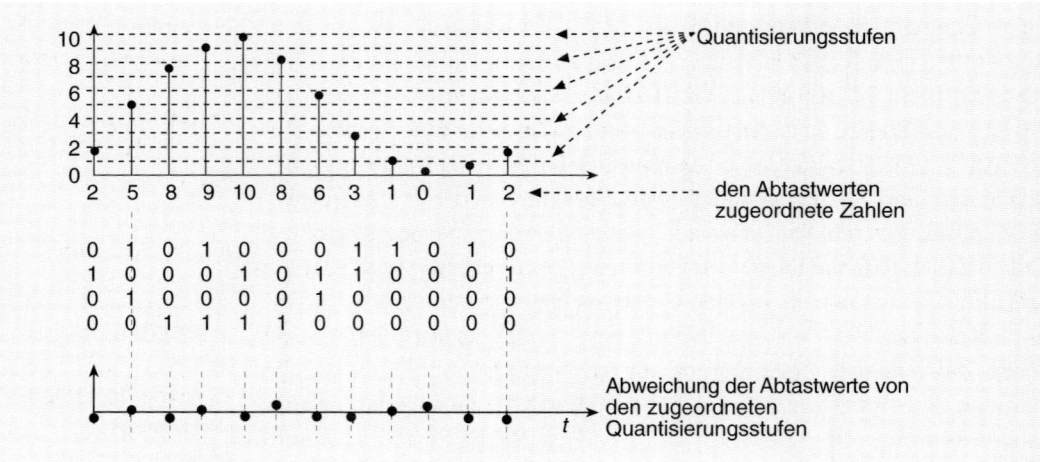

Abb. 4.15
Zuordnung der Abtastwerte zu diskreten Werten bei der Digitalisierung

einer Amplitudenauflösung in 65000 Stufen (darstellbar mit 16 bit) keine Verfälschung gegenüber dem Original hörbar. Für die Darstellung auf Videomonitoren reicht es aus, das Videosignal in 256 Stufen (8 bit) aufzulösen. Die Erfassung des größeren Kontrastbereichs des Filmnegativs erfordert bis zu 14 bit (s. Kap. 6.1.2).

Die zwangsläufig auftretenden Abweichungen, die entstehen, wenn unendlich viele mögliche Werte auf eine endliche Anzahl reduziert werden (Abb. 4.15), führen zum Quantisierungsfehler, der bei genügend hoher Aussteuerung als über den Frequenzbereich statistisch gleich verteilt angenommen werden kann. Unter dieser Voraussetzung spricht man von Quantisierungsrauschen.

Die Grundlage der digitalen Videosignale sind die im vorigen Kapitel beschriebenen analogen Signalformen. International standardisiert ist das digitalisierte FBAS-Signal, das als Digital Composite bezeichnet wird, sowie das Digital Component Signal auf Basis des analogen Komponentensignals /7/. Da dem Digital Composite Signal alle Probleme des analogen FBAS-Signals, wie die geringe Chrominanzbandbreite und die problematische Trennung von Y und C anhaften, hat es gegenüber dem Digital Component Signal nur minimale Bedeutung.

4.2.2 Das digitale Komponentensignal

Das analoge Komponentensignal eignet sich gut als Grundlage für das Digitalsignal. Es weist eine hohe Qualität auf, ist S/W-kompatibel und unabhängig von Farbfernsehnormen. Darüber hinaus zeigt sich, dass wegen der zeitlich diskreten Signalstruktur die separate Führung der drei Signalkomponenten im Digitalbereich irrelevant wird.

Ein wichtiger Punkt für die Normung des Digitalsignals war die Wahl der Abtastrate. Um die digitale Form international weitgehend kompatibel zu machen, wurde bei der Wahl der Abtastfrequenz darauf geachtet, dass sich bei den beiden weltweit dominierenden Videosystemen mit 525 Zeilen und 59,94 Hz Halbbildwechselfrequenz bzw. 625 Zeilen und 50 Hz für jede Zeile ein ganzzahliger Wert von Abtastpunkten ergibt. Das kleinste gemeinsame, ganzzahlige Vielfache der Zeilenfrequenzen der genannten Systeme ist der Wert 2,25 MHz. Mit der Norm ITU-R BT.601 wurde international das Sechsfache von 2,25 MHz, also eine Abtastrate von 13,5 MHz, für das Luminanzsignal festgelegt (Tabelle 4.2). Daraus ergeben sich im 625/50-System 864 Abtastwerte und im 525/59,94-System 858 Abtastwerte pro Zeile. Für die Farbdifferenzsignale sind die Werte halbiert, die Abtastfrequenz hat hier den Wert 6,75 MHz, da die Chrominanz wie beim Analogsignal mit geringerer Bandbreite übertragen wird.

In allen Fernsehsystemen ist der für das eigentliche Videosignal nutzbare Zeilenbereich, die aktive Zeile, durch die horizontale Austastlücke begrenzt. Mit ITU-R 601 wurde für die europäische und die US-Norm gleichermaßen festgelegt, dass die aktive Zeile 720 Luminanzabtastwerte enthält sowie je 360 für C_R und C_B. Die in die Austastlücke fallenden Abtastwerte sind also in beiden Normen geringfügig verschieden. Insgesamt befinden sich in der aktiven Videozeile 1440 Datenworte. Um die digitalen Daten der Komponenten in einen Gesamtdatenstrom zu integrieren, werden sie wortweise im Zeitmultiplex übertragen. Die Farbwerte schließen dabei jeweils die zugehörigen ungeradzahligen Helligkeitswerte ein. Der Datenstrom umfasst beim 625-Zeilen-System insgesamt 1728 Abtastwerte pro Zeile, wovon je die Hälfte auf die Luminanz- und Chrominanzanteile entfällt.

Die Quantisierung der Signalabtastwerte wurde ursprünglich für alle drei Komponenten mit 8 bit festgelegt und später auf 10 bit erweitert. Die 8 oder 10 bit sind jedoch nicht vollständig für die Graustufen nutzbar. Beim Luminanzsignal mit 8-bit-Quantisierung steht der Digitalwert 16 für Schwarz und der Wert 235 für Weiß, dazwischen sind 220 Graustufen verfügbar. Die zugehörigen Farbdifferenzwerte können Analogwerte zwischen + 350 mV und − 350 mV annehmen, im Digitalbereich sind dafür 225 Quantisierungsstufen (16 − 240) reserviert. Der Analogwert 0 V entspricht dem Digitalwert 128 (Abb. 4.16).

Ein nach ITU-R 601 digitalisiertes Vollbild mit 720 horizontalen und 576 vertikalen aktiven Bildpunkten hat ohne Berücksichtigung der Daten in der Austastlücke einen Speicherbedarf von 1440 x 576 = 829 440 Bytes bzw. 6,635 Mbit bei Quantisierung mit 8 bit bzw. 8,29 Mbit bei 10-bit-Quantisierung. Da im Datenstrom nicht nur die aktiven Bildwerte, sondern auch die Werte der Austastlücke übertragen werden, ergibt sich bei 8 bit eine Datenrate von 8 bit · (13,5 + 2 · 6,75) MHz = 216 Mbit/s, bei 10 bit hat sie den Wert 270 Mbit/s.

System	525/59,94	625/50
Abtastwert/Zeile		
Y	858	864
C_R, C_B	429	432
Bild-Abtastwert/Zeile		
Y		720
C_R, C_B		360
Abtastfrequenz		
Y		13,5 MHz
C_R, C_B		6,75 MHz
Quantisierung		
		8 / 10 Bit
Nutzbare Stufenanzahl		
Y		220 / 877

Tabelle 4.2
Spezifikationen von ITU-R BT 601

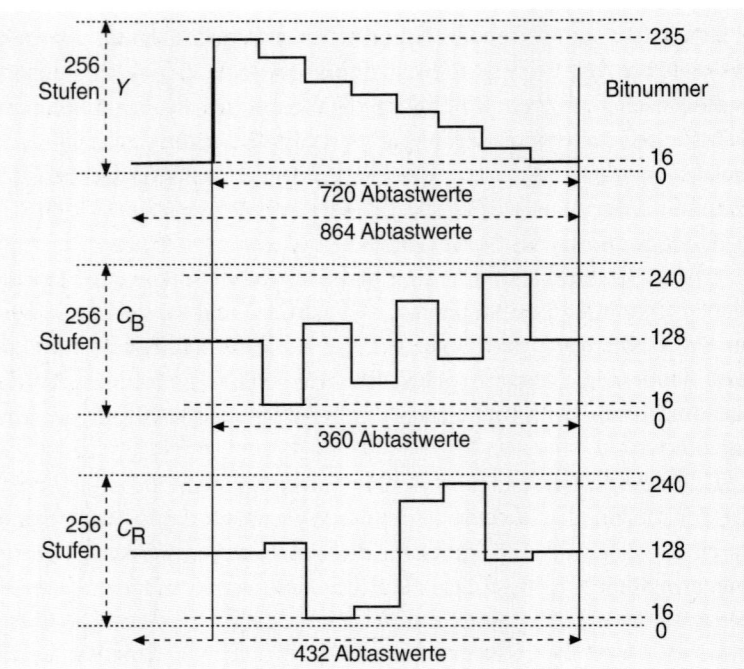

Abb. 4.16
Abtast- und Quantisierungswerte beim digitalen Komponentensignal

Wegen des 2:1-Verhältnisses der Abtastraten zwischen den Komponenten Y und C_R, C_B wird häufig die Bezeichnung 4:2:2 verwandt. Mit 4:2:2 sind also die Abtastraten als Vielfaches der Frequenz 3,375 MHz gekennzeichnet. Für die Chromakomponenten werden oft andere Formen der Unterabtastung gewählt: Bei 4:1:1 werden die Chromakomponenten nur mit 3,375 MHz abgetastet, die Chrominanzsignal-Bandbreite und damit die Horizontalauflösung ist gegenüber ITU-R 601 entsprechend halbiert. Die Bezeichnung 4:2:0 bezieht sich dagegen auf ein Format, bei dem die vertikale Farbauflösung reduziert ist, da die Farbdifferenzsignale zeilenweise abwechselnd und nicht in jeder Zeile gleichzeitig übertragen werden. Im Empfangsgerät muss dann die jeweils fehlende Farbdifferenzkomponente aus der vorhergehenden Zeile übernommen werden. Die Zahlkennzeichnung 4:4:4 beschreibt schließlich die Abtastung der RGB- oder Y-C_R-C_B-Komponenten mit jeweils 13,5 MHz ohne Unterabtastung.

Nach ITU-R 601 wird das vollständige Komponentensignal einschließlich der Austastlücken abgetastet, allerdings wird der negativ gerichtete Synchronimpuls des analogen Signals nicht mit in die Quantisierung einbezogen. Der Synchronimpuls trägt auch nur eine simple Information, nämlich die über das Ende der Zeile. Diese Information kann mit nur einem Bit codiert werden. Ein zweites Bit ist erforderlich, um die horizontale von der vertikalen Synchroninformation zu unterscheiden. Diese beiden Bits sind, ebenso wie die analogen Sync-Signale, von größ-

ter Bedeutung, da von ihnen der gesamte Bildaufbau abhängt. Deshalb
werden sie fehlergeschützt und umgeben von besonders gut erkennba-
ren Bitkombinationen als Timing Reference Signal TRS übertragen. Das
TRS tritt zweimal auf, der Anfang und das Ende der aktiven Zeilen werden mit je vier Datenworten (Bytes) gekennzeichnet. Diese Zeitreferen-
zen werden als SAV und EAV, Start bzw. End of Active Video, bezeichnet
und in der H-Austastlücke untergebracht (Abb. 4.17).

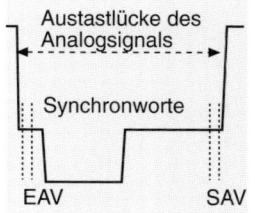

Abb. 4.17
Lage der EAV- und SAV-
Worte in Relation zum
Analogsignal

Die gute Erkennbarkeit wird erreicht, indem im ersten Wort alle 8
oder 10 bit gleich 1 gesetzt werden und in den nächsten beiden Worten
gleich null. Die Synchroninformation steckt im vierten, mit XY bezeichneten Rahmensynchronwort /7/. In diesem Byte ist die Kennzeichnung
der vertikalen Austastlücke enthalten, weiterhin eine Halbbildkennung,
die Unterscheidung zwischen EAV und SAV sowie Fehlerschutzbits für
das TRS-Signal.

Für das digitale Komponentensignal existiert eine eigene Schnittstel-
lendefinition nach ITU-R656. Ein digitales Komponentensignal kann
danach entweder mit einer Datenwortrate von 27 MHz bitparallel über 8
oder 10 Leitungspaare übertragen werden, oder die Bits jedes Datenwor-
tes werden seriell, also zeitlich nacheinander mit nur einer Leitung, dafür aber mit bis zu 270 Mbit/s übertragen. Die zur Parallelübertragung
verwendeten vieladrigen Kabel (Multicore) sind unflexibel und teuer.
Komplexe Verteilungen, Kreuzschienen etc. sind ökonomisch nicht realisierbar. Moderne Installationen werden daher mit seriellen Schnittstellen aufgebaut.

Das für das digitale serielle Komponentensignal (DSK) definierte serielle digitale Interface (SDI) ist so konzipiert, dass eine Datenübertragung über herkömmliche Koaxialleitungen mit 75 Ω Wellenwiderstand
möglich ist, so dass die bereits bestehende Studioverkabelung nicht geändert zu werden braucht. Das Format eignet sich gleichermaßen für Di-
gital-Composite- und Digital-Component-Signale. Bei SDI, das nach
ITU-R 656 standardisiert ist, sind Datenworte mit 8 oder 10 bit Breite zu-
lässig, die Datenrate beträgt 270 Mbit/s, für die eine Bandbreite von mindestens 135 MHz erforderlich ist.

Da bei der Bildung des digitalen Komponentensignals aus Kompati-
bilitätsgründen auch die Austastlücken abgetastet werden, sind die darin
befindlichen Datenworte unbelegt und können zur Übertragung von Zusatzinformationen benutzt werden. Die häufigste Anwendung ist die Be-
legung mit Audiodaten (embedded Audio). Für die Zusatzdaten stehen
beim Komponentensignal in der horizontalen Austastlücke 255 Datenworte pro Zeile zur Verfügung, mit 625 Zeilen pro Bild folgt daraus insgesamt eine Zusatzdatenrate von ca. 40 Mbit/s.

4.3 High-Definition-Videosignale

High Definition, also Videosysteme mit erheblich höherer Auflösung als
im Standardfall, wurde zunächst als HDTV, d. h. als Fernsehsystem, zu
Beginn der 90er-Jahre des 20. Jahrhunderts zum Thema. Die veränderten
Parameter zielten darauf ab, auf der Wiedergabeseite ein kinoähnliches
Sehgefühl zu erreichen. Dieses beinhaltet ein Breitbildformat mit B/H =
16/9 statt 4/3 und einen gegenüber SDTV halbierten Betrachtungsabstand. Für HDTV wurde damals etwa eine Verdopplung der Zeilenzahl
der bestehenden Systeme vorgesehen: 1250 Zeilen in Europa und 1125
Zeilen in USA und Japan. Als Broadcast-Übertragungsverfahren wurden
MAC und HD-MAC entwickelt, zusätzlich sollte mit PALplus ein PAL-
kompatibler Weg zum Bildformat 16/9 gebahnt werden. In Japan wird
seit den 90er Jahren mit dem MAC-ähnlichen MUSE-Verfahren ein regel-
mäßiger analoger HDTV-Sendebetrieb realisiert, in Europa und den USA
erstarb jedoch das Interesse bald. In den USA erstarkte es dann wieder,
als zu Beginn des neuen Jahrhunderts die Verbreitung digitaler Programme zum Zuschauer realisierbar wurde. Dabei wurde festgelegt, dass mit
der Einführung von digitalen TV-Systemen (DTV) auch die Verbreitung
hoch aufgelöster Bilder verknüpft werden muss, wobei als Zwischen-
form zwischen SDTV und HDTV auch eine Auflösung von 720 Zeilen zugelassen ist. Tabelle 4.3 zeigt eine Übersicht über die bei DTV definierten
aktiven Bildpunkte. Die Buchstaben i und p stehen darin für Abtastfor-
men mit und ohne Zeilensprungverfahren (interlaced und progressiv).

In Europa ist HDTV für die Fernsehausstrahlung vorerst ohne Bedeutung, allerdings wird es für die Produktionsseite immer interessanter,
denn HD-Produktionen haben den Vorteil international verwertbar zu
sein, bis hin zur Auswertung im Kino. Die Produktion soll dabei möglichst formatunabhängig sein, wie z. B. von 50-Hz- und 60-Hz-Bild-
wechselfrequenzen. Daher werden vermehrt Multiformatgeräte entwick-
kelt, die zusätzlich mit 24 Hz Bildwechselfrequenz bei progressiver Abtastung (24p) arbeiten und damit in diesen Aspekten weitgehend dem
Filmformat entsprechen, das bis heute das einzige wirklich internationale Austauschformat geblieben ist.

Anzahl aktiver Zeilen	aktive Pixel pro Zeile	Bildformat	Bildfrequenz (Hz)
1080	1920	16:9	60i, 30p, 24p
720	1280	16:9	60p, 30p, 24p
480	704	16:9/4:3	60i
			60p, 30p, 24p
480	640	4:3	60i
			60p, 30p, 24p

Tabelle 4.3
Übersicht über die
(H)DTV-Spezifikationen in
den USA

4.3.1 HDTV analog

HDTV-Signale in analoger Form wurden nach ITU-R 709 zu Beginn der
90er Jahre definiert, sie wurden und werden aber selten verwendet, da
heute fast ausschließlich digitale HD-Signale Verbreitung finden. Die Si-
gnaldefinitionen existierten separat für die 50-Hz- und 60-Hz-Systeme.
Ersteres arbeitet mit einer Vollbildrate von 25 Hz bei 1250 Zeilen, von denen 98 ausgetastet werden, so dass 1152 aktive Zeilen zur Verfügung stehen. Alternativ dazu ist das 1125/60-System definiert, das mit 30 Vollbil-
dern bei 1125 Zeilen arbeitet, von denen 1035 aktiv sind. Identisch ist bei
beiden Definitionen das Bildseitenverhältnis B/H = 16/9 und die Verwendung des Zeilensprungverfahrens (interlaced Mode, 2:1).

Eine weitere Angleichung soll durch die künftige Verwendung des
Common Image Formats HD-CIF erreicht werden, bei dem international
einheitlich nur eine aktive Bildpunktanzahl, nämlich 1920 x 1080, verwendet wird und eine Vielzahl verschiedener Bildraten zwischen 24 Hz
und 60 Hz sowie auch progressive Abtastung erlaubt ist. Tabelle 4.4
zeigt eine Übersicht über die Definitionen, darin bedeuten i und p wieder
interlaced und progressive Abtastung und sF (segmented Frame) die
nachträgliche Zerlegung eines progressiv abgetasteten Vollbildes in zwei
Halbbilder, die eine Kompatibilität zu Interlaced-Geräten, wie z. B. Monitoren, herstellt.

Der auffälligste Unterschied der analogen Signalform besteht gegenüber dem SD-Signal in der Verwendung von bipolaren Synchronsigna-
len, die in den Austastlücken aller drei Komponenten eingebettet werden
(Abb. 4.18). Das Synchronsignal besteht aus je einem negativ und einem
positiv gerichteten Impuls von je 0,6 µs Dauer bei einem Pegel von
± 300 mV. Als Synchronisationsreferenz dient der Nulldurchgang bei
Wechsel vom negativen zum positiven Teil.

60p	30p	30psF	60i
50p	25p	25psF	50i
	24p	24psF	

Bildseitenverhältnis 16:9
Aktive Bildpunkte/Z 1920
Aktive Zeilen/Bild 1080
Komponentenform 4:2:2

Tabelle 4.4
Spezifikationen von ITU-R
BT 709-4 analog

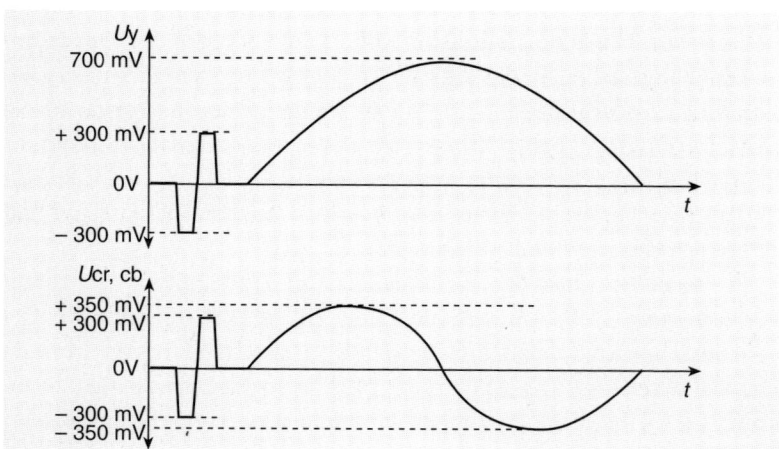

Abb. 4.18
Signalverläufe der
Komponenten des
analogen HDTV-Signals

Nach der neueren HD-Definition nach ITU-R 709 sollen die 1250 Zeilen und die zugehörigen Spezifikationen nicht mehr berücksichtigt werden. Damit ergibt sich die Dauer der vertikalen Austastlücken einheitlich aus der Differenz zwischen 1080 und der Bruttozeilenzahl 1125. Die horizontale Austastlücke hat im 50-Hz-System eine Dauer von 9,7 µs, bei einer Zeilendauer von 35,55 µs.

Für das Bildsignal wird wie beim Standard-Definition-System eine Gamma-Vorentzerrung mit dem Wert 0,45 verwendet. Die nominelle Signalbandbreite für das Analogsignal beträgt 30 MHz. Für die Farbsignalcodierung wurde die Komponentenform gewählt, wobei allerdings aufgrund der Verwendung neuer Chromakoordinaten die Luminanzsignalbildung mit gegenüber dem SD-System veränderten Faktoren nach der Beziehung $Y = 0{,}213\,R + 0{,}715\,G + 0{,}072\,B$ vorgenommen wird.

Damit ändern sich auch die Pegelreduktionsfaktoren zur Bildung von C_R und C_B, denn die Signalspannung in allen drei Kanälen soll weiterhin 700 mV bzw. ± 350 mV betragen.

4.3.2 HD digital

Wie im Falle von SD-Signalen ist auch die Basis des digitalen HD-Signals das analoge (HD-)Komponentensignal. Die Abtastfrequenz beträgt für das Luminanzsignal nach der neueren Definition in ITU-R 709 international einheitlich 74,25 MHz, für die Farbdifferenzkomponenten die Hälfte davon. Im 50-Hz-System ergeben sich daraus 2640 Abtastwerte in jeder Zeile, von denen 1920 zum aktiven Bild gehören (Tabelle 4.5). Wie beim Analogsignal beträgt die nominelle Zeilenzahl 1125, von denen 1080 als aktive Zeilen definiert sind. Für die Amplitudenquantisierung werden die gleichen Zuordnungen wie beim digitalen SD-Signal vorgenommen. Für jede Komponente ist eine lineare Quantisierung mit 8 oder 10 bit möglich. Es sind dieselben Quantisierungslevel für Schwarz und Weiß wie bei ITU-R 601 definiert (s. Abb. 4.16).

Die Schnittstellen für das digitale HD-Signal sind nach ITU-R 1120 definiert. Auch diesbezüglich gibt es eine weitgehende Übereinstimmung mit den Schnittstellendefinitionen für das Standardsignal. Die Komponenten werden im Zeitmultiplex in der Folge C_B, Y, C_R, Y, C_B ... übertragen und als Zeitreferenz werden wieder dieselben Zeichen für Start und End of Active Video (EAV und SAV) benutzt.

Es stehen Schnittstellen für bitparallele und bitserielle Übertragung zur Verfügung, wobei Letztere wieder die größte Praxisrelevanz hat. Die serielle Schnittstelle wird in Anlehnung an das Standardsignal oft als HD-SDI bezeichnet. Die Datenrate beträgt bei 10-bit-Datenworten insgesamt 1,485 Gbit/s. Als Leitungen kommen wieder 75-Ω-Koaxialkabel zum Einsatz.

60p 30p 30psf 60i	
50p 25p 25psf 50i	
24p 24psf	
Bildseitenverhältnis	16:9
Abtastrate	74,25 MHz
Zeilen/Bild	1125
60p 30p 30psf 60i	
Bildpunkte/Z	2200
50p 25p 25psf 50i	
Bildpunkte/Z	2640
24p 24psf	
Bildpunkte/Z	2750

Tabelle 4.5
Spezifikationen von ITU-R BT 709-4 digital

Level	max. Bildgröße und -frequenz	max. Gesamtabtastrate	Bitrate (max)	Formate
High (kompatibel mit MPEG-2 High)	1920 Pixel· 1080 Zeilen 60 Hz	1920·1088·30·2: 422 >1280·x720·60·2: 422	300 Mbit/s	4:2:0 und 4:2:2 nur 10 bit
Very High	2048 Pixel· 2048 Zeilen 60 Hz	2048·2048·30·2: 422 >1920·1088·60·2: 422 >1920·1088·30·4: 4444	600 Mbit/s	4:2:0 und 4:2:2, 4:4:4 10 bit
Ultra High	4096 Pixel· 4096 Zeilen 120 Hz	4096·4096·24·2: 422 >1920·1088·120·2: 422 >2048·2048·30·4: 4444	1,2 Gbit/s	4:2:0 und 4:2:2, 4:4:4 10/12 bit
Highest	4096 Pixel· 4096 Zeilen 120 Hz	4096·4096·24·4: 4444 >1920·1088·120·4: 4444	2,4 Gbit/s	4:2:0 und 4:2:2, 4:4:4 10 bit

4.3.3 HDTV und 2k

Tabelle 4.6
Level-Definition beim
MPEG-4 Studio-Profile

Die dargestellten Signalformate gelten für die Anwendung im Bereich HDTV bzw. HD-Video. Neuerdings wird viel über die Verwendung dieser Formate für die Filmproduktion diskutiert. In diesem Zusammenhang sei darauf hingewiesen, dass die Digitalbearbeitung von Filmmaterial eine Abtastung des Filmbildes erfordert, solange keine elektronische Kamera verwendet wird. Diese Abtastvorgänge werden meist mit 2k, teilweise auch mit 4k vorgenommen, was bedeutet, dass die Bildhorizontale in 2048 oder 4096 Bildpunkte aufgelöst wird. Für die Vertikale ergeben sich beim Vollformat des Filmbildes 1536 bzw. bei 4k-Abtastung 3112 Bildpunkte.

Die HDTV-Auflösung liegt also nahe an der 2k-Auflösung, ist mit ihr aber nicht identisch, da sie mit den Signalparametern des Broadcast-Bereichs behaftet ist. Um 4k-Auflösungen zu erzielen, müssen weitere, hoch auflösende Videoformate definiert werden, wie es auch im Rahmen der MPEG-4-Standardisierung vorgesehen ist. MPEG steht für einen der wichtigsten Datenreduktionsstandards und wird im nächsten Abschnitt beschrieben. Bezüglich der HD-Definitionen wird die Folge der bei MPEG-2 definierten Auflösungs-Level von High bis zu Highest mit 4096 x 4096 Bildpunkten fortgesetzt /30/. Die Stufe Very High enthält die echte 2k-Auflösung mit 2048 Bildpunkten in der Horizontalen (Tabelle 4.6). Mit den neuen Definitionen wird auch die Verwendung digitaler RGB-Signale (4:4:4) erfasst, was der Bearbeitung im Filmbereich wesentlich näher kommt als die Verwendung der im HDTV-Umfeld gebräuchlichen Komponenten mit ihrer gegenüber RGB verringerten Farbauflösung.

4.4 Videodatenreduktion

Aufgrund der hohen Datenrate und der erforderlichen Speicherkapazitäten von digitalen Videodaten ist Datenreduktion hier ein wichtiges Thema. Videosignale bieten ein erhebliches Potenzial für Reduktionen. Ein einfaches Beispiel ist eine Standbilddarstellung, bei der dasselbe Bild 25-mal in der Sekunde wiederholt wird. Hier ist viel redundante Information enthalten, die verlustlos reduziert werden kann. Außerdem lässt sich der menschliche Gesichtssinn relativ leicht täuschen, so dass darüber hinaus eine Irrelevanzreduktion vorgenommen werden kann, deren Auswirkung das Auge nicht oder kaum bemerkt. Mit Datenreduktionsverfahren in direktem Sinne werden geschickt gewählte Algorithmen zur Irrelevanzreduktion bezeichnet. Davon unabhängig kann eine Reduktion durch Minderung der Bildauflösung erreicht werden. So wird meist eine Chromaunterabtastung verwendet, bevor der eigentliche Algorithmus einsetzt. Auf diese Weise wird z. B. ein digitales Komponentensignal, das eine Datenrate von 270 Mbit/s aufweist, auf 125 Mbit/s reduziert, indem die Daten der Austastlücken weggelassen werden, eine Reduktion auf 8 bit vorgenommen und ein Abtastschema von 4:2:0 verwendet wird.

▶ **Redundanzreduktion:**
- keine Verluste
Irrelevanzreduktion:
- kaum wahrnehmbare
  Störungen
Relevanzreduktion:
- sichtbare Störungen

Die bedeutendsten Datenreduktionsverfahren für den Videobereich sind mit JPEG, DV und MPEG bezeichnet. Alle drei beruhen im Kern auf einer diskreten Cosinustransformation (DCT) /7/. Während JPEG und DV sich auf die Codierung von Einzelbildern (Intraframe) beziehen, bietet das MPEG-Verfahren optional eine besonders hohe Effizienz durch die Nutzung der zeitlichen Beziehung zwischen aufeinander folgenden Bildern (Interframe). Dabei wird die Codierung von Differenzbildern mit der Methode der differentiellen Puls Code Modulation (DPCM) eingesetzt. Neuerdings wird auch die Verwendung von Wavelets favorisiert (JPEG 2000).

4.4.1 DCT

▶ **Die bedeutendsten**
Datenreduktionsverfah-
ren für den Videobereich
sind mit JPEG, DV und
MPEG bezeichnet. Alle
drei beruhen im Kern auf
einer diskreten Cosinus-
transformation (DCT)

Die diskrete Cosinustransformation nutzt den Umstand, dass sich aus dem Frequenzspektrum andere Inhalte und Bearbeitungsmöglichkeiten erschließen als bei der Zeitdarstellung. Das Frequenzspektrum eines Videosignals kann dreidimensional dargestellt werden. Neben der Frequenz bezüglich der Zeit ergeben sich die Ortsfrequenzen bezüglich der Koordinaten der Bildfläche. Tiefe Ortsfrequenzen repräsentieren große Bildstrukturen und langsame Helligkeitsübergänge, hohe Frequenzen werden dagegen durch kleine Strukturen und abrupte Übergänge verursacht. Da in natürlichen Bildern grobe Strukturen weit häufiger vorkommen als feine, findet meist eine Konzentration auf niederfrequente Komponenten statt. Falls hochfrequente Komponenten zur Datenreduktion

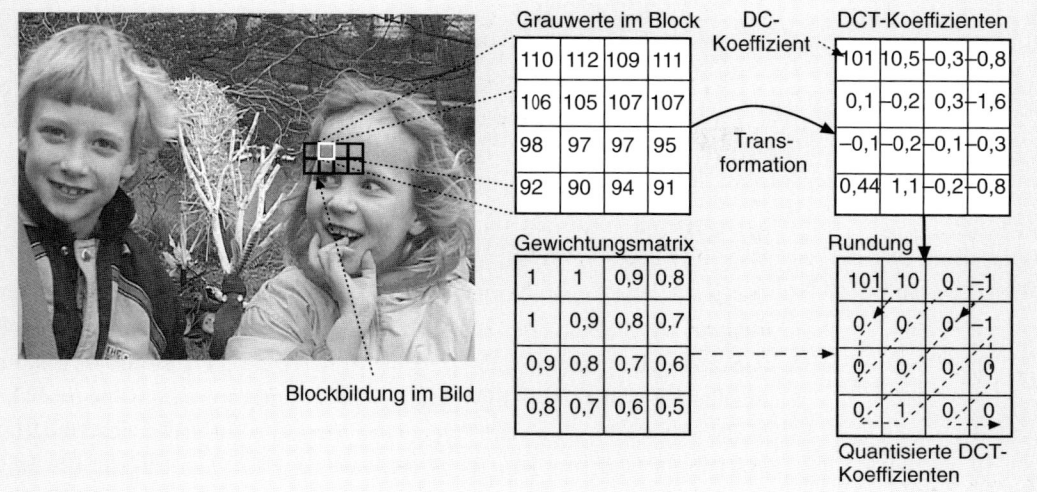

Abb. 4.19
Blockbildung und
Transformation der
Blockwerte bei der DCT

ungenauer dargestellt oder ganz weggelassen werden, ist der Fehler oft irrelevant.

Zur Bildung der DCT wird das Bild in Blöcke aufgeteilt, die meist quadratisch angeordnet sind, ein Block besteht dann aus N x N benachbarten Pixeln (Abb. 4.19). Die Transformation wird jeweils auf alle Pixel eines Blockes angewendet. Häufig wird eine Blockgröße mit N = 8 gewählt. Die Transformation ist prinzipiell reversibel, ein 8 x 8-Block von Bildpunktwerten wird in 8 x 8 Koeffizienten überführt, die statt der Werte selbst übertragen werden. Die DC-Komponente für den mittleren Grauwert des Blocks ist von großer Bedeutung, sie befindet sich in der linken oberen Ecke der DCT-Matrix. Die Koeffizienten für die niederfrequenten AC-Spektralanteile befinden sich in direkter Nachbarschaft darunter bzw. rechts vom DC-Koeffizienten. Die hochfrequenten AC-Anteile sind unbedeutender. Sie liegen bei der unteren rechten Ecke der Matrix und weisen i. d. R. wesentlich kleinere Werte auf als die Koeffizienten in der Nähe der DC-Komponente, zudem sind die zugehörigen hohen Ortsfrequenzen visuell weniger gut wahrnehmbar.

Um die Daten zu reduzieren, werden die Koeffizienten quantisiert und dabei unterschiedlich bewertet. Die hochfrequenten Signalanteile werden geringer bewertet als die niederfrequenten (Abb. 4.19), oder sie werden ganz weggelassen. Nachdem die Werte auf ganze Zahlen gerundet wurden, sind nur noch sehr wenige Koeffizienten von null verschieden. Dieser Umstand wird besonders deutlich, wenn die Originalabtastwerte nur sehr wenige Grauwertabstufungen umfassen. Das Signal wird durch den Quantisierungsprozess verfälscht. Ein typischer Fehler, der bei der DCT auftritt, ist der Blocking-Effekt, d. h. dass die Blockgrenzen sichtbar werden. Es hängt von der Wahl der Bewertungsmatrizen ab, in welchem Maße die Fehler in Erscheinung treten.

118

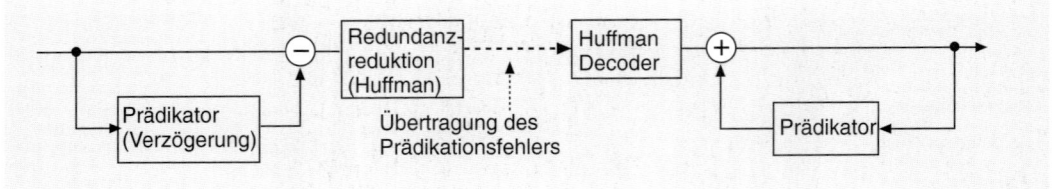

Abb. 4.20
Grundprinzip der
Datenreduktion mit DPCM

4.4.2 DPCM

Bei der Differenzencodierung mit DPCM werden die Regelmäßigkeiten ausgenutzt, die sich über ausgedehnte Teile des Bildes oder über Bildfolgen erstrecken, indem nur die Differenzen zwischen Nachbarpunkten oder aufeinander folgenden Bildern übertragen werden. Gewöhnliche Bilder enthalten oft große Flächen, so dass die Differenz benachbarter Pixel nur gering ist. Nur die Kanten erzeugen große Differenzen und führen zu den wenigen hohen Werten.

Die Differenzbildung kann so betrachtet werden, dass aus den übertragenen Bildpunkten eine Vorhersage (Prädikation) für den nächsten gebildet wird. Vom Signalwert wird die Prädikation subtrahiert, schließlich wird nur die Abweichung vom wirklichen Wert, der Prädikationsfehler, übertragen. Der Vorgang entspricht einer digitalen Filterung. Schon eine einfache Verzögerung (Abb. 4.20) eignet sich als Prädikationsfilter und kann auch beim Integrierglied verwendet werden, das die Originalwerte wieder rekonstruiert. Die Differenzbildung führt zu einer extremeren Grauwertverteilung als im Originalbild (Abb. 4.21), so dass die nachgeschaltete Redundanzreduktion (Huffman Code), die den Extremwerten besonders kurze Codeworte zuteilt, effektiver arbeiten kann, als wenn das Originalbild zugrunde läge.

Bei einer Interframe-DPCM wird die Differenzbildung auf die Ähnlichkeiten zwischen zeitlich benachbarten Bildern bezogen. Zwei zeitlich benachbarte Bilder zeigen bei gewöhnlichen Bildfolgen noch weit mehr Ähnlichkeiten, als sie innerhalb des Einzelbildes auftreten. In sehr vielen Fällen unterscheiden sich aufeinander folgende Bilder vor allem durch veränderte Bewegungsphasen bewegter Objekte. Die Bewegung ändert sich jedoch nicht sprunghaft von Bild zu Bild, sondern bleibt in ihrer Richtung über eine längere Bildsequenz erhalten, so dass z. B. bezüglich eines Objekts, das sich in einer Sekunde über zwei Drittel der Bildbreite bewegt hat, mit sehr großer Wahrscheinlichkeit abgeschätzt werden kann, an welcher Position es sich im nächsten Bild befinden wird. Mit dieser Abschätzung verschobener Bildteile aus dem Vergleich von aktuellem und vorhergehendem Bild wird dann eine Bewegungskompensation vorgenommen. Das aktuelle Bild wird der Bewegungsvorhersage entsprechend verändert und ist damit dem folgenden Bild wesentlich ähnlicher, d. h. die Differenz wesentlich kleiner, als ohne Be-

Abb. 4.21
Vergleich von Original-
und Differenzbild

wegungskompensation. Eine optimale Prädikation ist bidirektional, sie stützt sich auf das dem aktuellen vorhergehende und das nachfolgende Bild. Bilder, die auf einfacher, unidirektionaler Prädikation beruhen, werden mit P gekennzeichnet, die aus bidirektionaler Prädikation mit B. Intraframecodierte Bilder ohne Prädikation werden als I-Frames bezeichnet (Abb. 4.22). Eine derartige Interframe-DPCM wird in Kombination mit einer DCT beim Datenreduktionsstandard MPEG verwendet. Codierungsmethoden, die auf Bildfolgen beruhen, arbeiten effektiv, können allerdings nicht immer eingesetzt werden. Insbesondere bei der Schnittbearbeitung (Editing), also der Umstellung von Bildfolgen, ergeben sich hier Probleme aufgrund der Abhängigkeit der Bilder, die keinen uneingeschränkten Zugriff auf jedes Einzelbild erlaubt.

Die Bilddatentransformationen nach DCT oder DPCM werden immer mit einer nachfolgenden Redundanzreduktion verbunden. Andernfalls bliebe eine DCT auch wirkungslos, da ja ebenso viele Transformationskoeffizienten wie Bildpunkte in einem Block auftreten. Die Redundanzreduktion geschieht z. B. mit der Huffman-Codierung, indem die Transformationskoeffizienten, die häufig auftreten, mit kurzen und die selten auftretenden mit langen Codeworten versehen werden (Variable Length Coding) [7]. Darüber hinaus werden Folgen gleicher Werte zusammengefasst, z. B. die vielen Nullen, die oft bei den hochfrequenten DCT-Koeffizienten auftreten (Run Length Coding).

Abb. 4.22
Prädikationsabhängigkeiten in der Group of Pictures

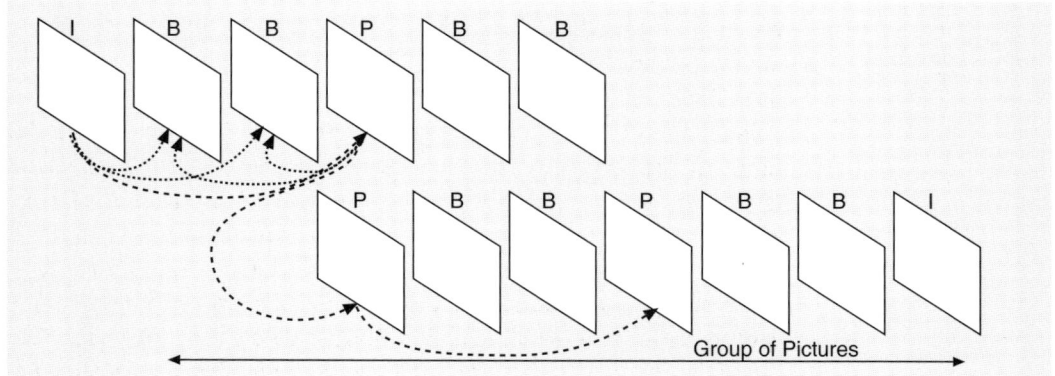

4.4.3 Datenreduktionsstandards

Als weit verbreitete Standards im Bereich der Datenreduktion existieren JPEG (Joint Photographics Expert Group), DV (Digital Video) und MPEG (Motion Picture Expert Group). Daneben gibt es herstellerspezifische Verfahren, meist auf Basis der DCT, wie sie z. B. bei den Magnetbandaufzeichnungssystemen Digital Betacam oder HDCam verwendet, aber nicht offengelegt werden. Das JPEG-Verfahren wird als sog. Motion-JPEG bei vielen nichtlinearen Editingsystemen, z. B. bei dem bekannten Avid-System verwendet, es ist jedoch nicht ausreichend festgelegt, um als genereller Standard geeignet zu sein. Für zukünftige Entwicklungen wird nur noch die Verwendung des DV-Algorithmus oder MPEG empfohlen. DV definiert eine Einzelbildcodierung auf Basis der DCT mit der Eigenschaft, dass sich eine konstante Datenrate von 25 oder 50 Mbit/s ergibt, die gut für die Bandaufzeichnung geeignet sind.

Das MPEG-Verfahren wurde zunächst als MPEG-1 für geringe Bildauflösung mit 352 x 288 Bildpunkten konzipiert und dann zum heute dominanten MPEG-2 weiterentwickelt, das zukünftig durch MPEG-4 erweitert oder abgelöst wird (Abb. 4.23). MPEG beschreibt nicht nur die Videocodierung, sondern die Codierung eines gesamten Programms aus Bild, Ton und Daten (Abb. 4.26). Daher wird es als Basis des digitalen Fernsehens (Digital Video Broadcasting, DVB) ebenso benutzt wie für die Digital Versatile Disc (DVD). Die zugehörige Audiocodierung beruht auf dem Verdeckungseffekt und unterstützt bei der Variante MPEG-2 auch den 5.1-Mehrkanal-Surroundsound (s. Kap. 3.3.2).

MPEG ist sehr flexibel, es kann auf Einzelbilder ebenso angewandt werden wie auf Bildfolgen. Die bei den Bildfolgen ausgenutzte zeitliche Dimension macht das Verfahren sehr effektiv. Die aufeinander folgenden Bilder werden einer DPCM unterzogen, die Differenzbilder werden

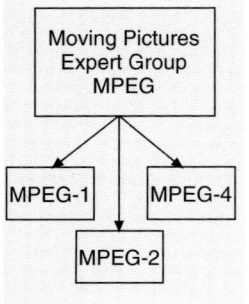

Abb. 4.23
MPEG-Entwicklungsstufen

Abb. 4.24
MPEG-Encoder

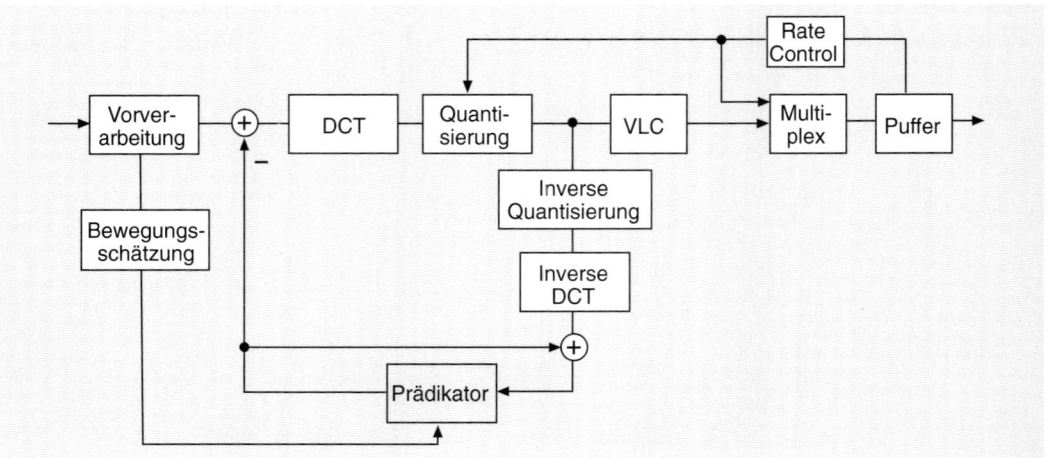

Profile Level	Simple Profile 4:2:0 (no B-Frames)	Main Profile 4:2:0	SNR Scalable Profile 4:2:0	Spatially Scalable Profile 4:2:0	High Profile 4:2:0 or 4:2:2
High Level < 60 fps		1920 x 1152 < 80 Mbit/s			1920 x 1152 < 100 (80) Mbit/s
High 1440 < 60 fps		1440 x 1152 < 60 Mbit/s		1440 x 1152 < 60 (40) Mbit/s	1440 x 1152 < 80 (60) Mbit/s
Main Level < 30 fps	720 x 576 < 15 Mbit/s	720 x 576 < 15 Mbit/s	720 x 576 < 15 Mbit/s		720 x 576 < 20 (15) Mbit/s
Low Level < 30 fps		352 x 288 < 4 Mbit/s	352 x 288 < 4(3) Mbit/s		

Werte in Klammern geben die Alternativen bezgl. der Skalierung an

Abb. 4.25
MPEG-Profiles and Levels

mit einer DCT bearbeitet und anschließend folgt die Redundanzreduktion (Abb. 4.24). Die verschiedenen Typen zeitlich abhängiger Bilder werden in feste Gruppen (Group of Pictures, GOP) eingeteilt, z. B. in der Form IPPBPPB. Je länger die GOP, desto effektiver die Codierung, desto schwieriger ist jedoch auch der Einzelbildzugriff. Es ist möglich, mit einer konstanten oder variablen Bitrate zu arbeiten (Constant bzw. Variable Bitrate CBR, VBR).

Darüber hinaus ist MPEG-2 auch für verschiedene Bildauflösungen (Level) definiert, bis hin zu den HDTV-Werten von 1920 x 1080 Bildpunkten, mit MPEG-4 auch darüber hinaus (s. Tabelle 4.6). Abbildung 4.25 zeigt die Matrix aus Profiles und Levels, die die bei MPEG empfohlenen Betriebsparameter deutlich macht. Für Standardanwendungen, DVB und DVD wird das Main Profile @ Main Level verwendet, das mit 720 x 576 Bildpunkten und einer 4:2:0-Chromaunterabtastung arbeitet. Wie auch die anderen Profiles und Level gehört es zu der Standardisierungsstufe MPEG-2. Der Vorläufer MPEG-1 bezieht sich auf gering aufgelöste Bilder. Der Nachfolger MPEG-4 ist abwärtskompatibel zu MPEG-2 und enthält Definitionen für eine effektivierte Codierung und den interaktiven Umgang mit von einander unabhängigen, so genannten Video Objects.

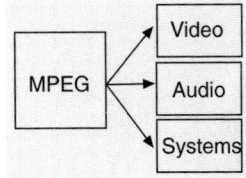

Abb. 4.26
MPEG-Teilspezifikationen

5 Videoaufnahme und -speicher

5.1 Die Videokamera

Als Bildgeber dienen im Videobereich Kameras und Filmabtaster. Beide enthalten ein optisches Abbildungssystem, den eigentlichen Bildwandler und schließlich verschiedene elektronische Schaltungsstufen zur normgerechten Signalerzeugung, Signalveränderung und Signalwandlung. In diesem Kapitel wird die Kamera vorgestellt, der Filmabtaster in Kapitel 6.

5.1.1 Der Lichtweg

Ebenso wie bei Filmkameras muss bei der Videokamera die aufgenommene Szene durch Objektive auf den Bildwandler abgebildet werden. Die Grundlagen der optischen Abbildung sind in Kap. 2.4 dargestellt. Im Gegensatz zu Filmkameras sind Videokameras in den meisten Fällen mit Zoomobjektiven (Abb. 5.1) bestückt, die eine Brennweitenvariation auf Knopfdruck ermöglichen. Ein Zoomobjektiv enthält eine Vielzahl von Linsen, die in vier Gruppen eingeteilt sind. Die erste, die sog. Fokussiergruppe, bestimmt die Schärfe der Abbildung. Die zweite ist der Variator, eine bewegliche Linsengruppe, die zur Veränderung der Brennweite dient. Für die Bewegung des Variators gibt es neben den Einstellmöglichkeiten für Fokus und Blende am Objektiv einen dritten Einstellring, der entweder manuell oder über einen mit der Zoomwippe gesteuerten Motor angetrieben wird. Der elektrische Antrieb ermöglicht weiche Zoomfahrten. Das Bild des Variators entsteht auf dem ortsfesten Kompensator, der die Blende enthält. Die Relaisgruppe dient schließlich zur Abbildung auf den Bildwandler.

Für eine scharfe Abbildung bei jeder Zoomstellung ist die Einhaltung eines definierten Abstandes zwischen der letzten Objektivlinse und dem Bildwandler erforderlich. Dieser Abstand wird Auflagemaß genannt und

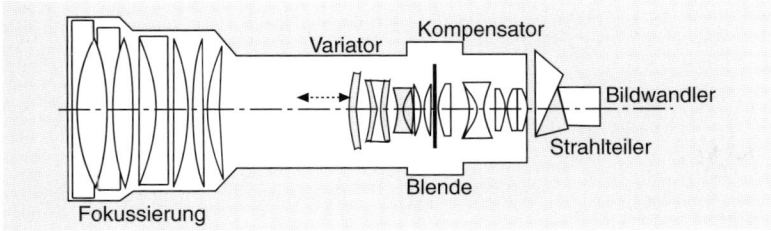

Abb. 5.1
Aufbau des Zoom-
objektivs

muss sehr genau eingestellt sein. Da sich durch Stöße, Temperaturänderungen etc. Abweichungen ergeben können, ist das Auflagemaß an der Kamera nach Lösen einer Arretierschraube korrigierbar.

Für die Wandlung eines Farbbildes müssen aus dem vorliegenden Bild drei Farbauszüge gewonnen werden. Das Licht wird durch Filter in die entsprechenden Spektralanteile aufgeteilt und bei professionellen Kameras dann zu drei separaten Bildwandlern geführt. Zur Lichtstrahlteilung wird ein fest verbundener Prismensatz verwendet. Die Einzelprismen sind mit dichroitischen Schichten versehen, die eine Farbfilterwirkung durch Lichtinterferenz bewirken (Abb. 5.2).

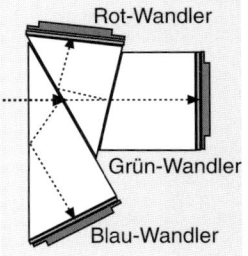

Abb. 5.2
Aufbau des Strahlteilers

Wichtige Merkmale sind bei Zoomobjektiven die geringste mögliche Brennweite und der Zoomfaktor, die meist zusammen angegeben werden. Ein typischer Wert ist z. B. 15 x 8, d. h. die minimale Brennweite beträgt 8 mm, die maximale 120 mm. Varioobjektive begrenzen auch die Auflösung des Bildes, sie weisen ihre eigene Modulationstransferfunktion auf. Bei Standardkameras kann der Auflösungsverlust durch gute Objektive gegenüber dem des Videobildwandlers vernachlässigt werden, bei HDTV-Kameras ist die Qualität des Objektivs kritisch, hier sollten wie im Filmbereich Prime-Lenses verwendet werden.

Bevor das Licht aus dem Objektiv auf den Bildwandler trifft, durchläuft es ein Infrarotsperrfilter, das dazu dient, den Wandler in diesem Spektralbereich unempfindlich zu machen, dann ein wechselbares Filter im Konversionsfilterrad und schließlich ein optisches Tiefpassfilter, das eine definierte Begrenzung der Abbildungsschärfe bewirkt, um Aliasstrukturen zu verhindern, die durch die örtlich diskrete Zerlegung des Bildes bewirkt werden, so wie es bei den heute meist verwandten elektronischen CCD-Bildwandlern der Fall ist (s.u.).

Auf dem Filterrad sind mehrere verschiedene Filter angebracht, die durch Drehung in den Strahlengang eingebracht werden können. Es sind Konversionsfilter (s. Kap. 2.5.1) vorhanden, die zur Anpassung der üblicherweise für eine Farbtemperatur von 3200 K (Kunstlicht) ausgelegten CCD an eine andere Farbtemperatur dienen (z. B. für Tageslicht mit 5600 K). Weiterhin stehen Neutraldichtefilter (ND) zur Verfügung, mit denen die Lichtintensität geschwächt werden kann. Es gibt auch kombinierte Konversions- und ND-Filter.

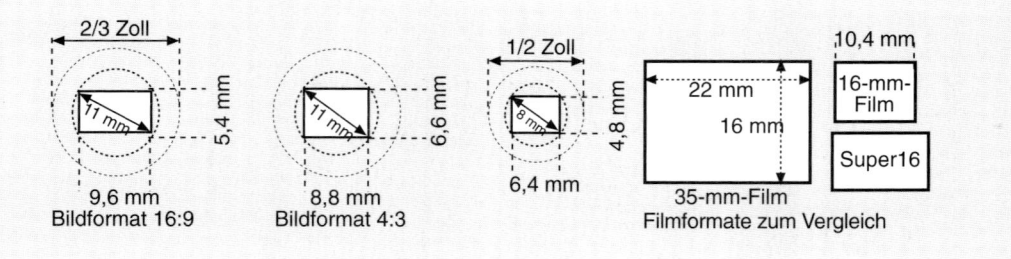

Abb. 5.3
Bildwandlerflächen im
Vergleich

5.1.2 Bildwandler

Kernbestandteile der Videokameras sind die eigentlichen Bildwandler, die ein optisches Abbild, also die in einer zweidimensionalen Fläche parallel vorliegenden Helligkeitswerte, in ein serielles, elektronisches Signal umsetzen. Wichtigstes äußeres Merkmal sind die verwendeten Bildwandlerdimensionen. Abgeleitet von der früher verwendeten Röhrentechnologie haben sich hier Größenangaben herausgebildet, die mit den tatsächlichen Bilddimensionen direkt nichts zu tun haben. Abbildung 5.3 zeigt eine Übersicht über die Standardwerte und die genutzten Bildwandlerflächen für das Format 4:3. Beim Format 16:9 werden die Werte für die Diagonalen beibehalten, die Seitenlängen werden entsprechend verändert. Die größten heute eingesetzten Wandler sind die 2/3"-Chips, sie werden in professionellen Kameras verwendet.

Das als Bildwandler in professionellen Kameras eingesetzte Halbleiterbauelement ist gegenwärtig fast ausschließlich der CCD-Chip (Charge Coupled Device). Alternativ sind Bildwandler auf Basis der in der Computertechnologie verbreiteten CMOS-Schaltkreise verfügbar, die gegenüber dem CCD Vorteile bezüglich des Kontrastumfangs bieten. Zu Beginn des 21. Jahrhunderts sind sie jedoch noch nicht weit genug entwickelt um den CCD-Chips Konkurrenz machen zu können.

▸ **Das CCD ist ein Schieberegister, das auch als Eimerkettenspeicher bezeichnet wird. Im CCD wird elektrische Ladung wie Wasser in einer Eimerkette von einer Speicherzelle zur nächsten transportiert**

Das CCD ist ein Schieberegister, das auch als Eimerkettenspeicher bezeichnet wird. Im CCD wird elektrische Ladung wie Wasser in einer Eimerkette von einer Speicherzelle zur nächsten transportiert. Mit Hilfe einer angelegten Spannung wird im Halbleiter eine Potenzialsenke gebildet, in der sich Ladung sammeln kann. Durch die Veränderung der Spannungsniveaus kann die Ladung von einer Speicherzelle zur nächsten, eng benachbarten Zelle weitertransportiert werden. Häufig wird der 3-Phasen-Betrieb benutzt, der in Abb. 5.4 dargestellt ist. Das höchste Spannungsniveau dient zur Trennung der Speicherzellen, am zweithöchsten Niveau wird die Ladung gesammelt. Wenn nun an der Nachbarzelle ein Potenzial eingestellt wird, das noch tiefer liegt, so fließt die Ladung zu dieser Nachbarzelle und wird auf diese Weise räumlich verschoben. Durch den beschriebenen Mechanismus kann die Ladung über die gesamte CCD-Zeile transportiert werden.

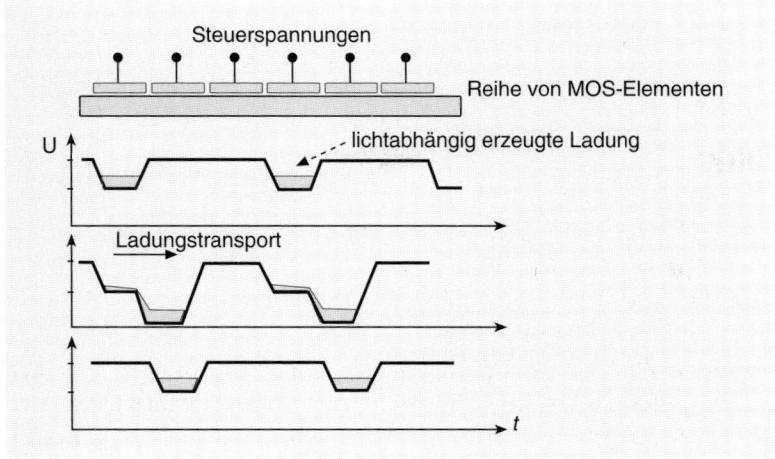

Steuerspannungen

Reihe von MOS-Elementen

lichtabhängig erzeugte Ladung

Ladungstransport

Abb. 5.4
Ladungstransportmecha-
nismus beim CCD

Das CCD-Element eignet sich nicht nur zum Ladungstransport, sondern auch zur Bildung von Ladung unter Lichteinfall /7/. Dazu muss es
nur dem Licht ausgesetzt werden. Die Zelle wird dann zur Lichterzeugung und zum Ladungstransport benutzt, d. h. aber auch, dass sie vor
Lichteinfall geschützt werden muss, wenn sie die Ladung der Nachbar-
zellen transportiert.

Zum Einsatz in Kameras sind Bildwandlerflächen erforderlich, die
aus CCD-Zeilen zusammengesetzt werden. Das Bild wird damit bei der
Wandlung sowohl horizontal als auch vertikal in Bildpunkte (Pixel) zerlegt. Je mehr Pixel vorhanden sind, desto besser ist die Auflösung bzw.
die Qualität des Bildwandlers. Das Ladungsbild der Pixel repräsentiert
die optische Abbildung. Die Ladungen der Zellen müssen fernsehnormgerecht ausgelesen und zu einem seriellen Signal geformt werden. Da
zur Erzielung einer hohen Empfindlichkeit die Ladung in den Zellen
möglichst lange aufintegriert werden soll, werden Ladungssammel- und
Auslesevorgang getrennt. Dies geschieht durch die Nutzung von separaten Speicherbereichen. Die verschiedenen CCD-Typen werden hinsichtlich der Anordnung ihrer Speicherbereiche in die Typen Frame Transfer,
Interline Transfer und Frame Interline Transfer unterschieden (abge-
kürzt als FT, IT und FIT).

Ein nach dem Frame-Transfer-Prinzip aufgebauter CCD-Chip besteht
aus einem lichtempfindlichen Sensorteil, einem lichtdicht abgedeckten
Speicherbereich und einer einzelnen CCD-Zeile, die als horizontales
Ausleseregister dient. Die durch das Licht erzeugte Ladung wird während der aktiven (Halb-)Bilddauer gesammelt und während der Vertikal-
austastung in den Speicherbereich verschoben, dabei dienen die lichtempfindlichen CCD-Zellen auch als Ladungstransportzellen. Damit die
Ladungen während des Transports nicht verfälscht werden, muss die
Sensorfläche in dieser Zeit lichtdicht abgedeckt werden. Die Abdeckung

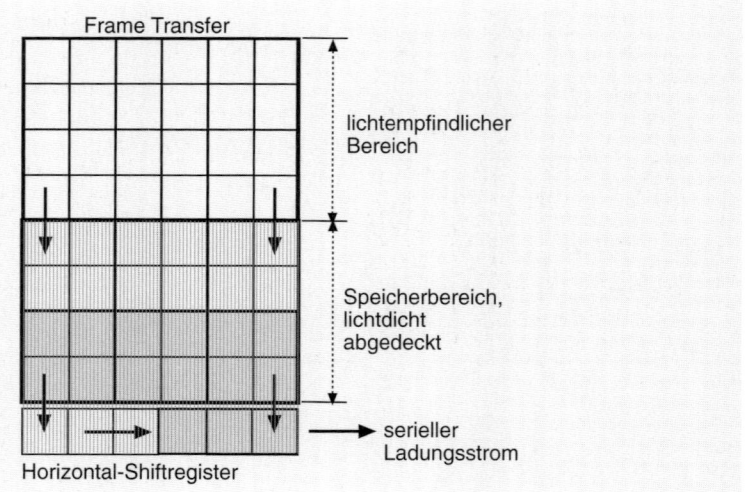

Abb. 5.5
Ladungstransportmecha-
nismus bei FT-CCD

wird über eine rotierende mechanische Flügelblende erreicht. Während im Sensorteil die Ladungen des nächsten Bildes gesammelt werden, kann der Speicherbereich der Fernsehnorm entsprechend zeilenweise ausgelesen werden. Dazu wird jeweils die unterste Zeile des Speicherbereichs während der horizontalen Austastlücke in das H-Ausleseregister übernommen (Abb. 5.5). Das Register wird während der aktiven Zeilendauer geleert, so dass ein serieller Ladungsstrom entsteht. Wenn der FT-Bildwandler nur für Videosysteme mit Zeilensprung genutzt werden soll, kann die Zeilenzahl halbiert werden. Der örtliche Arbeitsbereich der Zeile wird dann spannungsgesteuert für jedes Halbbild nach oben oder unten versetzt. Das geschieht durch Verschiebung der Potenzialwälle, die die Zeilen trennen. Das FT-Prinzip hat gegenüber anderen den Vorteil, dass die Pixeldichte sehr groß ist, womit sich eine hohe Empfindlichkeit und ein gutes Auflösungsvermögen ergibt. Der wesentliche Nachteil ist die Verwendung einer mechanischen Umlaufblende.

Bei Bildwandlern, die nach dem Interline Transfer-Prinzip (IT) arbeiten, liegt der Speicherbereich nicht unterhalb, sondern in der Bildwandlerfläche. Neben den lichtempfindlichen Sensorelementen befinden sich die lichtgeschützten Speicherzellen, der Speicherbereich besteht also aus vertikalen Spalten (Abb. 5.6). Während der Dauer eines Halbbildes wird die Ladung in den Sensorelementen gesammelt. In der vertikalen Austastlücke wird dann die Ladung innerhalb von weniger als einer Mikrosekunde in den Speicherbereich geschoben, eine Lichtabdeckung während dieses Transportvorganges ist dabei nicht erforderlich. Anschließend beginnt die Integrationszeit für das nächste (Halb-)Bild. Während dieser Zeit werden die Speicherspalten wie beim FT-Prinzip mit Hilfe des horizontalen Transportregisters fernsehnormgerecht ausgelesen.

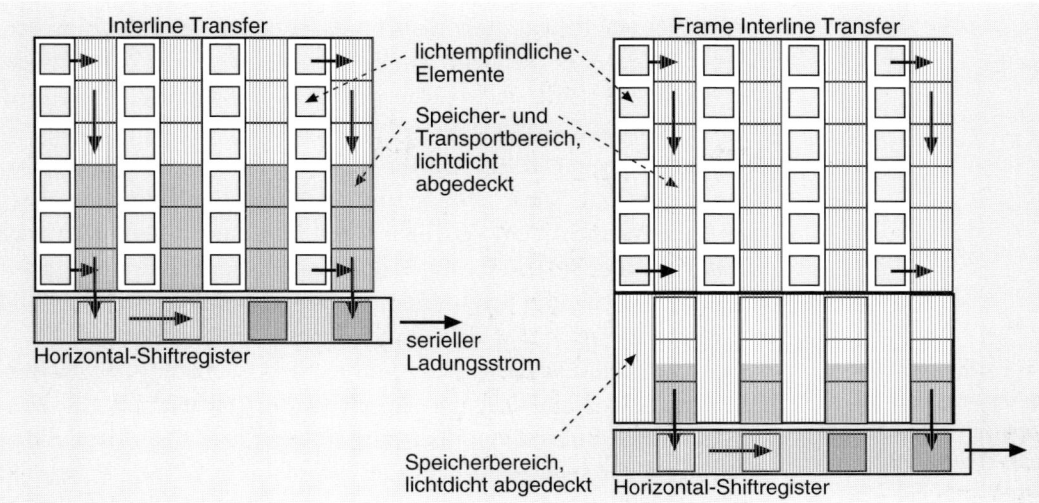

Abb. 5.6
Ladungstransportmechanismen von IT- und FIT-CCD

Ein IT-CCD arbeitet ohne mechanische Blende und bietet den Vorteil, dass wegen der schnellen Ladungsübernahme in den Speicherbereich die Integrationsdauer hoch ist. Nachteil dieses Prinzips ist die geringe Pixeldichte und vor allem die Anfälligkeit für den sog. Smear-Effekt, der dadurch auftritt, dass Licht unter die schmalen Speicherspalten gelangt und die transportierte Ladung verfälscht.

Das Frame-Interline-Transfer-Prinzip kombiniert die IT- und die FT-Technik. Der Speicherbereich besteht wie beim IT-CCD aus Speicherspalten, zusätzlich ist ein Speicherbereich unterhalb des Sensorbereichs vorhanden (Abb. 5.6). Die Ladung aus den Sensorelementen wird wie beim IT-CCD zunächst in die lichtdicht abgedeckten Spalten geschoben. Anschließend wird sie dann sehr viel schneller als beim IT-CCD in den Speicherbereich verschoben, von wo aus sie normgerecht ausgelesen werden kann. Durch die Kombination des IT- und FT-Prinzips wird auch eine Kombination der Vorteile erreicht: Einerseits ist keine mechanische Blende erforderlich, andererseits ist der Smear-Effekt stark reduziert, denn dieser ist von der Transportgeschwindigkeit in den Speicherspalten abhängig.

Unabhängig von den einzelnen Wandlertypen müssen Mechanismen eingesetzt werden, um das Zeilensprungverfahren zu realisieren. Die Gewinnung von Halbbildern kann auf verschiedene Arten erfolgen. Im Frame Reset Mode wird die Ladung jeder zweiten Zeile ausgewertet, je Halbbild also die geraden oder ungeraden Zeilen. Die Ladung der jeweils ungenutzten Zeilen wird vernichtet. Im Field Read Mode werden dagegen zwei Zeilen paarweise zusammengefasst, wobei die Paarbildung halbbildweise wechselt. Dieser Modus ist die Standardbetriebsart und bietet den Vorteil einer verdoppelten Empfindlichkeit, allerdings auf Kosten der Vertikalauflösung.

Als dritte Möglichkeit steht manchmal der Frame Read Mode zur Verfügung. Hier wird, wie beim Frame Reset Mode, jede Zeile einzeln ausgelesen, die damit verbundene geringere Lichtempfindlichkeit gegenüber dem Field Read Mode wird durch eine Verdopplung der Belichtungszeit ausgeglichen. Die Halbbilder werden paarweise überlappend zusammengefasst. Trotz der begrifflichen Assoziation entspricht dieser Auslesemodus nicht dem Verhalten einer Filmkamera, denn dort wird das Bild nur über die Dauer eines Halbbildes gewonnen. Zwar verringert sich auch beim Frame Read Mode die Bewegungsauflösung, das Bild wird aber auch unschärfer, da es zwei Bewegungsphasen enthält.

▶ **Ein filmtypischer Bewegungseindruck kann mit Videokameras nur erreicht werden, wenn beide Halbbilder aus demselben Zeitraum stammen. Sie können dann mit progressiver Abtastung ausgelesen und in dieser Form gespeichert werden. Dies erfordert einen Speicherbereich, der ein Vollbild aufnehmen kann**

Ein wirklich filmtypischer Bewegungseindruck kann nur erreicht werden, wenn beide Halbbilder aus demselben Zeitraum stammen. Sie können dann einer progressiven Abtastung entsprechend ausgelesen und in dieser Form gespeichert werden. Dies erfordert einen Speicherbereich, der ein Vollbild aufnehmen kann, so wie es beim M-FIT der Fall ist. Ein M-FIT-Chip arbeitet nach dem FIT-Prinzip, allerdings ist die Speicherfläche unterhalb des bildaktiven Bereichs verdoppelt, so dass nicht nur die Zeilen eines Halbbildes, sondern alle 576 bzw. bei HDTV 1080 aktiven Zeilen zur gleichen Zeit abgelegt werden können. Der Bildwandler wird im 20-ms-Modus so gesteuert, dass die Ladung nur während der Dauer eines Halbbildes gesammelt wird und während der folgenden V-Austastlücke zunächst die ungeraden und direkt danach dann die geraden Zeilen in den Speicherbereich geschoben werden. Erst anschließend werden, wie bei der Filmabtastung, zwei Teilbilder als segmented Frames zeitlich nacheinander gewonnen /31/. Das gleiche Verfahren gilt, wenn ein FT-Chip zur Erzeugung des Filmlooks verwendet wird.

Zur Gewinnung von HDTV-Bildern müssen auf der Wandlerbreite von 9,6 mm (2/3") 1920 Bildpunkte Platz finden bzw. auf der Fläche mehr als 2 Millionen Sensorelemente untergebracht werden, woraus Sensorstrukturen der Größenordnung weniger als 5 µm resultieren. HDTV-CCD werden sowohl nach dem FT- als auch nach dem FIT-Prinzip gebaut. In beiden Fällen ergibt sich aufgrund der großen Bildpunktanzahl eine Auslesetaktfrequenz von mehr als 70 MHz. Derartig hohe Taktraten sind schwer beherrschbar, daher werden zwei horizontale Ausleseregister wechselweise verwandt, so dass die Taktfrequenz halbiert werden kann /32/. Bekannte Beispiele für den Einsatz von HDTV-Chips sind die FT-Kamera LDK 7500 von Thomson und der FIT-Camcorder HDW 900 von Sony.

Eine Veränderungsmöglichkeit der Belichtungszeit ist durch den so genannten High Speed Shutter gegeben, ein Begriff, der sich von der Verschlusszeit einer mechanischen Blende ableitet. Durch verkürzte Belichtungszeiten lassen sich schnelle Bewegungsabläufe mit verringerter Unschärfe darstellen. Der elektronische Shutter (Abb. 5.7) bewirkt eine

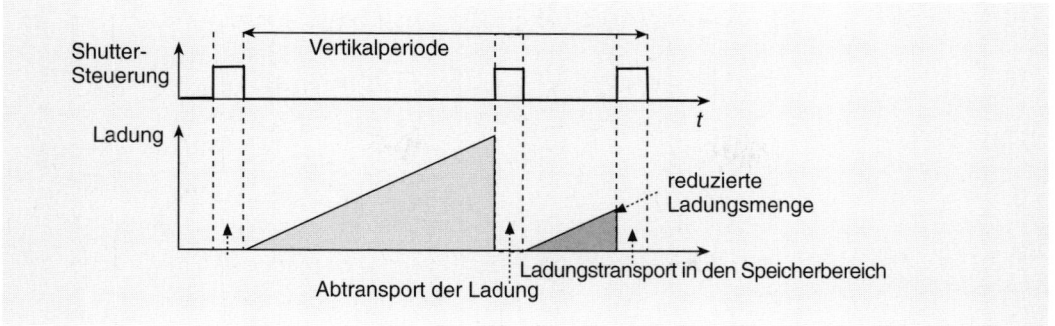

geringere Integrationszeit, und ein vorüberfliegender Ball erscheint z. B. nur an einer Stelle im Bild anstatt über der gesamten Bildbreite. Dazu wird die im ersten Teil der Gesamtintegrationsdauer gesammelte Ladung abgeführt und nur die Ladung genutzt, die im restlichen Teil der Halbbildperiode auftritt.

Abb. 5.7
Arbeitsprinzip des elektronischen Shutters

Die normale Belichtungszeit von 1/50 s wird durch den Shutter auf 1/100 s, 1/500 s, 1/1000 s etc. verringert. Moderne Kameras erlauben auch eine stufenlose Einstellung der Belichtungszeit. Damit lässt sich die Kamera an beliebige Frequenzen anpassen, was z. B. von Bedeutung ist, wenn man das Bild eines Computermonitors, der mit einer Bildwechselfrequenz von 70 Hz arbeitet, ohne störende Interferenzstreifen aufnehmen will (Clear Scan). Bei Einsatz des Shutters sinkt die Empfindlichkeit proportional zur verminderten Ladungsintegrationszeit. Zum Ausgleich muss die Beleuchtungsstärke oder die Blende verändert werden.

Die Empfindlichkeit der CCD ist von der wellenlängenabhängigen Quantenausbeute (Ladung pro Lichtquant) bestimmt. Der Zusammenhang zwischen dem Lichtstrom und der erzeugten Ladung ist beim CCD-Wandler weitgehend linear.

Die für die Praxis relevante Angabe der Wandlerempfindlichkeit beruht auf der Angabe der Blendenöffnung, die erforderlich ist, um bei gegebener Beleuchtungsstärke E den vollen Videosignalpegel zu erreichen. Der Bezugswert ist die Beleuchtungsstärke in der Szene (z. B. 2000 lx). Zu Messzwecken wird eine weiße Fläche mit bekanntem Remissionsgrad (meist 89,9 %) beleuchtet. Es wird dann bestimmt, welche Blende erforderlich ist, damit sich an der Kamera ein 100 %-Videosignal ergibt. Moderne CCD-Videokameras benötigen eine Beleuchtungsstärke von E = 2000 Lux, um bei Blende k = 10 einen Videopegel von 100 % zu erreichen. Das entspricht einem Belichtungsindex von ca. 26 DIN. Diese Angabe bezieht sich auf eine Beleuchtung mit Kunstlicht von 3200 K und einen Remissionsgrad der beleuchteten Fläche von R = 89,9 % und folgt mit der Belichtungsdauer t pro Bild aus der Beziehung

DIN-Empfindlichkeit = $10 \log (k^2 \cdot 285 \, \text{lxs}/(R \cdot E \cdot t))$ /21/.

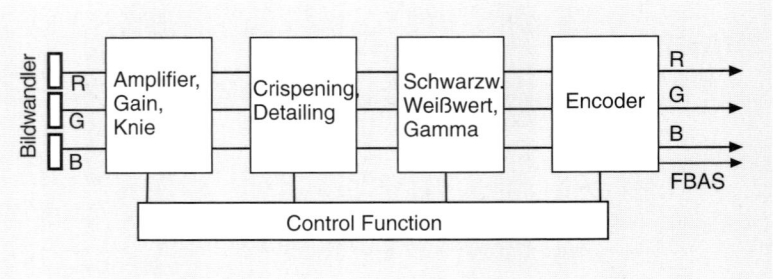

Abb. 5.8
Kameraelektronik

5.1.3 Das elektronische System der Kamera

Der Videosignalweg beginnt am Ausleseregister des CCD. Das Signal wird mit rauscharmen Verstärkern zunächst vorverstärkt. Zum Ausgleich unzureichender Beleuchtungsstärken kann am Verstärker der Verstärkungsgrad in fest definierten Stufen (meistens in Schritten von 1 dB oder 3 dB bis maximal 18 dB) erhöht werden (Gain Up). Dabei vermindert sich gleichermaßen der Signal-Rauschabstand. Nachdem das Signal ggf. einen A/D-Umsetzer zur Digitalisierung durchlaufen hat, folgen die Stufen für die Aperturkorrektur, für die Bildverbesserung (Image Enhancement), für die Festlegung der Bildparameter wie Gamma, Weiß- und Schwarzwert und schließlich die Matrix und die Codierungsstufe für die gewünschte Ausgabesignalart (FBAS, Komponentensignal etc.).

Die Aperturkorrektur dient dem elektronischen Ausgleich der Unschärfe, die durch die endliche Pixelgröße bewirkt wird. Derartige Maßnahmen zur Steigerung des Schärfeeindrucks im Bild werden auch als Konturkorrektur, Detailing oder Crispening bezeichnet. Eine Erhöhung der Kantenschärfe kann erreicht werden, indem das Videosignal zweifach differenziert und dieses Signal dann invertiert dem Originalsignal hinzugefügt wird.

Durch die Anwendung der Aperturkorrektur wird generell der Rauschpegel im Signal erhöht. Insbesondere bei der Abbildung von Gesichtern bringt das Probleme, da die Haut bei hoch eingestelltem Wert sehr fleckig erscheint. Hier muss nach subjektiven Kriterien auf Kosten der Schärfe des übrigen Bildes ein kleiner Detailing-Level gewählt werden. Zur Umgehung dieses Problems enthalten einige Kameras sog. Skin-Detailing-Schaltungen. Dabei wird der Hautton der aufgenommenen Person in der Kamera gespeichert und jedesmal, wenn dieser Hauttonwert auftritt, wird automatisch das Detailing herabgesetzt.

Die Gamma-Vorentzerrung bestimmt den nichtlinearen Verlauf der Kamerakennlinie zwischen dem Schwarz- und Weißwert. Der Verlauf rührt nicht vom Bildwandler her, sondern wird bewusst herbeigeführt, um den nichtlinearen Zusammenhang zwischen Videosignalpegel und

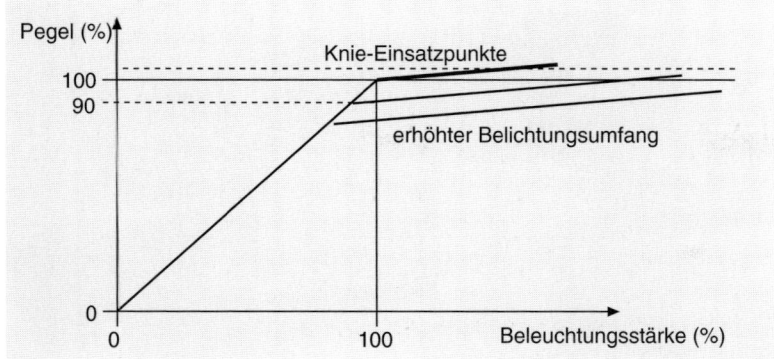

Abb. 5.9
Abflachung der Kennlinie
durch die Kniefunktion

entstehender Leuchtdichte bei der zur Wiedergabe eingesetzten Kathodenstrahlröhre zu kompensieren (s. Kap. 4.1.1). Durch die Variation des Gamma-Wertes lassen sich die Grauwertabstufungen im Bild ändern. Professionelle Kameras erlauben darüber hinaus eine Einstellung des Blackgamma oder Blackstretch, also eine Veränderung des Kennlinienverlaufs nur für die dunklen Bildpartien. Insgesamt lässt sich bei einer guten Kamera die Kennlinie zur Anpassung an besondere Beleuchtungssituationen vielfältig variieren.

Der Schwarzwert des Signals liegt bei 0 V. Manchmal wird zwischen Austast- und Schwarzwert für das Luminanzsignal auch eine Schwarzabhebung (Pedestal) von 0...3 % des Maximalwertes eingestellt. Wenn der Schwarzwert zu hoch eingestellt wird, ist die Dynamik eingeschränkt, und das Bild wirkt flau.

Der Weißwert ist der Luminanz-Videosignalwert bei 0,7 V. Signalspitzen dürfen nur geringfügig größer sein, denn sie werden durch das Clipping elektronisch beschnitten. Wenn große Anteile der Luminanzamplitude abgeschnitten werden, gehen die Abstufungen (Zeichnung) in den Lichtern verloren. Der Grad der Beschneidung der Spitzlichter wird nach subjektiven Kriterien gewählt. Zusammen mit der Pedestal-Einstellung wird das Signal immer so eingestellt, dass die wichtigen Bildteile genügend Zeichnung aufweisen.

Als Maßnahme gegen die abrupte Beschneidung des Pegels kann die Kniefunktion verwendet werden, dabei wird die Kennlinie im Signalbereich um 100 % abgeflacht (Abb. 5.9). Durch diese Funktion lässt sich eine Steigerung des Kontrastumfangs von mehr als einer Blendenstufe im Bereich der Lichter erreichen. Der Kniepunkt, d. h. der Einsatzpunkt der Abflachung, kann etwa zwischen 80 % und 110 % eingestellt werden. Eine Autokniefunktion bewirkt eine selbsttätige Verschiebung dieses Punktes in Abhängigkeit vom Motivkontrast. Die Kniefunktion erlaubt bei modernen Kameras die Verarbeitung von Pegeln, die bis zu 600 % der Normalaussteuerung betragen, die Kameraelektronik muss entsprechend hoch aussteuerbar sein.

▶ **Der Weißwert ist der Luminanz-Video–signalwert bei 0,7 V. Signalspitzen dürfen nur geringfügig größer sein, denn sie werden durch das Clipping elektronisch beschnitten**

Abb. 5.10
Studiokamera und
Camcorder /33/

Zur Verbesserung der Farbwiedergabe wird schließlich in der Kame-
ramatrix eine gegenseitige Signalverkopplung zwischen den RGB-Kanä-
len vorgenommen. Um verschiedenen Farbstandards gerecht zu werden
können bei professionellen Kameras unterschiedliche Matrixparameter
aufgerufen werden /7/. Teilweise können sie zur Realisierung eigener
Farbvorstellungen auch frei variiert werden.

Wenn die Signalverarbeitung in der Kamera in Digitaltechnik realisiert wird, spricht man von einer digitalen Kamera (Abb 5.10, links). Dabei sind aber nicht alle Stufen digital ausgeführt. Die Ladungen aus dem
CCD liegen in analoger Form vor. Das Signal wird vorverstärkt und zunächst in einem analogen Preprocessing-Modul verarbeitet, das für die
Änderung der Verstärkung, des Shading und des Weißabgleichs digital
gesteuert wird. Anschließend wird das Signal mit einem Analog-Digital-
Wandler hoher Qualität digitalisiert und durch Rechenprozesse verändert. Dabei werden vor allem Gamma- und Knieparameter und das Detailing auf digitaler Basis festgelegt. Hinzu kommen der Schwarzwert
und die Matrix, die auf digitaler Ebene für alle drei Kanäle sehr exakt eingestellt werden kann. Für ein hochwertiges Videosignal ist am Ausgang
der Signalbearbeitungsstufen eine 10-Bit-Auflösung der RGB-Anteile erforderlich. Bei der A/D-Wandlung reicht die Quantisierung mit 10 Bit jedoch nicht aus, hier sollte mit 14-Bit-Auflösung gearbeitet werden. Beim
digitalen Processing ist ein zusätzlicher Spielraum für die Signalanpas-
sung erforderlich.

Ein wesentlicher Vorteil der digitalen Signalverarbeitung ist die Möglichkeit, auf die elektronischen Parameter und die Kennlinie sehr umfangreich Einfluss nehmen zu können, die gewählten Einstellungen zu
speichern und vor allem exakt reproduzieren zu können. Verschiedene
Kamera-Set-Ups können auf austauschbaren Karten gespeichert werden, so dass sehr umfangreiche Einstellungen auf Knopfdruck aufgerufen werden können. Darüber hinaus erfordern Digitalkameras wenig Abgleich und behalten die eingestellten Parameter unverändert bei.

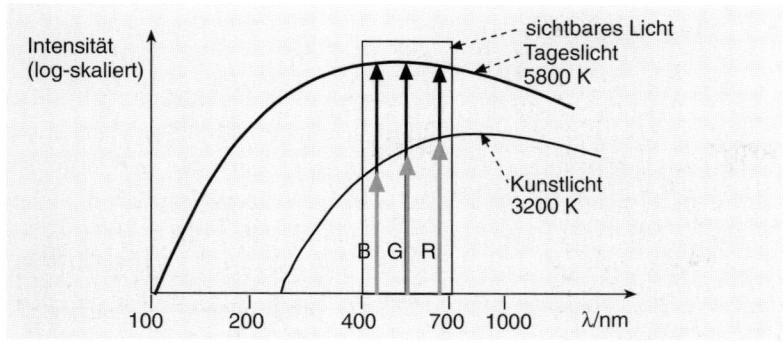

Wie bereits in Kap. 2.3 beschrieben, hat das Licht verschiedener Lichtquellen unterschiedliche spektrale Zusammensetzungen. Das menschliche Auge passt sich dem Frequenzgemisch an und empfindet die Farbe eines Blattes Papier als Weiß, egal ob es mit Sonnenlicht oder Kunstlicht mit 3200 K beleuchtet wird. Auch die Kamera muss an unterschiedliche Frequenzgemische angepasst werden. Dies geschieht mit dem Unbunt- oder Weißabgleich, der für jede veränderte Beleuchtungssituation erneut vorgenommen werden muss (Abb. 5.11). Dabei wird die Kamera auf eine weiße Fläche gerichtet, die von der jeweiligen Lichtart beleuchtet wird. Während des Abgleichs werden die Verstärkungen in den R- und B-Kanälen so gepegelt, dass alle drei Kanäle gleiche Signalwerte aufweisen. Bei professionellen Kameras wird der Abgleich auf Knopfdruck automatisch vorgenommen (Automatic White Control, AWC). Dabei reicht es aus, die weiße Referenzfläche nur auf einem kleinen Teil der Bildwandlerfläche abzubilden. Meistens können mehrere Abgleichparameter gespeichert werden, z. B. ein Satz für Tageslicht und einer für Kunstlicht, so dass bei einem Wechsel zwischen Innen- und Außenaufnahme statt eines erneuten Weißabgleichs nur der entsprechende Speicher aufgerufen werden muss. Moderne Kameras können sehr große Farbbereiche zu Unbunt abgleichen. Trotzdem ist es sinnvoll, vorher die Konversionsfilter im Filterrad auf die entsprechende Farbtemperatur einzustellen, damit genug Spielraum für die Einstellung erhalten bleibt. Nach dem Weißabgleich darf das Filterrad nicht mehr verändert werden. Entsprechend dem Weißabgleich wird auch der Schwarzabgleich (Automatic Black Control, ABC) bei geschlossener Blende so vorgenommen, dass die Signale der drei Kanäle im Schwarz gleiche Pegelwerte aufweisen.

Abschließend sei im Kapitel über Videokameras darauf hingewiesen, dass die Kamera unabhängig von Aufzeichnungsverfahren zu sehen ist. Es gibt allerdings viele Kameras mit integrierten Videorecordern (Camcorder, Abb. 5.10), deren Formatname oft auf die ganze Kamera übertragen wird. So existieren Bezeichnungen wie Betacam- oder DV-Kamera, die über die Kamera und ihre Qualität nichts aussagen.

▸ **Während des Weißabgleichs werden die Verstärkungen in den R- und B-Kanälen so gepegelt, dass alle drei Kanäle gleiche Signalwerte aufweisen**

5.2 Videospeichersysteme

Speichersysteme für Videosignale arbeiten meist bandgestützt als Video Tape Recorder bzw. Video Cassetten Recorder (VTR, VCR). Die analoge Magnetbandaufzeichnung (MAZ) wurde ab ca. 1960 bis zum Ende des Jahrhunderts verwendet. Im neuen Jahrhundert dominieren die digitalen Verfahren. Mit der Digitalisierung gewinnen auch die Magnetplatten (Festplatten) der Computertechnik als Videospeicher erheblich an Bedeutung, ebenso wie die Speichersysteme auf Basis von optischen Platten (Digital Versatile Disk, DVD).

5.2.1 Analoge Magnetbandaufzeichnung

Videobandaufzeichnungssysteme existieren in vielen Varianten mit unterschiedlicher Signalverarbeitung und verschiedenen mechanischen und Spurlagenparametern. Die Formate sind daher nicht kompatibel, und solange das Band als Träger für den Programmaustausch verwendet wird, hat die Entscheidung einer Produktionsstätte oder eines Funkhauses für ein bestimmtes Format eine weit reichende Bedeutung.

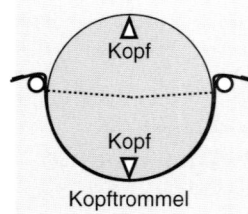

Abb. 5.12
Kopftrommel mit zwei Videoköpfen

Die Grundlage des Magnetbandverfahrens ist bereits im Kapitel 3.1 beschrieben. Die Besonderheit im Videobereich besteht einerseits in der hohen oberen Grenzfrequenz, die mit ca. 5 MHz etwa 250-mal höher liegt als beim Audiosignal, und andererseits in der sehr niedrigen unteren Grenzfrequenz nahe 0 Hz. Wie in Kap. 3 gezeigt, kann eine hohe Signalfrequenz nur bei großer Relativgeschwindigkeit zwischen Band und Kopf erreicht werden, daher arbeiten Videorecorder grundsätzlich mit rotierenden Köpfen. Die Aufzeichnung tiefer Frequenzen wird bei analogen Verfahren dadurch vermieden, dass das Signal frequenzmoduliert aufgezeichnet wird.

Alle modernen Recordersysteme arbeiten mit dem Schrägspurverfahren. Die Aufnahme- und Wiedergabeköpfe für das Videosignal sind auf einer schnell rotierenden Kopftrommel montiert, die vom Band umschlungen wird. Bei einer 180°-Umschlingung müssen sich immer zwei

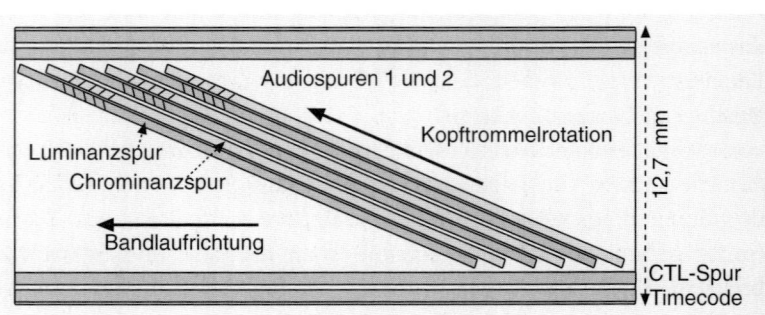

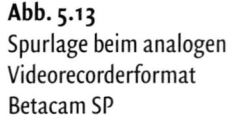

Abb. 5.13
Spurlage beim analogen Videorecorderformat Betacam SP

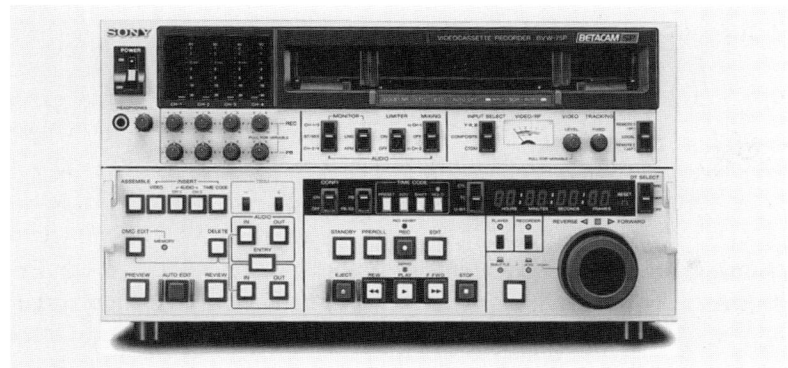

Abb. 5.14
Professioneller analoger
Videorecorder des Formats
Betacam SP /33/

Köpfe abwechseln (Abb. 5.1.2). Kopftrommel und Band sind leicht gegeneinander gekippt, so dass schräge Spuren auf dem Band entstehen.
In den meisten Fällen sind die Formatparameter so gewählt, dass eine
Schrägspur genau ein Halbbild enthält, denn dann kann eine Zeitlupen-
oder Standbildwiedergabe auf einfache Weise realisiert werden. Für eine
hochqualitative Standbildwiedergabe werden dabei spezielle, bewegliche Wiedergabeköpfe montiert, mit denen die Veränderung des Schräg-
spurwinkels ausgeglichen werden kann, die sich aus der Differenz zwischen dem Normallauf und dem Bandstillstand ergibt (Dynamic
Tracking). Der Schrägspurbereich kann auch für die hochwertige Audioaufzeichnung genutzt werden. Die Audiosignale werden dazu ebenso
wie das Videosignal frequenzmoduliert (AFM) und im selben Bereich
wie das Videosignal gespeichert, d. h. dass beide Signale nicht unabhängig voneinander verändert werden können /7/.

Gewöhnlich werden zur Audioaufzeichnung jedoch die Längsspuren
genutzt, die sich am Rand des Bandes befinden. Eine oder zwei dieser
Spuren dienen der ein- oder zweikanaligen Audioaufzeichnung, eine
weitere Spur enthält Kontrollsignale (CTL) mit einer Markierung für jedes Halbbild, über die die Synchronisation zwischen Kopftrommelrota-
tion und Bandlauf gewährleistet wird (Abb. 5.13). Professionelle Auf-
zeichnungsformate weisen darüber hinaus noch eine Spur zur Aufzeichnung des Longitudinal Timecode (LTC) auf (s. Kap 2.2.4).

Abbildung 5.13 zeigt die Spurlage des Formats Betacam SP, das heute
das analoge MAZ-Format ist, das im professionellen Bereich die größte
Bedeutung hat. Abbildung 5.14 zeigt einen Recorder dieses Formats. Das
Band ist in Cassetten untergebracht, mit denen eine maximale Spielzeit
von 108 min erreicht werden kann. Das Band hat eine Breite von 12,7 mm
(1/2") mit je zwei Längsspuren am oberen und unteren Bandrand. Die Videospuren in der Mitte werden paarweise geschrieben, eine Hälfte steht
für das Luminanz- und die andere für das Chrominanzsignal eines Halbbildes zur Verfügung. Dabei wird eine Komponentenaufzeichnung realisiert, indem die zwei Farbdifferenzkomponenten in zeitlich kompri-

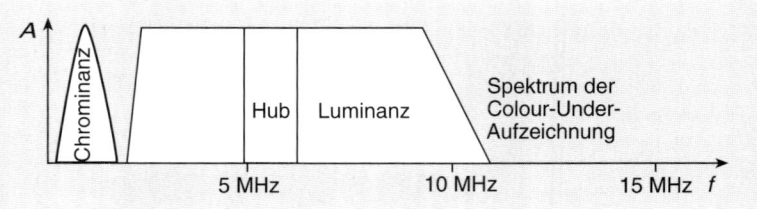

mierter Form nebeneinander aufgezeichnet werden. Auf der Wiedergabeseite muss für die Signale eine entsprechende Zeitexpansion vorgenommen werden. Im Luminanzkanal steht eine Bandbreite von 5,5 MHz
zur Verfügung und im Chrominanzkanal beträgt sie 2 MHz, so dass mit
diesem Format auch nach mehreren Kopiergenerationen noch eine gute
Bildqualität erzielt wird.

Die größte Verbreitung im Heimbereich hat das Format VHS. Es ar-
beitet auch mit 1/2"-Kassetten, allerdings befindet sich das Luminanzsi-
gnal zusammen mit einem PAL-codierten Chrominanzsignal in einer
Spur. Für das Luminanzsignal wird eine Bandbreite von nur 3 MHz er-
reicht. Das Chrominanzsignal liegt mit weniger als 1 MHz Bandbreite im
Frequenzmultiplex unter dem Y-Signal (Abb. 5.15), daher wird für dieses
Aufzeichnungsprinzip die Bezeichnung Colour Under verwendet. Das
Band läuft mit ca. 2 cm/s erheblich langsamer als bei professionellen
Formaten, so dass eine Spieldauer von 4 Stunden erreicht werden kann.
Neben den Komponenten- und Colour-Under-Aufzeichnungsformaten,
existiert im analogen Bereich noch die Direktaufzeichnung des FBAS-
Signals, die heute aber keine Bedeutung mehr hat.

5.2.2 Digitale MAZ-Formate

Das Digitalsignal ist der Magnetbandaufzeichnung besser angepasst als
das analoge. Die zwei Zustände eines Bit werden einfach den Magneti-
sierungszuständen N/S zugeordnet. Die hohe Bitrate der Digitalsignale
erfordert noch höhere Grenzfrequenzen als im analogen Fall. Tiefe Frequenzen werden durch eine bestimmte Umordnung der Bits, der Kanalcodierung, vermieden, außerdem werden die Daten mit Fehlerschutzbits
versehen. Obwohl Längsspuren für Audio- und Timecode verfügbar
sind, wird auch die Audioaufzeichnung digital, meist mit vier Spuren
und einer Abtastrate von 48 kHz bei 20 bit realisiert.

▶ **Das Digitalsignal ist
der Magnetbandauf-
zeichnung besser
angepasst als das
analoge. Die zwei
Zustände eines Bit
werden einfach den
Magnetisierungszustän-
den N/S zugeordnet**

Mit den Formaten D2 und D3 existiert eine digitale FBAS-Aufzeich-
nung, sie hat aber auch hier kaum Bedeutung. Heute wird fast aus-
schließlich die digitale Komponentenaufzeichnung verwendet, oft mit
Datenreduktion. Ohne Datenreduktion arbeiten die Formate D1 und D5,
Ersteres zeichnet 8 bit, Letzteres 10 bit pro Sample auf. Damit ist D5 das
Format mit der höchsten Qualität für die Standardvideosignale.

Format	D1	D2	D3	D5	DCT	D-Beta	DV	D7	D9	B-SX	D10
Videosignalart	Komp	FBAS	FBAS	Komp	Komp	Komp	Komp	Komp	Komp	Komp	Komp
Quantisierung (bit)	8	8	8	10	8	10	8	8	8	8	8
Datenreduktion	–	–	–	–	2:1	2:1	5:1	3,3:1	3,3:1	10:1	3,3:1
Datenrate (Mbit/s)	227	152	152	303	130	126	25	50	50	18	50
Audiokanäle	4	4	4	4	4	4	2	4	2/4	4	8
Bandbreite (mm)	19	19	12,7	12,7	19	12,7	6,3	6,3	12,7	12,7	12,7
max. Spieldauer (Min.)	94	207	245	123	187	124	270	60	104	184	
Hersteller	Sony BTS	Ampex Sony	Panas. JVC	Panas. JVC	Ampex	Sony	div.	Panas.	JVC	Sony	Sony

In der Mitte der 90er Jahre etablierte sich die Datenreduktion (s. Tabelle 5.1). Zunächst in milder Form, d. h. eine Reduktion um den Faktor 2, wie sie beim Format Digital Betacam verwendet wird. Digi Beta ist abwärtskompatibel zu Betacam SP und hat damit eine große Verbreitung gefunden. Weitere Formate sind oft Abkömmlinge des für den Heimbereich entwickelten DV-Formates. Nahe am Heimstandard sind die Formate DVCam und DVCPro, sie arbeiten wie dieser mit einem Datenreduktionsfaktor 5 und einer Chromaunterabtastung von 4:2:0 bzw. 4:1:1. Die Weiterentwicklung DVCPro 50 (D7) verwendet die 4:2:2-Abtastung bei 50 Mbit/s und damit die gleiche Signalverarbeitung wie das D9-Format, das jedoch mit VHS-kompatiblen 1/2"-Bändern arbeitet statt mit dem 1/4"-Band des DV-Standards.

Im Bereich der Standardauflösung existieren weiterhin Formate, die MPEG-codierte Signale aufzeichnen. Zunächst wurde Betacam SX eingeführt, das bei 18 Mbit/s mit zeitlich abhängigen B-Bildern in der Folge IBIB arbeitet. Als Nachfolger gibt es das IMX-Format (D10) mit I-Frame-only -Codierung und 50 Mbit/s. Für beide Formate existieren Geräte, die eine Abspielkompatibilität zwischen allen analogen und digitalen Formaten der Betacam-Familie gewährleisten. IMX wurde von vielen deutschen Sendeanstalten als das Nachfolgeformat für das verbreitete Format Betacam SP gewählt.

Tabelle. 5.1
Übersicht über die Parameter der Digitalformate für Standardvideoaufzeichnung

Abb. 5.16
Professioneller digitaler Videorecorder des Formats D10-IMX /33/

Format	D6	HDCam	DVCProHD
Zeilen/Abtastung	1080p	1080p	720p, 1080i
Quantisierung (bit)	8	10	8
Datenreduktion	–	7:1	12:1 (6,7:1 bei 720p)
Datenrate (Mbit/s)	1200	183	100
Audiokanäle	12	4	4
Bandbreite (mm)	19	12,7	6,3
max. Spieldauer (Min.)	64	155	46 bei 720p

Tabelle. 5.2
Übersicht über die Parameter der Digitalformate für HD-Video

5.2.3 HD-MAZ-Formate

Alle MAZ-Formate für hoch aufgelöste Bilder arbeiten mit digitalen Komponentensignalen (Tabelle 5.2). Mit dem D6-Format existiert bereits zu Beginn der 90er Jahre ein HDTV-Aufzeichnungsformat, das ohne Datenreduktion auskommt. D6 arbeitet mit Kassetten, die 3/4" breites Band (19 mm) enthalten und eine maximale Laufzeit von 60 min bieten. Das Format wurde im Laufe der Zeit so weiterentwickelt, dass es heute verschiedene Bildraten einschließlich der 24p-Aufzeichnung bei voller HD-CIF-Auflösung beherrscht und trägt nun die Bezeichnung Voodoo (Abb. 5.17). Geräte dieses Formates sind in der Lage, das 8-Bit-Standard-HD-Videosignal in der Form 4:2:2 mit einer Datenrate von 1,2 Gbits/s aufzuzeichnen. Dabei werden 1920 x 1080 Pixel in den Varianten 24p, 48sf, 25p, 50sf sowie 50i und 60i unterstützt. Um Voodoo-Maschinen optimal im Bereich des digitalen Films einsetzen zu können, wurde darüber hinaus eine RGBA-Aufzeichnungsoption (4:4:4:4) entwickelt, die sich einer Datenreduktion um den Faktor 3 bedient, die auf dem Wavelet-Algorithmus beruht, ähnlich wie er bei JPEG 2000 definiert ist.

Alle anderen HD-Formate beherrschen nur eine erheblich geringere Datenrate und arbeiten daher nur mit Komponentensignalen und teilweise stärkerer Chromaunterabtastung und stärkerer Datenreduktion. Die geringste Reduktion wird bei HD-D5 verwendet. Das D5-Standardformat bietet eine Videobitrate von 300 Mbit/s brutto. Bei HD-D5 wird ein D5-Recorder mit vorgeschalteter Datenreduktion verwendet, die die Quelldatenrate von 1,5 Gbit/s um ca. den Faktor 6 reduziert. Damit wird ein 4:2:2-HD-Signal mit 10 bit aufgezeichnet.

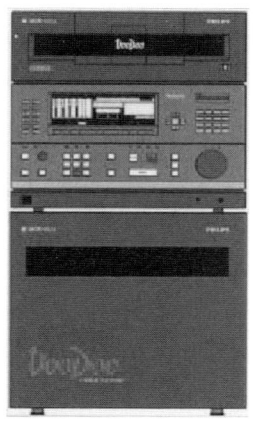

Abb. 5.17
HDTV- und Datenrecorder Voodoo /34/

Beim Format HDCam, das zur Betacam-Familie gehört, steht nur eine Datenrate von 183 Mbit/s zur Verfügung. Hier wird mit einem Reduktionsfaktor von 4,4 gearbeitet, zusätzlich wird aber noch die Eingangsdatenrate durch Filter reduziert. Durch dieses sog. Subsampling werden im Luminanzkanal anstelle der 1920 nur 1440 Bildpunkte pro Zeile aufgezeichnet. Die Auflösungsreduktion für die Chromakanäle ist so gewählt, dass in jeder Zeile nur 480 Bildpunkte zur Verfügung stehen. Insgesamt

Abb. 5.18
Professioneller digitaler
Videorecorder des Formats
HDCam /33/

beträgt die Auflösungsreduktion dann 3/4:1/4:1/4. Nach außen werden 10-bit-Signale bereitgestellt, während der interne Reduktionsprozess mit 8 bit arbeitet. HDCam-Recorder sind separat verfügbar (Abb. 5.18), können aber auch so kompakt gebaut werden, dass sie mit Videokameras kombiniert werden können. Diese Geräte sind dann mit den Datenreduktions- und Subsampling-Nachteilen der Recorder behaftet, während der Kamerateil mit voller HD-Auflösung bei 10 bit arbeitet. Wenn dieses Signal an einer HD-SDI-Schnittstelle ausgegeben wird, kann es unter Umgehung des internen Recorders auch ggf. unkomprimiert auf ein anderes Speichermedium aufgezeichnet werden.

Ähnlich wie HDCam ist auch das DVCProHD-Format konzipiert, bei dem die geringste Datenrate im Bereich der HD-Recorder, nämlich nur 100 Mbit/s, zur Verfügung steht. Sie wird über die Verdopplung der Bandgeschwindigkeit eines DVCPro50-Systems erreicht. Das Format basiert auf DV und zeichnet nur 8-Bit-Signale auf das schmale 1/4"-Band auf. Dabei ist es möglich, mit voller HD-Auflösung, also 1080 Zeilen, zu arbeiten, dann aber nur im Interlaced-Modus, was für den Filmbereich ungeeignet ist. Die Variante, die die progressive Abtastung beherrscht, ist dagegen auf eine Auflösung von 1280 x 720 Pixel eingeschränkt, womit kein Ersatz für 35-mm-Film erreicht werden kann, die Auflösung ist höchstens mit 16-mm-Film zu vergleichen. Auch die Camcorder für dieses Format sind so konzipiert, dass sie nur mit 720 Zeilen arbeiten, die verwendeten CCD-Wandler haben nur ca. 1 Mio. Bildpunkte /35/.

Zukünftig werden Bandsysteme immer mehr durch Festplattenspeicher oder Halbleiterspeicher der Computertechnik verdrängt werden, deren Kapazität sich im Laufe der Zeit sehr rasch steigert. Anstelle der Bandformate treten die Dateiformate und die Art der Signalcodierung. Der Programmtransport erfolgt dann nicht mehr über den Bandaustausch, sondern mit Hilfe von Netzwerken. Es wird verstärkt daran gearbeitet, Fileformate zu standardisieren (z. B. MXF), um eine Interoperabilität zwischen Geräten verschiedener Hersteller zu gewährleisten.

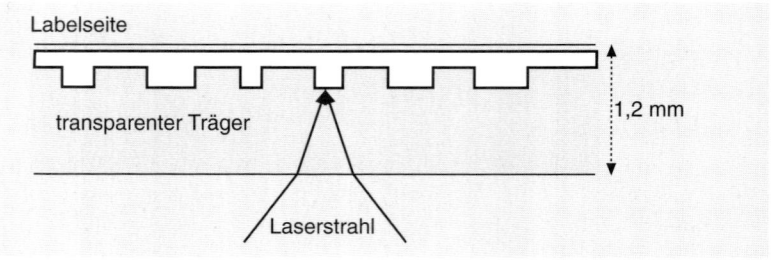

Abb. 5.19
Pits und Lands auf der
DVD

5.2.4 DVD

Die Digital Versatile Disk (DVD) ist ein optisches Speichersystem. Den Bits des Digitalsignals sind Vertiefungen und Erhöhungen (Pits und Land) in einer Platte zugeordnet, die über ein Lasersystem ausgelesen werden können (Abb. 5.19). Die Platte hat einen Durchmesser von 12 cm und ist kompatibel zur Compact Disc. Im Gegensatz zu dieser ist sie aus zwei Schichten von je 0,6 mm Dicke aufgebaut, die beide für Daten genutzt werden können (Dual Layer), darüber hinaus kann sie zweiseitig benutzt werden. Die Kapazität beträgt ca. 4,7 GB pro Seite und Layer. Abbildung 5.20 zeigt, dass bei der DVD im Vergleich zur CD die Pitdichte erheblich gesteigert wurde, weitere Unterschiede werden in Tabelle 5.3 deutlich.

Die Software-Spezifikationen sind so festgelegt, dass die Scheibe wie die CD-ROM als DVD-ROM-Datenspeicher verwendbar ist. Darauf aufbauend gibt es eine DVD-Video-Spezifikation für den computerunabhängigen Einsatz in Heimgeräten. Die große Datenmenge ermöglicht den flexiblen Einsatz für eine Vielzahl von Programmen. Die Navigation wird mit Hilfe von Program Chains gesteuert, damit können z. B. für ein Videoobjekt (VOB) aus Audio-, Video- und Subbildelementen unterschiedliche Betrachtungsarten und interaktive Verzweigungen realisiert werden. Bei der Konzeption der DVD wurden der interaktive Umgang ebenso berücksichtigt wie mehrsprachige Dialoge, Untertitelung, Nutzung verschiedener Kameraperspektiven, Kopierschutz und Kindersicherung.

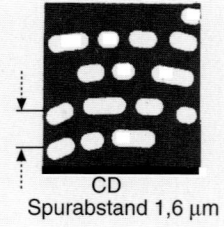

CD
Spurabstand 1,6 μm

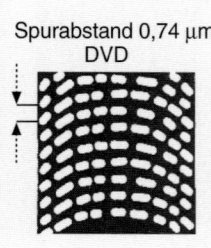

Spurabstand 0,74 μm
DVD

Abb. 5.20
Vergleich der Spurabstände von CD und DVD

Die Videospezifikationen für die so genannte DVD-Video legen eine Standardbildauflösung mit maximal 720 x 576 Bildpunkten fest sowie eine 4:2:0-Unterabtastung und eine MPEG2-Datenreduktion. Die höchste verwendbare Videodatenrate beträgt 9,8 Mbit/s, womit durch MPEG-2 bei gutem Quellmaterial eine sehr gute Bildqualität erzielt wird /36/. Auch bei 5 Mbit/s ergibt sich noch eine Qualität, die erheblich besser ist als bei VHS-Heimrecordern. Mit einer Datenrate von 5 Mbit/s wird bei Verwendung einer Seite und eines Layers der DVD inclusive der Audiodaten eine Spieldauer von mehr als 100 Minuten erzielt, was für gewöhnliche Spielfilme ausreichend ist.

	CD	DVD
Durchmesser	120 mm	120 mm
Dicke der Disk	1,2 mm	1,2 mm
Substratdicke	1,2 mm	2 x 0,6 mm
Dual-Layer-Trennschichtdicke	–	40–70 μm
Laserwellenlänge	780 nm	650 und 635 nm
Spurabstand	1,6 μm	0,74 μm
minimale Pitlänge	0,83 μm	0,4 μm
Kanalcodierung	8/14 EFM	8/16 EFM+
minimale Rotationsfrequenz	3,5 Hz	10,5 Hz
maximale Rotationsfrequenz	8 Hz	25,5 Hz
Abtastgeschwindigkeit	1,2 m/s	4 m/s

Tabelle 5.3
Vergleich der Parameter
von CD und DVD

Die Audiospezifikationen sind vielfältig, ein Videostrom kann von bis zu acht Audiokanälen begleitet sein. Es werden die Datenreduktionsverfahren von MPEG-Layer II unterstützt, mit Datenraten zwischen 32 und 192 kbit/s für Mono- bzw. 64 bis 384 kbit/s für Stereosignale. Bei MPEG-2 kann zusätzlich ein Extensionstream für eine Maximalrate von 528 kbit/s genutzt werden. Als Abtastfrequenz wurden 48 kHz zugrunde gelegt. Dieser Wert gilt auch für das alternative Datenreduktionsverfahren Dolby AC3. Für diese Version werden alle Modi, nämlich 1 bis 3 Frontkanäle ohne Surroundsound und 2 oder 3 Frontkanäle mit zwei Surroundkanälen, unterstützt (s. Kap. 3.3). Die Datenrate liegt zwischen 64 und 448 kbit/s. Bei typischen Videofilmen wird eines dieser Audioformate eingesetzt, die DVD kann aber auch als reines Audioaufzeichnungsmedium verwendet werden. Aufgrund der hohen Datenübertragungsrate sind bis zu 8 PCM-Kanäle ohne Datenreduktion mit 16 bit/48 kHz möglich oder auch die Abtastung von 24-Bit-Werten bei 96 kHz für zwei Kanäle.

6 Film in der digitalen Ebene

Filmbilder in Datenform wurden zunächst im Bereich der Postprodukti-on gebraucht, vor allem für Bildmanipulationen, die mit konventionel-len Mitteln des Kopierwerks nicht herstellbar waren. Das ist bis heute ein starkes Motiv, mit sinkenden Kosten für die digitalen Postprodukti-onsmittel werden aufwändige Tricks bei immer mehr Filmen realisiert. Üblicherweise werden die erforderlichen Bearbeitungsschritte auf Basis des Filmmaterials durchgeführt. Der Transfer des Filmbildes in die digi-tale Ebene erfolgt dabei mit Filmabtastern, der Rücktransfer der digita-len Daten mit Hilfe von Filmbelichtern. Um das ausbelichtete Material möglichst unauffällig wieder in den Film integrieren zu können, müssen die drei Schritte Abtastung, Bearbeitung und Belichtung mit hoher Auf-lösung und in optimaler Abstimmung aufeinander erfolgen. Dabei ent-steht eine sehr große Datenmenge, die schwer zu handhaben ist.

▶ **Üblicherweise werden die digitalen Bearbeitungsschritte auf Basis des Filmmaterials durchgeführt. Der Transfer des Filmbildes in die digitale Ebene erfolgt dabei mit Filmabtastern, der Rücktransfer der digitalen Daten mit Hilfe von Filmbelichtern**

Zu Beginn der Entwicklung entstanden geschlossene Systeme, die alle drei Bearbeitungsschritte integrierten, so dass die Daten bis zur Belich-tung nicht ausgegeben werden mussten. Die bekanntesten Beispiele sind das Cineon-System von Kodak und Domino von Quantel, die nicht mehr vertrieben werden. Statt ein Großsystem mit allen Arbeitsschritten zu belasten, wird heute eher arbeitsteilig gearbeitet, d. h. Abtastung, Bear-beitung und Belichtung werden an separaten, für die jeweilige Aufgabe optimierten Systemen von Spezialisten vorgenommen. Trotz des raschen Fortschritts der Digitaltechnik ist dabei der Datenaustausch ein immer noch vorliegendes Problem, denn während früher oft nur kurze Sequen-zen digital bearbeitet wurden, sind es heute oft ganze Spielfilme, die manchmal nicht nur wegen der visual effects, sondern auch z. B. zur Er-zeugung einer besonderen Bildanmutung in die digitale Ebene transfor-miert werden.

Das Gesamtkonzept zum digitalen Film wird als Digital Lab bezeich-net, da es viele Prozesse abdeckt, für die sonst das Kopierwerk erforder-lich ist. Beim Vergleich zwischen der klassischen und der digitalen Film-

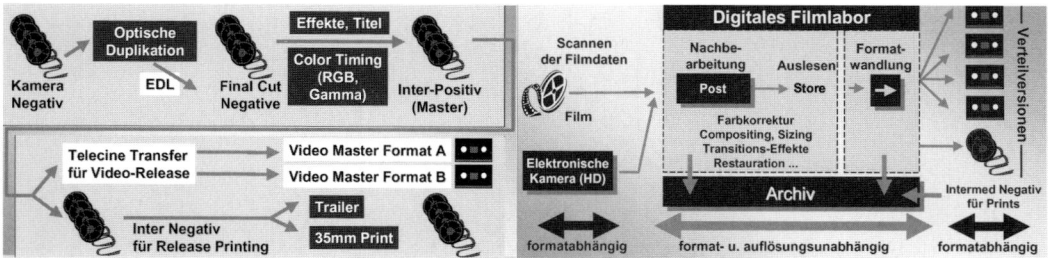

Abb. 6.1
Vergleich der Bearbei-
tungsschritte im klassi-
schen (links) und digitalen
Filmproduktionsweg
(rechts) /37/

produktionskette (Abb. 6.1) /37/ wird deutlich, dass dabei auch weniger Filmduplikate erforderlich werden, so dass diesbezüglich ein Qualitäts- gewinn entsteht.

   Alternativ zum Weg über das Filmnegativ können Bilder für den Kino- bereich heute auch direkt elektronisch mit HD-Kameras aufgenommen werden, oder es werden am Computer generierte Bilder in den Film ein- gefügt. Dabei spielen vermehrt nicht nur die ausgefeilten Trickmöglich- keiten eine Rolle, sondern auch ökonomische Erwägungen. Dies gilt auch hinsichtlich der mit `Digital Cinema` bezeichneten Vision (s. Kap. 6.8), die vorsieht, dass die Digitalbilder gar nicht mehr auf Film belichtet werden, damit schließlich ganz auf das Filmmaterial und die aufwändi- gen chemischen Prozesse verzichtet werden kann. Dann müssen die üb- lichen Filmprojektoren in den Kinos durch elektronische Projektoren er- setzt werden. Das wesentliche Problem bei der rein digitalen Kette ist al- lerdings, dass sie nicht die Formatunabhängigkeit, Langzeitstabilität und internationale Austauschbarkeit gewährleistet, die bei Filmmaterial seit langem gegeben ist, so dass damit zu rechnen ist, dass der Film kurz- und mittelfristig seine Bedeutung behalten wird.

6.1   Parameter für den Filmtransfer

In diesem Kapitel werden die idealen Parameter und die praktisch vor- handenen Realisierungsmöglichkeiten für die digitale Umsetzung und Verarbeitung von Filmbildern erörtert. Die wesentlichen Beurteilungs- kriterien für die Qualität, mit denen Filmbilder digital dargestellt werden können, sind das Auflösungsvermögen, der Kontrastumfang und die Umsetzung von Grauwerten und Farben. Die Filmparameter werden be- züglich Negativfilmen betrachtet, da dieses Material abgetastet und auch bei der Ausbelichtung verwendet wird. Konkrete Beispiele beziehen sich auf die weit verbreiteten Kodak-Filme Eastman EXR 100T (5248), Kodak Vision 200T (5274) und Kodak Vision 500T (5279) mit den Empfindlich- keiten 100, 200 und 500 ASA. Für die Belichtung der Digitaldaten auf Film wird vorwiegend besonders feinkörniges und damit unempfindli- ches Material der Typen Eastman EXR 50D (5245) und Intermediate-Ma- terial des Typs 5244 benutzt.

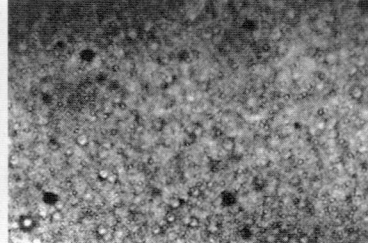
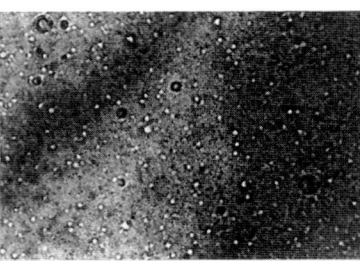

| Gesamtbild mit Ausschnitt | Kodak EXR 5274 mit 200 ASA | Kodak 5248 mit 100 ASA |

Abb. 6.2
Gesamtbild und vergrößerte Bildausschnitte bei verschiedenen Negativempfindlichkeiten /13/

6.1.1 Die Bildauflösung

Bezüglich der Bildauflösung sollen einerseits im Digitalbereich so viele Bildpunkte zur Verfügung stehen, dass damit die Filmauflösung, gemessen in Linienpaaren pro Millimeter (lp/mm) oder als MTF, erreicht wird. Zweitens ist zu bedenken, dass der sog. Filmlook stark vom Filmkorn geprägt ist, das die besondere Eigenschaft der statistischen Verteilung aufweist (s. Abschnitt 2.3). Beim Farbfilm treten an die Stelle des Filmkorns die Farbstoffwolken. Abbildung 6.2 zeigt noch einmal die Farbstoffwolken zweier der genannten Filmmaterialien und das Gesamtbild, dem der Ausschnitt entnommen ist. Es wird deutlich, wie die Wolken mit sinkender Filmempfindlichkeit kleiner werden. Die Größen betragen bei dem 500-ASA-Material 8 µm, bei 200 ASA 5 µm und bei 100 ASA 3 µm. Um die Größenordnung der Farbstoffwolken zu erreichen, müssen bei einem Übergang zwischen Film und Digitaldaten die abgetasteten bzw. aufbelichteten Bildpunkte also in der Größenordnung von 5 µm liegen, d. h. dass ein 35-mm-Film mit full apertur von 24,9 mm x 18,7 mm durch eine Bildpunktanzahl von 4980 x 3752 repräsentiert werden muss. Bei 3 µm-Farbstoffwolken wären mehr als 8000 Bildpunkte horizontal erforderlich. Bei dieser Betrachtung ist zu bedenken, dass die Zerlegung des Bildes nach einem regelmäßigen Schema mit der Entstehung von Alias-Strukturen verbunden sein kann, die nur unter Beachtung des Abtasttheorems ausgeschlossen werden können. Nach dem Abtasttheorem müssen die Abtaststrukturen doppelt so fein sein wie die feinsten aufzulösenden Bildelemente, so dass im letzten Beispiel eine 16k-Abtastung erforderlich wäre. Abb. 6.3 zeigt in den Simulationen einer 2k-, 4k- und 8k-Abtastung, die auf das vergrößerte Bild des 100-ASA-Materials angewandt wurden, dass die Farbstoffwolken nur bei 8k sichtbar sind und bei 4k-Auflösung verschwinden /13/.

Ohne Berücksichtigung der Farbstoffwolken kann die erforderliche Bildpunktanzahl in der digitalen Ebene auch nur mit Hilfe der Modulationstransferfunktion ermittelt werden. Nimmt man wieder den Kodak-5248-Film als Beispiel, so zeigt das Datenblatt (Abb. 2.25), dass die maximalen MTF-Werte bei Blau erreicht werden. Bei 50 % MTF kann hier

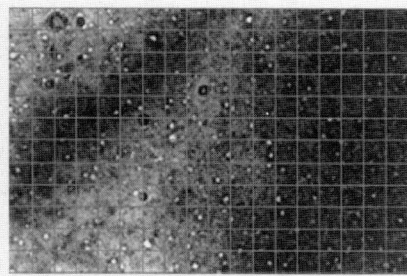

Kodak 5248 mit 100 ASA aufgerastert

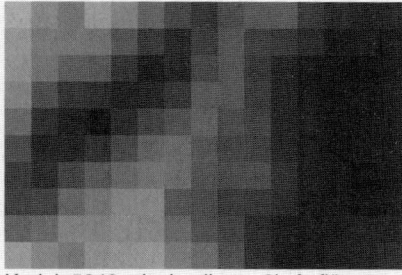

Kodak 5248 mit simulierter 2k-Auflösung

Kodak 5248 mit simulierter 4k-Auflösung

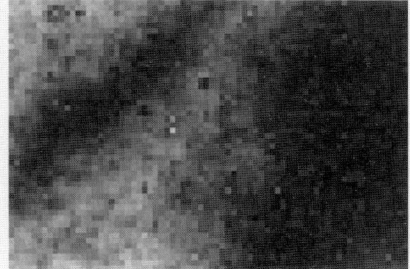

Kodak 5248 mit simulierter 8k-Auflösung

ein Auflösungswert von 120 lp/mm abgelesen werden. Um diese zu erreichen, sind unter Berücksichtigung eines Faktors 2 für das Abtasttheorem 2 x 24,9 mm x 120 lp/mm x 2/paar = 11 950 Pixel, d. h. eine 12k-Abtastung, erforderlich. Bei Orientierung an der MTF für Grün mit 80 lp/mm genügt eine 8k-Abtastung, der gleiche Wert gilt für 500-ASA-Material Kodak 5279 bei Blau.

Abb. 6.3
Simulation der Abtastung von 100-ASA-Material mit verschiedenen Auflösungen /13/

Die bisherigen Betrachtungen beziehen sich allein auf das Filmmaterial. Die Feinheit der Bildauflösung hängt aber von dem gesamten technischen System, insbesondere von der Kamera ab. Hier tritt vor allem die Modulationstransferfunktion der Objektivs hervor, die auch bei Verwendung von Prime Lenses mit $MTF_{ges} = MTF_{Film} \cdot MTF_{Kamera}$ einen Einfluss hat, der die Gesamtauflösung auf ca. 30 lp/mm bei $MTF_{ges} = 50\%$ senkt.

Falls der Abtastprozess, der ja selbst multiplikativ in die Gesamt-MTF eingeht, das Ergebnis nicht weiter verschlechtern soll, ist aus diesen Betrachtungen zu folgern, dass die Abtastung oder Belichtung mit mindestens 4k, d. h. 4096 Bildpunkten in der Bildhorizontalen, erfolgen sollte. Weitere Untersuchungen haben gezeigt, dass die Steigerung auf 5k oder 6k nur noch minimale Gewinne bringt. Bei 4k-Auflösung ergibt sich für ein 35-mm-Filmbild der maximalen Größe (full apertur, 24,9 mm x 18,76 mm) eine Anzahl von 3112 Bildpunkten vertikal. Nach dem Rücktransfer der Digitaldaten auf Film sind schließlich weitere Auflösungsverluste durch den Kopierprozess und die Projektion zu erwarten, die nach Einschätzung der Fa. Cintel mit einer Auflösungsäquivalenz von 2k für die Kopie bzw. 1,5k für die Projektion gleichgesetzt werden können.

Material	Schicht	D_{min}	D_{max}	ΔD	Kontrastumfang
5279	B	0,9	2,6	1,7	1:1000
	G	0,55	2,2	1,65	
	R	0,19	1,6	1,41	
5274	B	0,95	2,55	1,6	1:3162
	G	0,6	2,22	1,62	
	R	0,19	1,6	1,41	
5248	B	0,95	2,5	1,55	1:5623
	G	0,6	2,15	1,55	
	R	0,19	1,55	1,36	

Tabelle 6.1
Dichtebereiche verschiedener Negativmaterialien

6.1.2 Die Grauwertauflösung

Tabelle 6.1 zeigt Belichtungsumfänge und Dichtebereiche verschiedener Negativmaterialien, die für die Aufnahme in der Kamera und zur Belichtung verwendet werden /14/. Es ist ersichtlich, dass ein maximaler Dichteunterschied $\Delta D = 1{,}7$ auftritt. Um allen Eventualitäten gerecht zu werden, wird für die Betrachtung des digitalen Negativs oft eine Minimaldichte D_{min} von 0,2 und ein $\Delta D = 2$ festgelegt (Kodak). Die Digitalisierung, d. h. die Zuordnung von Abtastwerten zu einer begrenzten Anzahl von Grauwertklassen, erzeugt einen Quantisierungsfehler, für den das menschliche Auge besonders im dunkleren Graubereich empfindlich ist, da es dort ein höheres Auflösungsvermögen hat als im hellen. Damit bei der Projektion des Positivs auch im Bereich des hohen Auflösungsvermögens der Quantisierungsfehler unsichtbar bleibt, ist eine Auflösung eines jeden Abtastwertes in ca. 1000 Stufen bzw. eine Darstellung von 10 bit erforderlich. Bei Umsetzung eines Dichteumfangs von $\Delta D = 2$ ergibt sich aus 10 bit eine Dichteabstufung von ca. 0,002 D pro Codewort. Man spricht in diesem Fall etwas irreführend von 10 bit logarithmischer Daten, da die Zahlen den logarithmisch gebildeten Dichteunterschieden des Negativfilms zugeordnet werden. Der wesentliche Punkt ist dabei, dass dies anhand der flachen Kennlinie des Negativmaterials geschieht, die eine Steigung von ca. $\gamma = 0{,}6$ aufweist. Die Bezeichnung lineare Daten bezieht sich dagegen auf $\gamma = 1$, d.h. den gleichmäßigen Anstieg der Transparenz oder eines elektronischen Signals mit der Belichtung, so wie es bei einem elektronischen Bildwandler der Fall ist. 10-Bit-log-Daten stellen den Kontrastumfang also quasi komprimiert dar.

▸ **Bei Umsetzung eines Dichteumfangs $\Delta D = 2$ ergibt sich aus 10 bit eine Dichteabstufung von ca. 0,002 D pro Codewort. Man spricht in diesem Fall von 10 bit logarithmischer Daten**

Zur Umrechnung zwischen log- und lin-Daten kann man von der oben genannten Dichtedifferenz $\Delta D = 2$ ausgehen und annehmen, dass sie aus der Belichtung eines Negativs mit $\gamma = 0{,}6$ herrührt (Abb. 6.4). Aus $\Delta D/\gamma = 3{,}33$ folgt dann ein Kontrastumfang von $10^{3,33} = 2154{:}1$, der mit $2^{11} = 2048$ wiederum etwa 11 Blendenstufen entspricht, während zu der Dichtedifferenz $\Delta D = 2$ ein Transparenzumfang von 100:1 gehört. Zur

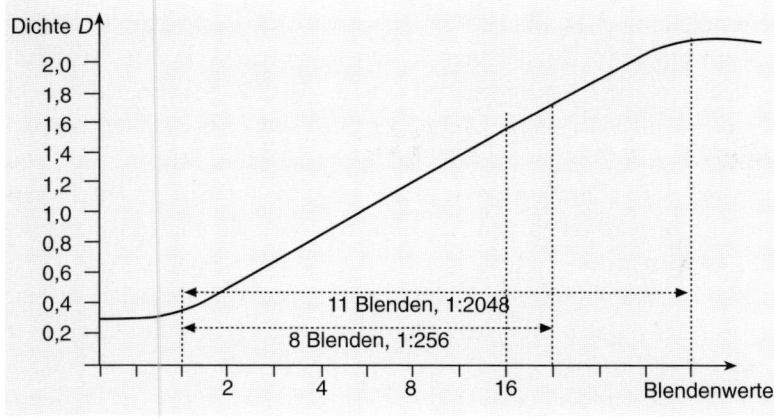

Abb. 6.4
Kennlinie des Filmnegativs

Bildung eines linearen Zusammenhangs zwischen Belichtung und Transparenz muss der Transparenzumfang danach um den Faktor 21,54 größer sein. Um diesem Faktor bei linearer Darstellung gerecht zu werden, müssen also 4 bis 5 bit mehr verwendet werden. Da der Dichteunterschied der Rechengrundlage eher zu groß ist, reichen 14 bit linear aus, um den Grauwertbereich der 10-bit-log-Daten darzustellen.

Der Unterschied zwischen derartig gebildeten log- und lin-Daten ist sehr bedeutend im Hinblick auf die Weiterverwertung des Digitalsignals. Wenn es im Endeffekt auf ein elektronisches Display, wie die Kathodenstrahlröhre, gelangen soll, so ist die lineare Darstellung zu bevorzugen. Dann muss dieses Signal nur noch mit dem spezifischen Video-Gamma beaufschlagt werden, das lediglich zum Ausgleich der Nichtlinearität der Bildröhre erforderlich ist. Wenn dagegen das Digitalsignal wieder auf einen Film ausgegeben werden soll, so ist die Beibehaltung der log-Werte günstiger, da sich der gewünschte hohe Endkontrast der Positivkopie wie gewöhnlich direkt aufgrund des anschließenden Kopiervorgangs zu Positiv ergibt, vorausgesetzt, dass als Negativmaterial für den Belichtungsprozess Intermediate-Filmmaterial verwendet wird, das mit $\gamma = 1$ die Gradation nicht noch einmal seinerseits beeinflusst.

Eine Schwierigkeit bei der Beibehaltung der log-Daten stellt ihre Beeinflussung dar, wie sie z. B. für die Farbkorrektur unumgänglich ist. Für diesen Vorgang ist eine visuelle Kontrolle erforderlich, die mit Hilfe von Kathodenstrahlmonitoren oder Projektoren erfolgt, die ihrerseits ihr spezielles Kontrastverhalten aufweisen. Das Displaysystem sollte daher so gestaltet sein, dass unter Berücksichtigung der immanenten Nichtlinearität der verwendeten Bildröhre oder eines anderen Displays eine Einstellung gewählt werden kann, die weitgehend der Gamma-Kurve der Filmprojektion entspricht. Eine ähnliche Schwierigkeit besteht, wenn Programme zur Bildmanipulation benutzt werden. In den meisten Fällen beruhen die Software-Routinen auf der Annahme einer linearen Hellig-

▶ **Das Displaysystem für die Filmdatenbearbeitung sollte so gestaltet sein, dass unter Berücksichtigung der immanenten Nichtlinearität der verwendeten Bildröhre oder eines anderen Displays eine Einstellung gewählt werden kann, die weitgehend der Gamma-Kurve der Filmprojektion entspricht**

keitsverteilung, d. h. einer Verdopplung des Codewortwertes bei Helligkeitsverdopplung. Um Fehlberechnungen zu vermeiden muss das Film-Gamma rechnerisch ausgeglichen werden, dabei können auch die leicht unterschiedlichen Gamma-Werte der einzelnen Farbschichten berücksichtigt werden. Insgesamt stellt die Anpassung aller Bestandteile einen aufwändigen Kalibrationsprozess dar, der individuell für das jeweils verwendete Displaysystem und für das eingesetzte Filmmaterial durchgeführt werden muss.

Bei der hier vorgestellten Digitalisierung des Filmnegativs entsteht bei 10-bit-log-Daten und 4k-RGB-Auflösung ein Datenumfang von 3 x 4096 x 3112 x 10 bit = 45,6 MB pro Bild. Bei 2k-Auflösung sind es noch 11,4 MB, die sich bei linearer Darstellung mit 14 bit auf ca. 16 MB erhöhen. Bei 2k-Auflösung mit 14 bit ist pro Minute eine Speicherkapazität von 23 GB erforderlich. Diese Angaben beziehen sich auf die reinen Bilddaten, wenn sie in Files verpackt werden, steigt der Datenumfang.

Um die Datenmenge zu reduzieren, kann die Theorie für ein digitales Positiv verwendet werden. Dabei wird von einem erheblich geringeren Dichteumfang ausgegangen, mit dem Argument, dass auch bei der Erstellung einer Positivkopie im Kopierwerk die Anpassung an die steile Kennlinie des Printfilms dazu führt, dass nur ein Ausschnitt aus der Negativkennlinie genutzt wird. In diesem Fall ist es bei der Quantisierung möglich, mit 8 bit in linearer Darstellung auszukommen /38/. Die praktische Durchführung erfordert allerdings sowohl bei der Filmabtastung als auch bei der Ausbelichtung eine sehr exakte Anpassung an den gewünschten Dichtebereich und damit einen erheblichen Aufwand. Um sich für den weiteren Verarbeitungsprozess auch bei den Digitaldaten möglichst den Belichtungsspielraum zu erhalten, der beim Negativmaterial gegeben ist, sollte die oben angewandte Theorie des digitalen Negativs zugrunde gelegt werden und nicht die des Positivs.

6.1.3 Die Farbqualität

Das digitale Filmbild kann als Gemisch von RGB-Farbauszügen gewonnen werden. Bei der Filmabtastung wird das Negativ mit weißem Licht durchstrahlt und die Farbauszüge werden über RGB-Farbfilter gewonnen. Die Filter müssen möglichst steilflankig arbeiten, damit keine spektralen Überlappungen auftreten. Abbildung 6.5 zeigt ein Beispiel für hochwertige Filterkurven, die auf die Filter eines anschließenden Ausbelichtungsvorgangs abgestimmt sind /13/.

Auch bei der Umsetzung der elektronischen Signale durch Filmbelichtung müssen die RGB-Auszüge separat aufgenommen werden. Idealerweise verwendet man dazu drei Laser, die jeweils monochromatisches Licht für die drei Grundfarben (z. B. mit 633 nm, 543 und 458 nm Wel-

▶ **Bei 10 bit-log-Daten und 4k-RGB-Auflösung entsteht ein Datenumfang von 3 x 4096 x 3112 x 10 bit = 45,6 MB pro Bild. Bei 2k-Auflösung sind es noch 11,4 MB, die sich bei linearer Darstellung mit 14 bit auf ca. 16 MB erhöhen**

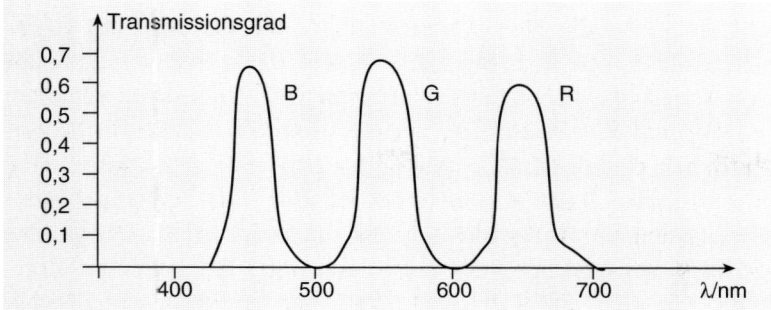

Abb. 6.5
Beispiel für Filterkurven im Filmabtaster

lenlänge) erzeugen. Die Alternative ist auch hier die Verwendung von weißem Licht und Filtern, wie es z. B. bei den CRT-Recordern geschieht. Die Filterkurven sollten möglichst gut auf die spektralen Eigenschaften des aufnehmenden Filmmaterials abgestimmt sein und mit den Filterkurven der Abtastung übereinstimmen.

6.2 Filmabtaster

Filmabtaster dienen der Umsetzung des Filmbildes in elektronische Signale bzw. digitale Daten. Dazu wird der Film durchleuchtet und das Licht gelangt auf einen Bildwandler. Der Filmtransport lässt sich hinsichtlich des intermittierenden und kontinuierlichen Laufs unterscheiden. Eine zweite Klassifikation ist möglich nach der ausgegebenen Signalqualität, also hinsichtlich der Unterscheidung in SDTV, HDTV oder Filmauflösung mit 2k oder 4k.

Für den Fernsehbereich erfolgte die Umsetzung natürlich in Standardauflösung, mit Geräten, die Telecine genannt werden. Diese sind seit langer Zeit ein wichtiger Bildgeber, denn vor der Verfügbarkeit elektronischer Magnetbandaufzeichnungsverfahren war der Film das einzige Speichersystem für den Fernsehbereich, so dass die Umsetzung von Film in Videosignale eine große Rolle spielte. Da das Fernsehsystem die Bildfrequenz bestimmt, erfolgen die Filmproduktionen für den Fernsehbereich, meist auf 16-mm-Film, mit einer Filmgeschwindigkeit von 25 fps, so dass eine problemlose Umsetzung in 50 Halbbilder möglich wird.

Damals wie heute werden jedoch auch Kinofilme im Fernsehen gezeigt, die für eine Wiedergabe mit 24 fps konzipiert sind. Es muss also die Möglichkeit einer Anpassung zwischen der Filmgeschwindigkeit mit 24 Frames per Second (fps) und dem Videosignal mit 25 fps in Europa bzw. 30 fps in Amerika gegeben sein. In Europa ist die Anpassung unaufwändig: Der Film läuft bei der Abtastung einfach schneller, als er im Kino wiedergegeben wird. Die Abweichung von ca. 4,1 %, die für das Audiosignal mit einer Steigerung der Tonhöhe einhergeht, wird meist nur bei direktem Vergleich zwischen 24-fps- und 25-fps-Wiedergabe wahr-

▸ **Für die Wiedergabe von Kinofilmen im Fernsehen muss die Möglichkeit einer Anpassung zwischen der Filmgeschwindigkeit mit 24 Frames per Second (fps) und dem Videosignal mit 25 fps in Europa bzw. 30 fps in Amerika gegeben sein**

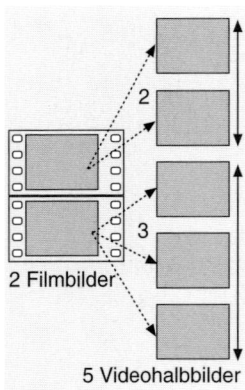

2 Filmbilder

5 Videohalbbilder

Abb. 6.6
NTSC-Pulldown

▶ **Die Filmabtaster für den Fernsehbereich wurden so wei-terent-wickelt, dass sie für die Erzeugung hoch aufgelöster Bilder, also für HDTV und für den sog. digitalen Film geeignet sind. In der Regel sind diese Film Scanner in der Lage sehr viele Signalformate parallel bereitzustellen.**

genommen. Bei der Filmabtastung für das NTSC-Format mit 30 fps kann der Film nicht einfach schneller laufen, da die Differenz zu 24 fps groß ist. Hier werden mit dem so genannten NTSC-Pulldown-Verfahren pro Sekunde sechs Zusatzbilder in das Videomaterial eingearbeitet werden, d. h. nach zwei Filmbildern wird aus dem vorhergehenden Material ein zusätzliches Halbbild generiert (Abb. 6.6). Wenn auch für eine 25-fps-Abtastung die Filmgeschwindigkeit von 24 fps beibehalten werden soll, kann auf ähnliche Weise ein so genanntes PAL-Pulldown vorgenommen werden, indem zu jedem 12. Filmbild ein Zusatzhalbbild generiert wird. Eine Sekunde Videomaterial besteht dann aus $2 \cdot (11 \cdot 2 \text{ HB} + 3 \text{ HB}) = 50$ Halbbildern.

Die Filmabtaster für den Fernsehbereich wurden so weiterentwickelt, dass sie für die Erzeugung hoch aufgelöster Bilder, also für HDTV und für den sog. digitalen Film geeignet sind. In der Regel sind diese als Film Scanner bezeichneten Abtaster in der Lage, sehr viele Signalformate parallel bereitzustellen. Eine besonders interessante Entwicklung ist diesbezüglich der Gedanke, dass bei einer Vision, die die vollständige digitale Archivierung von Filmen ins Auge fasst, der Aspekt der Formatunabhängigkeit immer bedeutsamer wird. In diesem Zusammenhang ist das Ziel, mit der Anfertigung einer sog. digitalen Filmkopie zunächst eine Abtastung mit möglichst hoher Auflösung zu gewinnen, die als Basis für alle Formate dient. Die höchste Unabhängigkeit wird erreicht, wenn ein digitales Faksimile des Films angefertigt wird, d. h. der Film läuft unsynchronisiert durch den Abtaster, wobei nicht nur der Bild-, sondern auch der Randbereich mit Tonspuren, Perforation etc. erfasst wird. Aus dem gewonnenen Datensatz können dann im Prinzip auch solche Daten- und Videoformate abgeleitet werden, die erst zukünftig definiert werden, daher ist die digitale Filmkopie besonders für die Archivierung des wertvollen Filmmaterials von Bedeutung.

Moderne Filmabtaster eignen sich aufgrund der Austauschbarkeit der Bildfenster (Gates) sowohl zur Abtastung von 16- als auch 35-mm-Film. Sie erlauben den Formatwechsel zwischen 4:3 und 16:9 und enthalten eine automatische Steuerung des angeschlossenen Videorecorders. Obwohl die Abtastung möglichst staubfrei erfolgt, kann mit einer Nassabtastung, d. h. der Verwendung von Bildfenstern (Wet-Gates), durch die eine Flüssigkeit zur Filmbenetzung gepumpt wird, die Sichtbarkeit von Staub und Schrammen stark reduziert werden. Die Alternative, das sog. »Digital Wet Gate«, beseitigt die Störungen auf elektronische Art.

Da die höchstentwickelten Filmabtaster mehrere Auflösungen parallel bereitstellen, erscheint eine Unterscheidung hinsichtlich der Bildauflösung ungeeignet. Daher wird hier eine Klassifikation nach den Abtastprinzipien vorgenommen, also bezüglich der Frage, ob die Abtastung bildpunktweise, zeilenweise oder bildweise arbeitet.

6.2.1 Filmabtastung bildpunktweise

Das Grundprinzip dieser Umsetzung ist das Flying-Spot-Verfahren. Es ist bereits sehr alt und eng mit der Lichtpunktabtastung nach Nipkow verwandt, bei der ein Lichtstrahl, durch die Nipkow-Scheibe gesteuert, den Film durchdringt und auf der anderen Seite die bildpunktabhängig variierende Lichtintensität mit einer Fotozelle in ein elektrisches Signal gewandelt wird.

Beim Flying-Spot-Prinzip tritt an die Stelle des Lichtstrahls der in einer Bildröhre (CRT) erzeugte Elektronenstrahl, der mittels elektromagnetischer Felder abgelenkt wird. Der Elektronenstrahl durchdringt aber nicht den Film, sondern fällt zunächst auf eine Leuchtschicht. Dort wo der Strahl auftrifft, entsteht ein heller Lichtpunkt, der über die Ablenkung des Elektronenstrahls dann ein gleichmäßig helles, unmoduliertes Raster erzeugt. Der einzelne Lichtpunkt wiederum ist die Lichtquelle, die den Film durchdringt. Durch die ortsabhängig verschiedenen Dichten wird das Licht in seiner Intensität verändert und gelangt schließlich zu einer Fotozelle, wo aus der Folge der einzelnen Lichtpunkte direkt ein serielles Signal entsteht (Abb. 6.7). In der Fotozelle werden durch die Energie der auftreffenden Lichtquanten Elektronen aus einem Metall gelöst (äußerer Fotoeffekt). Die negativen Elektronen werden von einem positiven Potenzial an der Anode angezogen, so dass ein Stromfluss entsteht, der der Anzahl der Photonen, d. h. der Lichtintensität, proportional ist. Alternativ kann der innere Fotoeffekt einer Fotodiode (Abb. 6.8) genutzt werden.

Der Filmtransport kann bei diesem Verfahren kontinuierlich und damit materialschonend durchgeführt werden. Der Antrieb wird mit Hilfe eines Capstans vorgenommen, bei dem der Film gegen eine sich gleichmäßig drehende Scheibe gedrückt wird, die mit einem Gummibelag versehen ist und den Film schlupffrei mitzieht, wobei die Berührung nur am Rand erfolgt (Abb. 6.9).

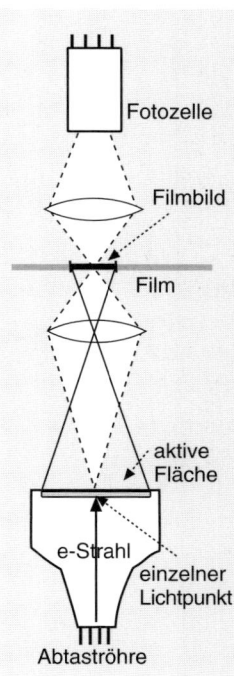

Abb. 6.7
Flying-Spot-Prinzip zur punktweisen Filmabtastung

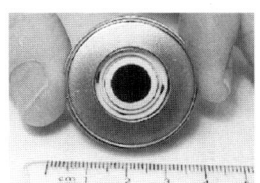

Abb. 6.8
Fotodiode aus dem Flying-Spot-Abtaster /39/

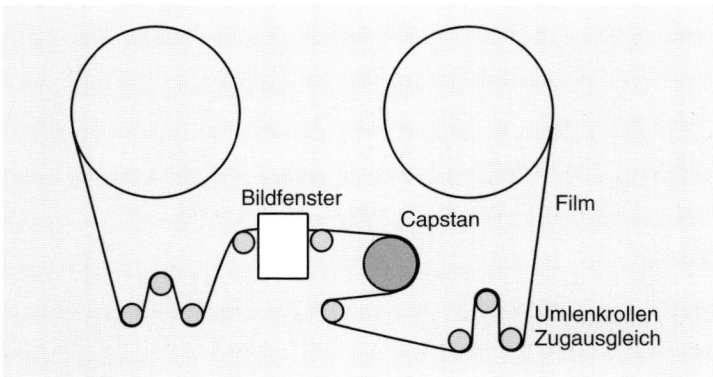

Abb. 6.9
Filmtransport im Flying-Spot-Abtaster

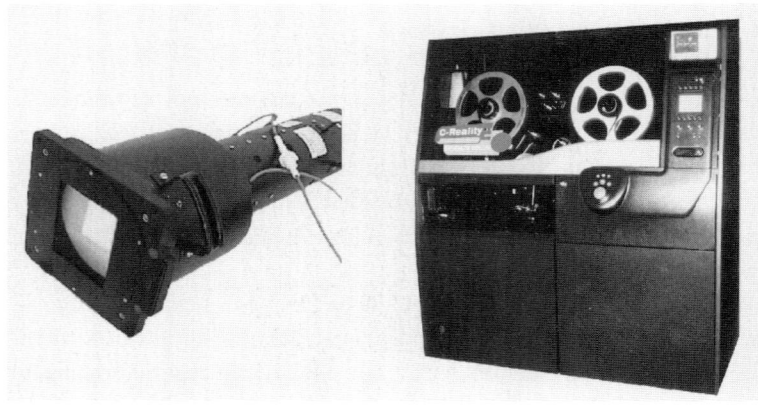

Abb. 6.10
Abtaströhre und Flying-
Spot-Abtaster C-Reality
/39/

Im Markt für Flying-Spot-Abtaster tritt seit langer Zeit die Firma Cintel hervor, die den hoch entwickelten Abtastertyp C-Reality baut (Abb. 6.10). Er arbeitet mit einer gut gegen Magnetfelder abgeschirmten Bildröhre, die eine große Helligkeit erzeugt. Die Röhre ist mit einer dicken Frontplatte versehen, die die Bildung eines Lichthofes um den Abtastspot verhindert. Mit digitaler Steuerung wird eine hochpräzise Strahlablenkung erreicht. Das Licht der Abtaströhre gelangt über den Film zu einem farbselektiven Strahlteiler und von dort aus weiter zu drei Fotodioden /39/.

Die Abtaststeuerung ist sehr flexibel, ein Formatwechsel zwischen 4:3 und 16:9 ist damit ebenso wenig ein Problem wie die Halbbildgewinnung. Die Abtastung kann an verschiedene Filmgeschwindigkeiten und Standbilder angepasst werden. Die digitale Steuerung ermöglicht auch den Ausgleich von Instabilitäten der Bildlage. Bildstandsfehler sind im Videobereich besonders kritisch, da das instabile, abgetastete Bild mit stabilen Videobildern gemischt oder überlagert werden kann (z. B. bei der Untertitelung). Die Bildstandsfehler werden unsichtbar, wenn das Abtastraster in gleicher Weise wie das Filmbild verschoben wird. Mit der digitalen Abtaststeuerung bei Flying-Spot-Abtastern kann dies erreicht werden, indem als Referenz für das Abtastraster die Filmperforation benutzt wird, die die gleiche Instabilität aufweist wie das Bild.

Abb. 6.11
Blockschaltbild des Flying-
Spot-Abtasters C-Reality

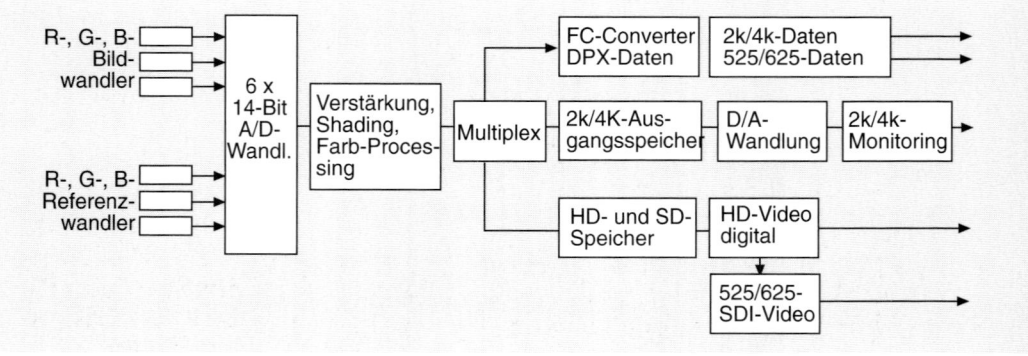

Abb. 6.12
ITK Millenium Machine
/40/

Auch die Signalverarbeitung geschieht auf digitaler Basis. Das vorverstärkte Signal wird mit hoher Auflösung A/D-gewandelt und in einen Datenspeicher eingelesen. Die Daten können bezüglich Farbe und Kontrast umfangreich verändert und als Analog- oder Digitalsignal ausgegeben werden. Der Typ C-Reality von Cintel bietet bei einer Digitalisierung mit 14 bit eine maximale Auflösung von 4K. Bei 2k, d. h. wenn eine Zeile in 2048 Bildpunkte und das Bild in 1536 Zeilen (B/H = 4/3) aufgelöst wird, ermöglicht C-Reality eine Abtastgeschwindigkeit von 6 Bildern/s. Abbildung 6.11 zeigt das Blockschaltbild des Abtasters C-Reality.

Als zweites Beispiel für einen hochwertigen und für Film geeigneten Flying-Spot-Abtaster sei die ITK Millenium Machine genannt. Auch dieses Gerät arbeitet mit kontinuierlichem Filmtransport und ermöglicht ebenfalls die 4k-Abtastung. Die 2k-Auflösung ist mit Geschwindigkeiten von bis zu 15 fps möglich. Der Transport und die Bildfenster sind für alle Filmformate zwischen 8 mm und 70 mm ausgelegt. Die Maschine fällt äußerlich durch den y-förmigen Bereich auf, der den Strahlteiler und die drei Wandler für RGB enthält (Abb. 6.12). ITK nimmt für sich in Anspruch, einen wesentlichen Nachteil des Flying-Spot-Verfahrens beseitigt zu haben: nämlich das eingeschränkte Lichtspektrum der CRT-Röhre, das die exakte Umsetzung aller Farben erschwert. Abbildung 6.13

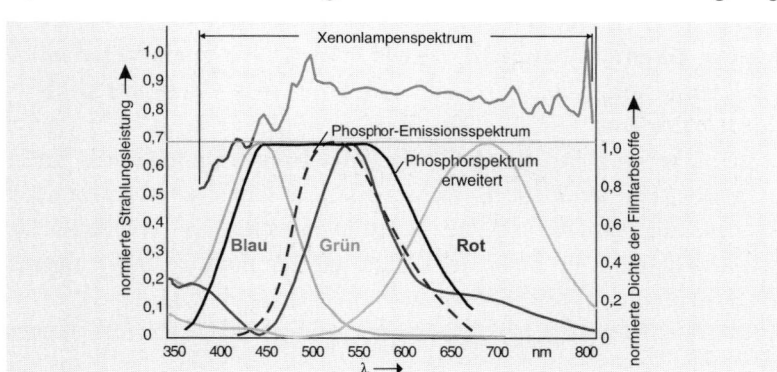

Abb. 6.13
Vergleich der Spektralbereiche von Film, Xenonlampe sowie gewöhnlichem und verbessertem CRT-Phosphor /41/

zeigt den Vergleich der Absorptionskurven des Filmnegativmaterials Kodak 5246/7246 mit den eingeschränkten und erweiterten Spektren der CRT-Röhren sowie dem Spektrum einer Xenonlampe, die bei den Abtastverfahren eingesetzt wird, die zeilen- bzw. bildweise arbeiten.

Ein Vorteil von Flying Spot gegenüber anderen Abtastverfahren ist, dass bei den vielfältigen Möglichkeiten der Bildformatänderung und Verzerrung, die aus Qualitätsgründen möglichst nahe an der Quelle, also im Abtaster selbst, vorgenommen werden, kein Auflösungsverlust auftritt, da die auf der Röhre abgetastete Fläche für einen Zoomeffekt z. B. einfach verkleinert werden kann.

Hersteller von Abtastern nach dem Flying-Spot-Prinzip nehmen für sich in Anspruch, dass diese Technik am besten den »Film-Look« erhält, da durch die veränderbare Verstärkung am Fotosensor die Erfassung des gesamten Kontrastbereichs des Filmmaterials erreicht werden kann, und die beste Anpassung an die Gradationskurve möglich wird. Damit soll die Umsetzung eher weicher und damit besser an das Medium Film angepasst sein. Als weiteres Qualitätsargument kann angeführt werden, dass bisher nur Abtaster nach diesem Prinzip in der Lage sind, bei 2k- oder 4k-Auflösung die volle RGB-Auflösung, d. h. ohne unterschiedliche Auflösung im Luminanz- und Chrominanzbereich, zu bieten. Die Behauptung eines weicheren Bildeindrucks ohne die Härte, die oft mit Digitalsystemen verknüpft ist, kann durch das Argument gestützt werden, dass die Bildpunktbildung einem nicht ganz so starren Muster unterliegt wie bei Wandlern, die zeilen- oder bildweise arbeiten, und bei variablerem Muster weniger Alias-Störungen auftreten. Im gleichen Sinne wirkt auch die Form der Intensitätsverteilung über dem Bildpunkt selbst, die bei Flying Spot über einer runden Fläche gaußförmig ist.

6.2.2 Filmabtastung zeilenweise

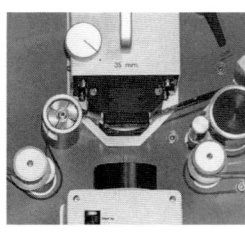

Abb. 6.14
Bildfenster eines CCD-
Zeilenabtasters /34/

Für diese Abtastungsart werden Halbleiterbildwandler in Form von CCD-Zeilen verwendet. Bei CCD-Abtastern wird zur Lichterzeugung keine Röhre, sondern eine leistungsstarke Halogen- oder Xenonlampe verwendet, deren Lichtspektrum mittels Filter an das Filmmaterial angepasst wird (Abb. 6.13). Das Lichtbündel wird mit Zylinderlinsen so geformt, dass ein möglichst gleichmäßig ausgeleuchteter Lichtstreifen entsteht, der den Film in voller Breite durchdringen kann. Für die Abtastung verschiedener Bildformate muss das Licht unterschiedlich gebündelt werden, daher gibt es für die einzelnen Bildformate eigene Optikblöcke, die das Objektiv, die Kondensorlinsen und die Filmführung enthalten und als komplette Einheit ausgetauscht werden (Abb. 6.14).

Das durch den Film tretende Licht ist durch den Dichteverlauf moduliert und wird über ein Projektionsobjektiv auf ein Strahlteilerprisma ab-

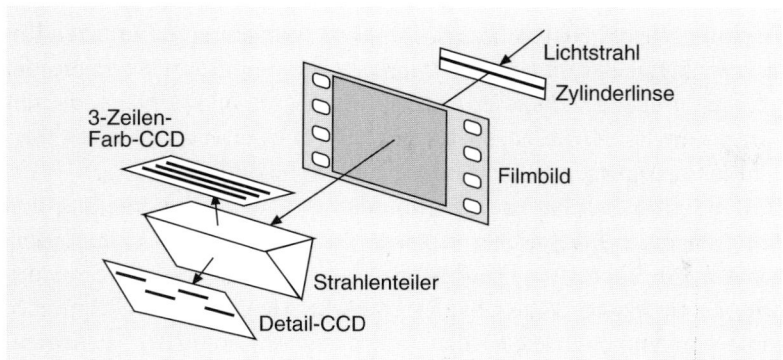

Abb. 6.15
Strahlverlauf beim CCD-
Zeilenabtaster

gebildet, das es in RGB-Anteile zerlegt (Abb. 6.15) /41/. Für jeden Farb-
auszug wird eine separate Bildwandlerzeile verwendet. Der Film wird
kontinuierlich zwischen Zylinderlinse und CCD-Zeile geführt, der Antrieb wird auch hier meist mittels Capstan realisiert.

Der Bildwandler ist in eine lichtempfindliche und eine Speicherzeile
aufgeteilt. Damit wird die Belichtungszeit unabhängig von der Auslese-
zeit. Die durch das Licht in der Zeile erzeugte Ladung wird während der
H-Austastzeit schnell in die angrenzende CCD-Speicherzeile geschoben,
die wie bei Flächenbildwandlern als Ausleseregister dient. Das H-Regis-
ter kann so innerhalb der aktiven Zeilendauer entleert werden, während
für die lichtempfindliche Zeile die gleiche oder eine kürzere Zeit zur La-
dungsintegration zur Verfügung steht. Die CCD-Analogsignale werden
dann A/D-gewandelt und gespeichert. Schließlich wird das Videosignal
in digitaler oder analoger Form bereitgestellt. Dem Zeilensprungverfahren wird Rechnung getragen, indem das Signal halbbildrichtig aus dem
Speicherbereich ausgelesen wird.

Bei CCD-Filmabtastern ist die Firma Thomson (ehem. Philips/BTS)
marktführend, deren höchstentwickelter Abtastertyp (Abb. 6.16) die Be-

Abb. 6.16
Zeilenabtaster Spirit
Datacine /34/

zeichnung Spirit Datacine trägt. Das Gerät erreicht eine Geschwindigkeit von bis zu 23 fps und kann 35-mm-, 16-mm- und Super-8-Filme verarbeiten. Der Spirit-Datacine-Abtaster arbeitet mit Bildwandlern, die von Kodak entwickelt wurden. Sie bestehen aus einem Detailsensor mit 1920 Bildpunkten sowie drei Farbsensoren mit je 960 Bildpunkten.

Die Signale werden nach der Wandlung digitalisiert und als 14-Bit-Datenstrom im Bildspeicher abgelegt. Dabei stehen verschiedene Korrekturmöglichkeiten zur Verfügung. So können mit der Korrektur des sog. Fixed Pattern Noise (FPN) statische Ungleichmäßigkeiten der Lichtverteilung reduziert werden, indem eine Abtastung des Intensitätsprofils der Lichtquelle ohne Film vorgenommen wird. Für jeden Bildpunkt wird dann die Abweichung vom Mittel registriert und elektronisch korrigiert, so dass Unregelmäßigkeiten der Lichtverteilung ebenso ausgeglichen werden können wie Störungen einzelner CCD-Pixel. Weiterhin gibt es Geräte zur Reduzierung der Sichtbarkeit des Filmkorns, die nach dem Prinzip der Rauschminderung arbeiten, und eine elektronische Stabilisierung des Bildstands, der jedoch bereits weitgehend stabil ist, da wie beim Flying-Spot-Abtaster die Perforation mit abgetastet wird und damit als Korrekturmaß zur Verfügung steht.

Halbleiterfilmabtaster weisen gegenüber Flying-Spot-Abtastern vor allem die Vorteile der Halbleiter- gegenüber der Röhrentechnologie auf. Die Bildparameter sind sehr stabil und die erforderlichen Abgleichmaßnahmen minimal. Die CCD-Lebensdauer ist sehr hoch, während Röhren eher verschleißen. Filmabtaster nach dem CCD-Prinzip werden daher vor allem dort benutzt, wo Wirtschaftlichkeit im Vordergrund steht.

6.2.3 Filmabtastung bildweise

Die bildweise Erfassung der Filmbilder ist ein nahe liegendes Prinzip, das bereits früh mit Röhrenbildwandlern (Speicherröhrenabtaster) verwirklicht wurde. Der Filmgeber funktioniert dabei wie ein Filmprojektor, transportiert also den Film schrittweise, während das Aufnahmesystem nach dem Prinzip einer Videokamera arbeitet, die das Filmbild während seines Stillstandes umsetzt. Aufgrund von Bildstandsproblemen wurde dieses Prinzip lange Zeit nicht mehr benutzt und Abtastverfahren mit kontinuierlichem Filmtransport bevorzugt. In neuerer Zeit wird das Verfahren jedoch wieder aufgegriffen, z. B. vom Projektorhersteller Kinoton, für den das Prinzip aufgrund der dort verfügbaren Technologie hochpräziser Schrittschaltwerke nahe liegend ist. Die Herkunft dieser Geräte, bei denen der Projektor mit einer CCD-Kamera kombiniert ist, wird auch äußerlich deutlich (Abb. 6.17). Die Film Transfer Machine der Firma konvertiert alle 35-mm-Filmformate in Echtzeit in ein SDTV- oder ein HDTV-Signal mit bis zu 850 Linien Auflösung /18/.

Abb. 6.17
Film Transfer Machine von Kinoton /18/

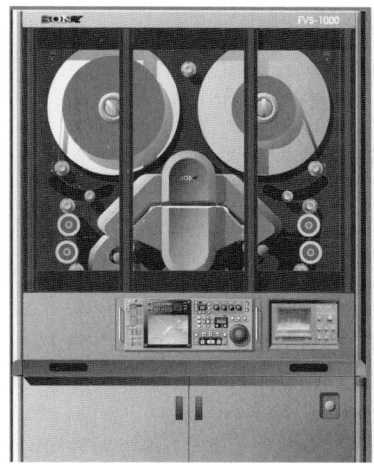

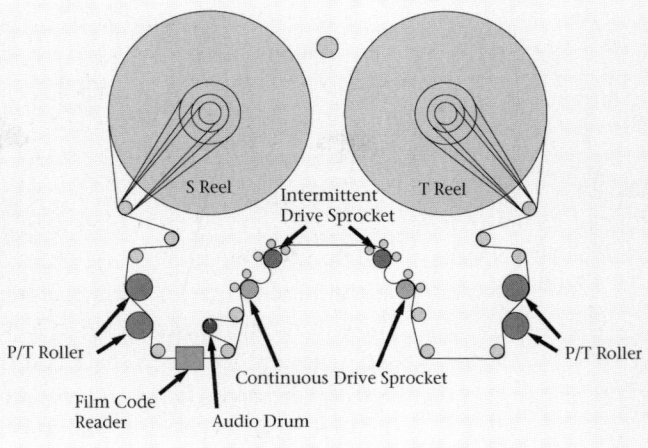

S Reel Intermittent T Reel
Drive Sprocket

P/T Roller   P/T Roller

Film Code   Continuous Drive Sprocket
Reader   Audio Drum

Als weiterer Hersteller baut die Firma Sony einen Abtaster mit Bezeichnung Vialta nach dem Prinzip der bildweisen Abtastung (Abb.
6.18). Auch er nutzt also den nur bei diesem Prinzip gegebenen Effekt
der hohen Belichtungsdauer, die ja bei der punkt- oder zeilenweisen Abtastung erheblich kürzer ist. Damit wird der große Vorteil gegenüber
den anderen Abtastprinzipien erreicht, nämlich die Abtastung in Echtzeit mit bis zu 30 Bildern pro Sekunde. Das Gerät verarbeitet 16-mm-
und 35-mm-Film. Es wird ein Bildwandler verwendet, der wie in HD-Kameras mit 3 CCD-Wandlern mit je 1920 x 1080 Bildpunkten ausgestattet
ist und jedes Bild progressiv, also ohne Zeilensprung abtastet. Echte 2k-
Auflösung wird also nicht erreicht, doch umfasst die Grauwertdarstel-
lung 12-Bit-log-Daten. Der Signalweg durch den Abtaster erfolgt im digitalen HD-RGB-Format. Das Endprodukt kann als HDTV- und SDTV-
Videosignal in 4:2:2 oder 4:4:4 ausgegeben werden, wobei im letzteren
Fall eine Dual-SDI-Übertragung verwendet wird. Wie auch in andere
hoch entwickelte Abtaster ist ein Bildstabilisierungssystem integriert,
das hier optisch arbeitet. Aufgrund des aufwändigen intermittierenden
Antriebs (Abb. 6.18) ist es hier sehr wichtig. Es analysiert die Lage eines
jeden Bildes anhand der Perforation in vertikaler und horizontaler Aus-

Abb. 6.18
CCD-Abtaster Vialta und
Antriebseinheit /33/

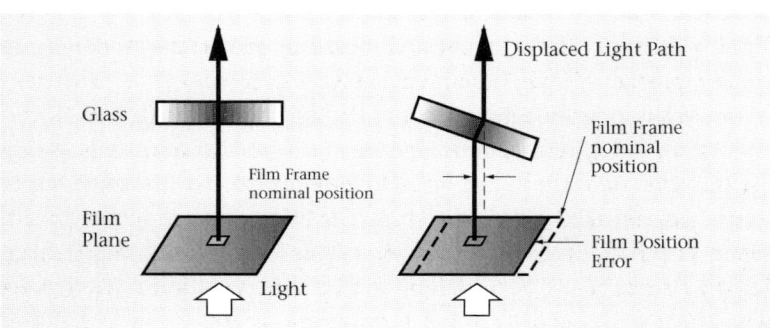

Displaced Light Path

Glass

Film Frame
nominal
position

Film Frame
nominal position

Film
Plane

Film Position
Error

Light

Abb. 6.19
Prinzip der Bildstandskor-
rektur /33/

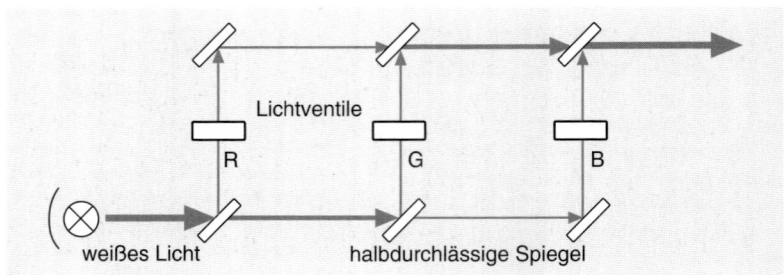

Abb. 6.20
Prinzip der primären
Farbkorrektur mit Licht

richtung und mit Hilfe einer planparallelen Glasplatte (Abb. 6.19), die bei erforderlichen Korrekturen leicht geneigt werden kann, sorgt es dafür, dass das jeweils nächste Bild in exakt derselben Position zur Abtastung fixiert wird /33/.

Eine Besonderheit bei Vialta ist eine primäre Farbkorrektur, die ausschließlich auf der Lichtebene erfolgt. Das Licht der Quelle wird dabei in die Farbauszüge RGB aufgespalten, die jeweils einzeln eine Intensitätsregelstufe durchlaufen, bevor sie wieder zusammengeführt werden. Wie im klassischen Kopierwerk wird der Film also mit korrigiertem Licht durchstrahlt und im Gegensatz zur Korrektur auf der elektrischen Seite kein verschlechterter Störabstand erzeugt (Abb. 6.20).

6.2.4 Gradations- und Farbkorrektur

Die Filmabtastung ist ein aufwändiger Prozess, bei dem die unterschiedlichen Medien Film und Video aneinander angepasst werden müssen. Allein schon wegen seiner flachen Gradationskurve kann das bei der Abtastung verwendete Filmnegativ nicht unkorrigiert verarbeitet werden. Der Prozess der Filmabtastung muss aber nicht nur in Hinblick auf die Reduktion des Kontrastumfanges, sondern auch wegen der Anpassung der Farbwerte kontrolliert werden. Die Farbkorrektur ist unumgänglich, da verschiedene Filmmaterialien unterschiedliche Farbwerte hervorrufen. Außerdem ändert sich z. B. die Farbtemperatur des Sonnenlichts tageszeitabhängig und damit von Szene zu Szene.

Bei der elektronischen Korrektur geht es im Kern immer darum, die RGB-Werte in gegenseitigem Verhältnis anzupassen und so z. B. durch gleichmäßige Anhebung in allen Kanälen eine Sättigungsminderung zu erzielen oder auch einen besonderen »Look« zu erzeugen.

Die Anpassung von Gradation und Farbigkeit wird an der Signalquelle vorgenommen, dort wo noch der gesamte Informationsgehalt verfügbar ist. Nach der Umsetzung ist zu erwarten, dass der Informationsgehalt in vielerlei Hinsicht reduziert ist. Die Hersteller von Filmabtastern bieten daher für ihre Systeme eine primäre Farbkorrekturmöglichkeit an. Die Kontrolle und Veränderung von Helligkeits- und Farbwerten geschieht entweder schnell im Synchronmodus, d. h. während des konti-

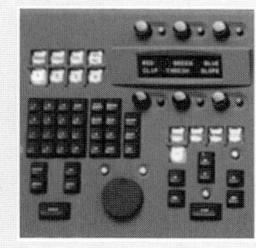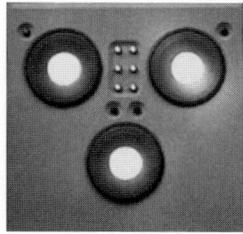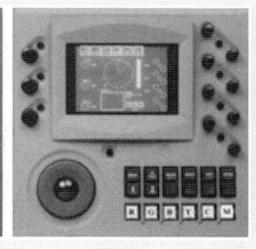

nuierlichen Durchlaufs von Hand, oder, genauer, im Programmmodus, bei dem die Werte für jede Szene einzeln individuell korrigiert und gespeichert werden. Beim eigentlichen Abtastprozess stellen sich dann im Programmmodus anhand von Timecode-Daten die entsprechenden Werte automatisch ein.

Bei hohen Ansprüchen werden die Standard-Farbkorrektureinrichtungen durch aufwändige, digital arbeitende separate Geräte wie Pandora Pogle oder Da Vinci 2k ersetzt. Das sind echtzeitfähige Bildverarbeitungssysteme auf Basis von SGI-Computern für verschiedene Auflösungen bis zu 4k, die HDTV ebenso verarbeiten können wie Daten in unterschiedlichsten Formaten, so dass eine HD-Tape-to-Tape-Korrektur ebenso möglich ist wie eine Farbkorrektur auf der Basis von linearen oder logarithmischen Filmdatenformaten. Eine direkte Anbindung an verbreitete Filmabtaster wie Spirit Datacine oder C-Reality ist gewährleistet. Derartige Systeme weisen eine sehr hohe Selektivität auf und bieten eine sekundäre Korrektur, mit der nicht nur das gesamte Bild beeinflusst wird, sondern eine bestimmte Farbe einzeln herausgegriffen und verändert werden kann. Zur einfacheren, intuitiven Bedienung stehen hier Joysticks oder Kugeln zur Verfügung, mit denen die Farborte und die Verstärkung für den Bereich der Lichter und der Schatten einzeln eingestellt werden können (Abb. 6.21).

Die als Grading bezeichnete Anpassung zwischen den Medien Film und Video ist kritisch, weil das menschliche Auge ein sehr schlechtes Instrument zu Farbbeurteilung darstellt. Der Mensch verbindet aus seiner Erfahrung Objekte mit ihm bekannten Farben und passt sich Farbgemischen an. Daher sollte das Grading von erfahrenen Coloristen durchgeführt werden, die durch ein gutes Umfeld in die Lage versetzt werden, möglichst objektiv arbeiten zu können. Dazu gehört zunächst ein möglichst gutes Display auf der Basis eines Monitors, der nicht mit der Gamma-Einstellung für Videosysteme, sondern mit einer Gradation arbeitet, die mit Hilfe von Look up Tables weitgehend dem Medium Film angepasst ist. Noch besser ist die Verwendung einer Großbildprojektion, die im gleichen Sinne kalibriert ist. Der Arbeitsraum sollte eine neutrale Beleuchtung und keine extremen Farben aufweisen. Neutrale Referenzlichtquellen sind wünschenswert.

Abb. 6.21
Bediengeräte des Farbkorrekturgerätes Pogle /42/

6.3   Filmbelichtung

Die Filmbelichtung dient dem Transfer der digitalen Bilddaten in die Filmebene. Der Prozess wird auch als Filmaufzeichnung (FAZ) bezeichnet. Das nächstliegende Verfahren dazu ist das schrittweise Abfilmen eines hoch auflösenden Monitors. Dazu wird das Monitorbild formatfüllend auf den Film abgebildet und für einen automatischen Ablauf muss nur die Filmbewegung in der Kamera mit der Frequenz synchronisiert werden, mit der neue Bilder auf dem Monitor erscheinen. Um zu sehr guten Ergebnissen zu kommen, ist dieses Verfahren jedoch ungeeignet. Die Helligkeit gewöhnlicher Monitore ist so gering, dass sehr lange Belichtungszeiten verwendet werden müssen, und die Bildqualität wird durch die Schattenmaske in der Kathodenstrahlröhre und ihren relativ geringen Farbraum herabgesetzt.

6.3.1 CRT-Belichter

Diese Probleme könnten dadurch gelöst werden, dass der Film über drei hintereinander gelegene S/W-Bildröhren geführt wird, deren Licht den Film nacheinander erreicht. Die Röhren benötigten dann keine Schattenmaske, sie müssten mit den RGB-Signalen separat versorgt werden und mit entsprechenden Leuchtstoffen oder Filtern versehen sein, so dass jede Röhre für die Belichtung eines Farbauszugs verwendet würde. Die dreifache Belichtung würde auch das Problem der Belichtungsdauer mindern.

Das beschriebene Verfahren bringt jedoch das Problem der Rasterdeckung der Farbauszüge mit sich, so dass es sicherer ist, es so zu modifizieren, dass nur eine Röhre erforderlich ist. Die Modifikation läuft dann darauf hinaus, dass während der Belichtung eines Bildes die RGB-Signale zeitlich nacheinander auf der S/W-Röhre dargestellt werden, wobei über ein Filterrad jeweils das zugehörige Farbfilter zwischen Röhre und Film positioniert wird. Nach diesem Prinzip arbeiten die modernen Kathodenstrahlbelichter. Bekannte Systeme sind Nitro von Celco oder die Belichter der Solitaire-Cine-Reihe, wie z. B. Cine III von Management Graphics. Um bei diesen Geräten auch Streulichtprobleme zu minimieren wird mit Hilfe einer bewegten Zeilenblende die Belichtung der RGB-Anteile zeilenweise durchgeführt (Abb. 6.22).

Das Gerät Nitro HD der Firma Celco eignet sich nach Herstellerangaben zur Belichtung aller Filmformate von 16-mm- bis zu 65-mm-Material, auch für das IMAX-Format. Es ist für Intermediate-Film ebenso geeignet wie für diverse Negativkamerafilme. Das Magazin fasst eine Filmlänge von 600 m. Die möglichen Datenformate am Eingang sind ähnlich vielfältig. Es werden alle gängigen Fileformate und alle Auflösungen

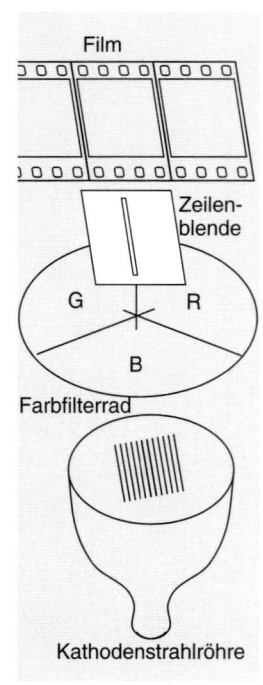

Abb. 6.22
Arbeitsprinzip des Solitaire-Filmbelichters

zwischen Video über HD-Video bis zu 4k und optional sogar bis zu 8k verarbeitet. Der Belichtungsspot hat bei der Belichtung von 35-mm-Film nur einen Durchmesser von 6 μm. Der maximal erzeugte Dichteumfang beträgt $\Delta D = 1,5$. Als Belichtungsdauer für HD-Signale wird weniger als 5 s pro Bild angegeben. Das Nachfolgegerät Fury (Abb. 6.23) soll eine Geschwindigkeit von 1,3 s pro Bild bei Belichtung von 2k-Daten erreichen.

6.3.2 Laserbelichter

Bereits früh wurde erkannt, dass das theoretisch optimale Filmaufzeichnungsverfahren die Belichtung mit Laserstrahlen ist. Es stehen separate Laser für die drei Farben RGB zur Verfügung, die aufgrund ihrer sehr hohen Intensität das Potential einer sehr schnellen Belichtung bieten und eine hohe Dichte erzeugen können. Die erzeugten Farben sind sehr gesättigt, so dass ein erheblich größerer Farbraum als bei Farbmonitoren erfasst wird. Abbildung 6.24 zeigt den Farbraum des Lasers im Vergleich zum Farbbereich gewöhnlicher Kathodenstrahlröhren. Darüber hinaus entstehen beim Laserbelichter keine Probleme mit der verzerrungsfreien optischen Abbildung und mit Streulicht, da der Film punktweise belichtet wird.

Der Einsatz der Lasertechnologie war zunächst mit der Schwierigkeit verbunden, dass nur Gaslaser verfügbar waren, die zwar ein sehr gutes Bild produzierten, aber Stabilitätsprobleme aufwiesen und einen sehr hohen Energiebedarf hatten. Ein Beispiel für einen Belichter mit Gaslaser ist der Lightning-Recorder, den die Firma Kodak alternativ zum Solitaire Cine III in ihrem Cineon-System verwendete. Die Weiterentwicklung führte zum Laserbelichter der Fa. Arri (Arrilaser). Dabei ist der wesentliche Punkt, dass Festkörper- statt Gaslaser benutzt werden, so dass ein kompaktes Gerät entsteht, das nicht in klimatisierten Räumen unter-

Abb. 6.23
Kathodenstrahlbelichter von Celco /43/

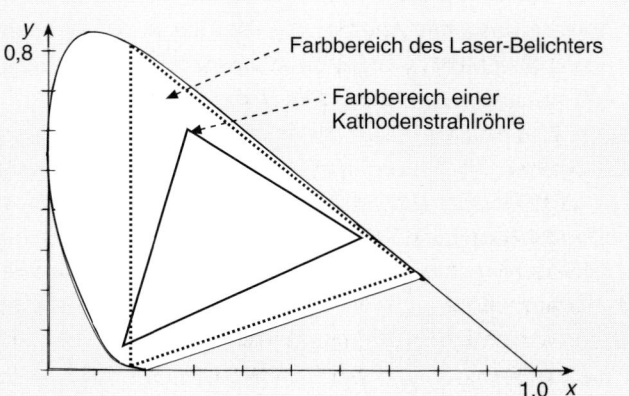

Abb. 6.24
Vergleich der mit Lasern und mit Kathodenstrahlen (ITU-Farbbereich) erzielbaren Farbräume in Relation zum Spektralfarbenzug in CIE-Koordinaten

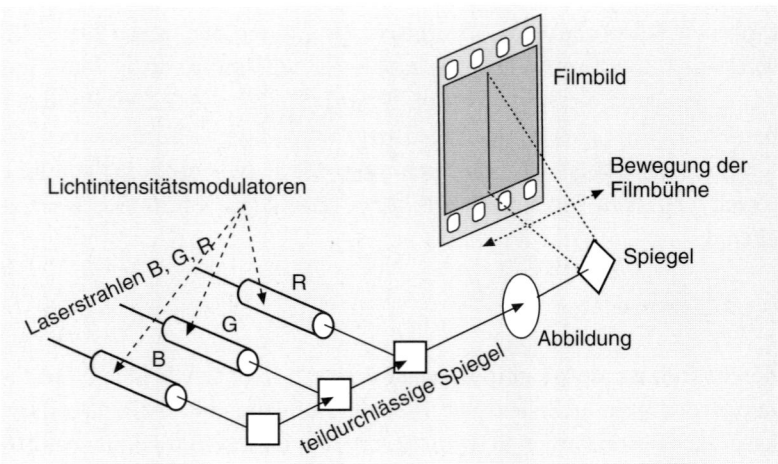

Abb. 6.25
Funktionsprinzip des
Laserbelichters

gebracht werden muss (Abb. 6.26). Drei Laser erzeugen Lichtstrahlen in den Farben RGB, die separat über Intensitätsmodulatoren geführt und schließlich zu einem Strahl vereinigt werden. Die Intensitätsänderung in den Modulatoren wird beim Arrilaser mittels des Beugungseffektes für das Licht erreicht. Es passiert dazu einen Kristall, der mit einer akustischen Welle angeregt wird, deren Amplitude die Beugungswirkung und damit die Lichtintensität steuert.

Der vereinigte Gesamtstrahl wird dann zu einem Scanner-Modul geführt, das ein mit 6000 U/min rotierendes Ablenkprisma enthält, und schließlich auf den Film abgebildet. Während der Belichtung wird der Film mit konstanter Geschwindigkeit quer zum Strahl bewegt, so dass das Bild zeilenweise aufgezeichnet wird (Abb. 6.25). Die hohe Strahlintensität führt dazu, dass für ein Bild mit 4096 x 3112 Bildpunkten auch bei Verwendung von unempfindlichem Intermediate-Film nur eine Belichtungszeit von ca. 3,2 s erforderlich ist. Bei 2k-Auflösung kann diese Zeit halbiert werden. Der Gesamtzyklus für die Bearbeitung eines Bildes verlängert sich durch die Start- und Bremszeiten sowie die Rücktransportzeit für die Filmbühne, mit der der Film am Strahl vorbeigezogen wird, um ca. 2 Sekunden, so dass die Gesamtzyklen bei 4k-Belichtung ca. 5,2 s und bei 2k-Belichtung ca. 3,5 s betragen /44/.

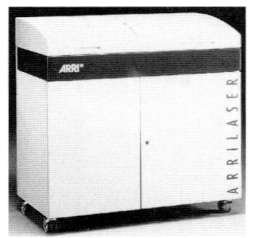

Abb. 6.26
Laserbelichter Arrilaser
/17/

In den meisten Fällen wird auf 35-mm-Intermediatematerial vom Typ Kodak 5244 belichtet. 16-mm-Film kann mit dem Arrilaser nicht bearbeitet werden, zukünftig soll jedoch 65-mm-Material verwendbar sein. Neben der hohen Geschwindigkeit zeichnet sich der Arrilaser vor allem dadurch aus, dass er Dichtedifferenzen von mehr als $\Delta D = 2$ erreicht und keine Streulichtartefakte aufweist, die bei Kathodenstrahlbelichtern nie ganz ausgeschlossen werden können.

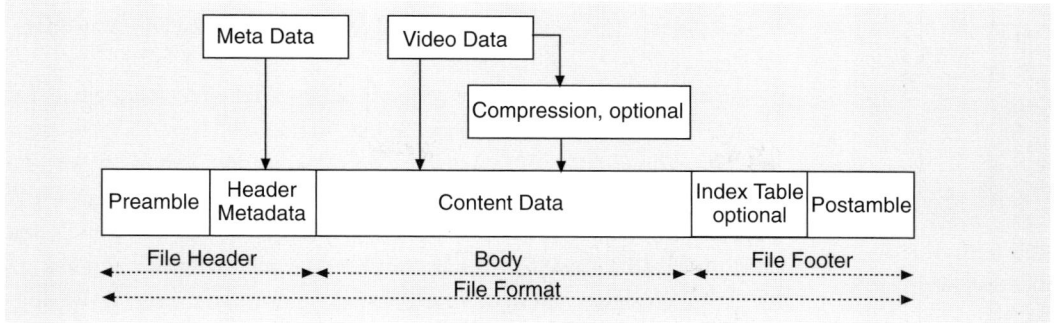

Abb. 6.27
Struktur eines Fileforma-
tes

6.4 Speicher und Fileformate

Wenn die Filmbilder in die digitale Ebene gebracht worden sind, müssen sie übertragen und gespeichert werden können. Aufgrund der sehr großen Datenmenge ist das gewöhnlich nicht in Echtzeit möglich, denn die Schnittstellen der verbundenen Geräte stellen oft noch einen Engpass dar. Die Speichersysteme selbst stammen in den meisten Fällen aus der HD-Video- oder Computertechnik, wo die Daten in verschiedenen Fileformaten gespeichert werden.

6.4.1 Fileformate

Dieser Begriff beschreibt die Strukturierung der Daten, die es ermöglicht, die einzelnen Bits dem richtigen Bildpunkt im Einzelbild zuzuordnen. Dazu wird gewöhnlich der eigentlichen Dateneinheit im Body, die z. B. alle Bytes eines Vollbildes umfasst, ein Header vorangestellt und das File mit Enddaten abgeschlossen (Abb. 6.27). Fileformate für den Filmbereich unterscheiden sich von Standardfileformaten. Sie enthalten spezifische Daten, die z. B. beschreiben, ob die Werte als lin- oder log-Daten zu interpretieren sind. Weiterhin existieren Angaben, die bei Videoformaten selbstverständlich sind, wie die Bildhöhe und -breite, die Bits pro Pixel und die Bildorientierung (X-Y-Origin). In den Datenstrom können Timecode- und Keycodedaten sowie ein niedrig aufgelöstes Bildduplikat (Thumbnail) als schnell aufrufbares Beispielbild aufgenommen werden. Schließlich wird angegeben, ob und ggf. mit welcher Art von Datenreduktion gearbeitet wird.

Eine der ersten Filedefinitionen entstand im Zusammenhang mit dem früh entwickelten Cineonsystem von Kodak und wird noch oft verwendet. Die Standardendung trägt die Bezeichnung ´.fido´. Hier wird ein File Information Header verwendet, der u. a. die Ordnung der Bytes angibt, das Erstellungsdatum und die Gesamtgröße der Files /13/. Weiter existiert ein Image Information Header u. a. zur Angabe der Bildorientierung und der Darstellung als RGB, YCrCb etc., dann ein Data Format In-

Abb. 6.28
Informationen im DPX-
Format

Fileformate für
Filmdaten:
DPX
Cineon
Tiff
SGI
Softimage
Targa
Pict
JPG
Quicktime

Abb. 6.29
Fileformate für den
Filmbereich

DPX-Speicherbedarf für		
Aufl.	1 Sek.	1 Min.
SD	38,4 MB	2,3 GB
1k	76,8 MB	4,6 GB
HD	197 MB	11,8 GB
2k	300 MB	18 GB
4k	1200 MB	72 GB

Tabelle 6.2
Speicherbedarf in Abhän–
gigkeit von Auflösung und
Programmdauer für DPX-
Files mit 10 Bit-log-Daten

formation, ein Image Origination und ein Motion Picture Industry Specific Header.

Aus dem Cineon-Format wurde als standardisiertes Fileformat das Digital Moving Picture Exchange Format abgeleitet (Abb. 6.28). Es trägt die Abkürzung DPX, die auch für die Filekennung ´.dpx´ verwendet wird. Hier gibt es einen generic Header mit den Teilen File-, Image- und Orientation-Header sowie den industry-specific Header mit den Teilen Film und Television Info. Das Format arbeitet mit Datenwörtern von 32 bit Länge, die ausreichen, um die 3 RGB-Komponenten einer 10-Bit-log-Darstellung aufzunehmen, wobei dann 2 Bits ungenutzt bleiben. Tabelle 6.2 zeigt den dabei entstehenden Speicherbedarf für verschiedene Auflösungen /45/. Bei der Verwendung von 14-Bit-RGB-Daten passen nur zwei Komponenten in diese Struktur. Um in diesem Fall nicht zu viel Speicherplatz zu verschenken, kann alternativ mit dem sog. pixel packing bereits die nächste Information in das Datenwort eingefügt werden. DPX unterstützt die verlustlose Datenreduktion auf Basis des Run Length Encoding (RLE), bei der aufeinander folgende gleiche Werte zusammengefasst werden, indem zuerst die Wiederholungsrate und dann der zu wiederholende Zahlenwert angegeben wird.

Allgemein werden auch die Fileformate aus dem Gebiet der Computergrafik wie z. B. Tiff, BMP oder Pict verwendet (Abb. 6.29). Relativ große Bedeutung hat in diesem Bereich das Bilddatenformat der Fa. Silicon Graphics, das die Endung ´.sgi´, ´.RGB´ oder ´.BW´ trägt. Das Format unterstützt Farbtiefen bis 64 bit und RLE-Kompression bei freier Bilddimensionsskalierung. Die Definitionen sind hier weniger umfangreich als bei DPX, dafür entsteht ein schlankeres Format mit geringerem Overhead.

6.4.2 Schnittstellen

Für den Austausch der Daten sind neben klar definierten Fileformaten auch standardisierte Schnittstellen erforderlich. Relativ unkritisch ist in dieser Hinsicht der HD-Videobereich. Für HDTV steht mit HD-SDI eine echtzeitfähige Schnittstelle für ein HD-Komponentensignal zur Verfügung, die sich im Parallelbetrieb mittels Dual-SDI auch für RGB-Daten nutzen lässt.

Für den Transfer von Filmdaten werden dagegen Schnittstellen aus dem Computerbereich verwendet, die eine wesentlich größere Vielfalt aufweisen. Tabelle 6.3 zeigt ohne weitere Erläuterung eine Übersicht über die für den Filmdatentransfer verwendeten Schnittstellen und ihre wesentlichen Parameter /45/. Relativ große Bedeutung hat hier das High Performance Parallel Interface (HIPPI) erreicht, das nach modernen Maßstäben aber bereits als langsam eingestuft werden muss.

Datendurchsatz in Bildern pro Sekunde (fps)						
Schnittstelle	100 BaseT	Hippi	Fibre	LVDS	HDLS	GSN
SD	3,6	43,8	62,5	70	188	500
1k	3,2	21,9	31,3	35	94	200
HD	1,2	8,5	12,2	13,6	36	98
2k	0,8	5,6	8,0	9,0	24	64
4k	0,2	1,4	2,0	2,3	6,0	16

Tabelle 6.3
Datendurchsatz verschiedener Schnittstellen in fps

6.4.3 Datenspeicher

Der gegenwärtig für die Filmdatenverarbeitung ideale Datenspeicher ist eine große Verbindung von mehreren Festplatten. Damit ergibt sich der Vorteil des nichtlinearen Zugriffs auf das gesamte Material, d. h. dass keine Wartezeiten wie bei bandgestützten Systemen erforderlich sind und dass die Geschwindigkeit für einen Echtzeitbetrieb geeignet ist. Um zu hohen Kapazitäten zu kommen, können die Festplatten als sog. JBOD (Just a bunch of Disks) einfach parallel betrieben werden. Die Alternative ist die Bildung eines RAID-Verbundes (Redundant Array of independend Disks), bei dem die hohe Kapazität mit verschiedenen Formen des effektiven Fehlerschutzes verbunden wird /7/.

Ein bekanntes Beispiel eines derartigen Filmdaten-Speichersystems ist die Specter Virtual Datacine von Thomson/Philips. Das Gerät arbeitet u. a. mit 10-Bit-log-Daten bei Auflösungen zwischen 256....2048 Bildpunkten horizontal und zwischen 256....1832 Bildpunkten vertikal, so dass also auch der Bereich zwischen den Filmbildern erfasst werden kann und das Gerät dem Konzept der digitalen Filmkopie gerecht wird (s. Abschn. 6.2). Specter erreicht intern eine Datenrate von bis zu 420 MB/s und ist damit in der Lage 2k-Daten im DPX-Format auch bei 30 fps noch in Echtzeit zu verarbeiten. Damit lässt sich das Gerät z. B. so einsetzen, dass es sich wie ein Filmabtaster verhält, woraus auch der Name resultiert. Das Gerät ersetzt natürlich nicht den Abtaster, es kann aber bestimmte Funktionen übernehmen, die beim Abtastvorgang erhebliche Zeit in Anspruch nehmen. So ergeben sich insbesondere Vorteile, wenn das Grading und die Farbkorrektur am Specter stattfinden, da der Filmabtaster in dieser Zeit wieder frei ist. Aufgrund des Echtzeitverhaltens ist der Unterschied zur direkten Arbeit am Abtaster in keiner Weise spürbar, da als Processing-System für das Grading typischerweise die systemunabhängigen Geräte von Pandora und Davinci verwendet werden (s. Abschn. 6.2.4), die sich am Abtaster ebenso verhalten wie an der Datacine. Das gilt auch für die Bildwiedergabe mit variabler Geschwindigkeit.

In gleicher Weise können die Daten auch von Bildbearbeitungssystemen zur Erstellung von visual effects abgerufen und modifiziert wieder zurückgeschrieben werden. Dabei lässt sich der Specter für die Ausgabe

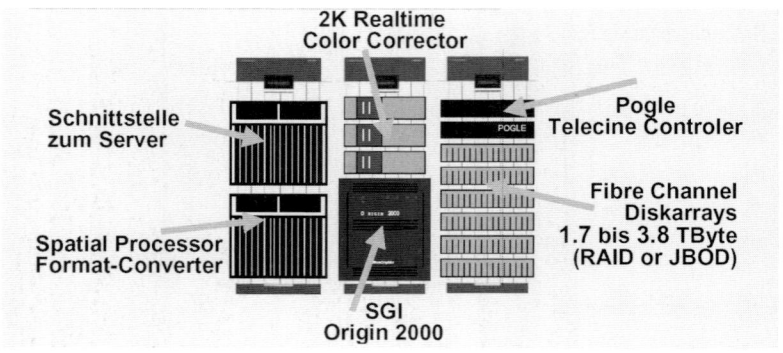

Abb. 6.30
Aufbau der Thomson
Specter Virtual Datacine
/34/

der Daten an den Filmbelichter ebenso konfigurieren wie für die Ein-
und Ausgabe der verschiedensten HDTV-Formate.

Specter nutzt einen SGI-Origin-Rechner und einen Festplattenver-
bund, der intern auf einem Fibre-Channel-Netzwerk basiert (Abb. 6.30).
Solange für die Datenübertragung nach außen allerdings nur ein HIPPI-
Interface zur Verfügung steht, ist aufgrund der begrenzten Datenrate von
ca. 60 MB/s pro Sekunde nur die Übertragung von ca. 5 Bildern im 2k-
log-DPX-Format möglich /34/.

Die begrenzte Transfergeschwindigkeit kommt besonders dann störend zum Tragen, wenn die Daten über längere Zeit archiviert oder über
größere Strecken – z. B. zu einem Filmbelichter – transportiert werden
müssen. In diesem Fall ist ein hoch kapazitives, schnelles und kompaktes
Speichermedium erforderlich, wie es gegenwärtig nur ein Magnetband
darstellt. Auch in diesem Bereich stellt wiederum die Firma Thomson/
Philips ein weitgehend optimales Gerät, nämlich den Voodoo-Recorder,
zur Verfügung, der als D6-Format für die unkomprimierte Aufzeichnung
von HD-Videosignalen konzipiert wurde und heute für diesen Zweck
ebenso einsetzbar ist wie auch als sehr schnelles Datenspeichermedium,
z. B. für 2K-log-Daten. Voodoo bietet eine Datenrate von 1,2 Gbit/s, die
für die HD-Video-Übertragung in Echtzeit ausreicht, aber nicht für 2k-
log-Daten, die eine Bitrate von ca. 2240 Mbit/s erfordern. Dass beim Datentransfer aber auch die doppelte Echtzeit nicht erreicht wird, liegt wiederum am HIPPI-Interface. Wenn dieses durch ein schnelleres ersetzt
wird und das Voodoo-System wie geplant mit einem Datenreduktionsverfahren betrieben werden kann, wird auch hier schließlich ein Echt-
zeittransfer möglich sein.

Aufgrund der mindestens um den Faktor 4 geringeren Datenrate stellen die anderen HD-tauglichen Bandformate aus dem Videobereich, wie
HD-D5 oder HDCam, keine gleichwertige Alternative zu Voodoo dar.
Dies gilt auch für das Tape-Streamer-Format DTF von Sony, das auf Vi-
deorecordertechnologie basiert und daher auch nur eine Datenrate von
ca. 190 Mbit/s bietet, die in den nächsten Jahren auf 400 Mbit/s gesteigert
werden soll.

Filmausschnitt mit 1k-Abtastung

1k-Abtastung mit Datenreduktion 22:1

Filmausschnitt mit 2k-Abtastung

2k-Abtastung mit Datenreduktion 30:1

Filmausschnitt mit 4k-Abtastung

4k-Abtastung mit Datenreduktion 52:1

Abb. 6.31
Vergleich der Datenreduktionswirkung bei verschieden aufgelösten Bildvorlagen /45/

Die Verwendung von Datenreduktion ist für den Bereich der Filmdatenverarbeitung relativ neu, da sie nicht recht zur Bemühung um höchste Qualität passt und nicht genau klar ist, welche Beschränkungen sie für die Möglichkeiten der Bildmanipulation darstellt. Dies gilt auch für die Farbkorrektur, die einen unabdingbaren Schritt in der Produktionskette darstellt. Im Zuge der Entwicklung sehr hoch effizienter Datenreduktionsverfahren, insbesondere auf Basis der Wavelet-Transformation, wird aber auch im Filmbereich neuerdings vermehrt über den Einsatz dieser Verfahren nachgedacht. Dabei gilt schon seit längerem die Erkenntnis, dass für die Qualität der datenreduzierten Bilder besonders die Ausgangsqualität vor der Reduktion sehr entscheidend ist. In diesem Zusammenhang zeigt die Firma Cintel anhand von Filmmaterial, das mit verschiedenen Auflösungen abgetastet wurde, sehr eindrucksvolle Beispiele, die es günstig erscheinen lassen, an der Quelle eine Auflösung von 4k bereitzustellen, da dann eine Reduktion um den Faktor 52 eine bessere Bildqualität liefert als eine Reduktion um den Faktor 30 bei 2k-Auflösung (Abb. 6.31).

6.5 Digitale Aufnahmesysteme

Wenn auch aus verschiedensten Gründen die 4k-Abtastung für die digitale Ebene optimal erscheint, so überwiegt aus praktischen und ökonomischen Erwägungen bei weitem die Verwendung der mit 2k aufgelösten Filmbilder. Aufgrund der Nähe dieses Wertes zu den 1920 Bildpunkten für eine HDTV-Zeile liegt es nahe daran zu denken, diese für die direkte elektronische Akquisition von Filmbildern einzusetzen. Daher soll nach der Betrachtung der Umsetzung des Filmbildes in die digitale Ebene an dieser Stelle die direkte Digitalaufnahme erörtert werden, und zwar zunächst für eine ideale digitale HD-Kamera, die in dem Sinne ideal ist, dass sie Digitaldaten eines Bildes erzeugt, das dem Filmbild weitest gehend ähnlich ist. Dabei sollen auch die Gegebenheiten, Einstellparameter und Handhabungsgewohnheiten berücksichtigt werden, die gegenwärtig bei Filmkameras zu finden sind, da die Kameraleute allein durch technische Aspekte und schneller verfügbare Bilder noch nicht von einem neuen Kameratyp zu überzeugen sind. Anschließend werden real verfügbare elektronische Kameras für den Filmbereich vorgestellt.

6.5.1 Die ideale elektronische Filmkamera

▶ Bei der Betrachtung einer idealen elektronischen HD-Kamera sollten auch die Gegebenheiten, Einstellparameter und Handhabungsgewohnheiten berücksichtigt werden, die gegenwärtig bei Filmkameras zu finden sind

Obwohl die Entwicklung der elektronischen HD-Kameras von den Videokameras ausging, erscheint die Verfolgung dieser Entwicklung eher für die Erörterung der realen Kameras geeignet. Die ideale elektronische HD-Kamera wird hier vom Standpunkt der Filmkameras aus betrachtet. Damit vor allem die Handhabung und Ergonomie der hoch entwickelten Filmkameras beibehalten werden kann, ist die naheliegendste Idee eine Filmkamera mit einem Bildwandler anstelle des Filmmaterials auszustatten. Anstelle der Filmspule könnte die Kameraelektronik in das Gehäuse integriert werden, allerdings wäre dann kaum noch Platz für einen Recorder, der eine hoch qualitative Aufzeichnung, möglichst ohne Datenreduktion, gewährleisten kann. Bei dieser Konstruktion wäre das erste Problem also die Notwendigkeit einer externen Aufzeichnungseinheit, die die Beweglichkeit der Kamera durch eine Kabelverbindung ggf. einschränkt.

Die Bildwandlung müsste bezüglich Zeit- und Ortsauflösung mindestens den Umständen der 2k-Abtastung von Filmbildern gerecht werden. Hinsichtlich der Zeitauflösung bedeutet dies, dass keine Videofrequenz, sondern die Bildfrequenz von 24 fps zugrunde liegen muss, die aber genau wie bei Filmkameras in möglichst weiten Bereichen veränderlich sein sollte, um Zeitlupen- und Zeitraffereffekte erzielen zu können, die nicht auf nachträglicher Bildinterpolation beruhen. In diesem Zusammenhang wäre weiterhin zu fordern, dass die Bildwandlung nicht auf dem Zeilensprungverfahren beruht, dass also eine progressive Abtastung verwendet wird.

Wenn die elektronische Kamera tatsächlich auf Basis der Filmkamera entstünde, würde über die dort enthaltene Umlaufblende bei einem 180°-Sektor sichergestellt, dass ein Einzelbild auch nur aus einer Belichtungsphase von 1/48 s entsteht, und zwar mit dem gleichen durch eine sin-Funktion geprägten Übergang zwischen Hell- und Dunkelphase. Unterschiede in der Zeitauflösung sind leicht wahrnehmbar. Und obwohl die real verfügbaren Kameras grundsätzlich in der Lage sind die letzten Forderungen durch die progressive Abtastung mit 24 fps (24p) zu erfüllen, führt bereits die Verwendung des elektronischen Shutters anstelle der mechanischen Blende zu merklichen Differenzen.

Als Bildwandler bietet sich ein FT-CCD an, der eine hohe Pixeldichte und minimalen Smeareffekt aufweist. Der gewöhnlich genannte Nachteil des FT-Wandlers, die erforderliche Umlaufblende, erweist sich bei diesem Konzept eher als Vorteil, denn sie ermöglicht die Ausspiegelung des optischen Sucherbildes, das an den bisher verfügbaren elektronischen Kameras oft vermisst wird.

Bezüglich der Ortsauflösung wären mindestens 2048 x 1556 Bildpunkte zu fordern. Die 1920 Pixel pro Zeile, die bei HD-Video verwendet werden, kommen dieser Forderung bezüglich der Horizontalen weitgehend nahe, doch stehen bei HD-Video nur 1080 Zeilen zur Verfügung. Das ist bei Verwendung von Standardbildformaten mit B/H = 1,66:1 oder 1,85:1 kaum ein Problem, doch wäre es beispielsweise für anamorphotische Aufnahmen wünschenswert, dass auch die Zeilenzahl für ein 4/3-Bildseitenverhältnis zur Verfügung stünde, also 1556 Zeilen bei 2k. Im Hinblick auf die Vermeidung von Alias-Artefakten könnte zudem über eine unregelmäßige Anordnung der Fotorezeptoren nachgedacht werden.

Neben der Bildpunktanzahl auf dem Bildwandler ist auch dessen Größe von entscheidender Bedeutung, da die Bildgröße die Brennweite einer Normalabbildung bestimmt und die Brennweite neben der Blende

Abb. 6.32
Vergleich der Schärfentiefebereiche von 35-mm-Film und elektronischem 2/3"-Bildwandler bei $a = 2$ m

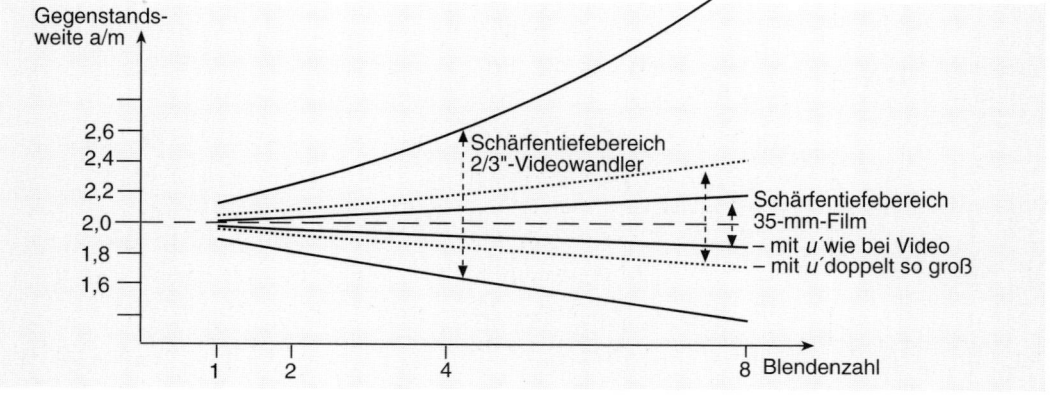

wiederum der wichtigste Parameter für die Schärfentiefe ist. Damit die Bilddiagonale mit der von 35-mm-Film vergleichbar wird, müsste die Kamera mit einem 1,5"-Bildwandler ausgestattet sein. Nur in diesem Falle ergibt sich ohne die Verwendung weiterer Mittel die gleiche Schärfentiefe wie bei der 35-mm-Filmkamera und die Möglichkeit dieselben Objektive zu verwenden. Abbildung 6.32 zeigt die Auswirkung auf die Schärfentiefe bei Verwendung eines 2/3"-Wandlers.

Der Einsatz von hochwertigen Objektiven aus dem Filmbereich an der idealen Kamera ist allerdings nicht nur mit der Bildwandlergröße verknüpft, sondern auch mit dem Abstand zwischen Objektiv und Bild. Bei elektronischen Kameras ist dieser größer als bei Filmkameras, da vor dem eigentlichen Bildwandler der Prismenblock zur farbselektiven Strahlteilung angebracht werden muss. Im Idealfall müsste auf den Strahlteiler verzichtet werden können, d. h. dass als Bildwandler ein einzelnes flaches Bauelement zum Einsatz käme. Dieses Ziel wäre erreichbar, wenn ein hoch auflösender Bildwandler mit 2000 Bildpunkten pro Zeile verwendet würde, die ihrerseits aus drei Subpixeln mit RGB-Farbfiltern bestehen, so wie es auch bei 1-Chip-Wandlern in Heimanwenderkameras realisiert wird. Bei der angestrebten großen Bildwandlerfläche ist das Ziel erreichbar, allerdings ist fraglich, ob die Filter vor den einzelnen Bildpunkten eine genügende Farbselektivität für hohe Qualität aufweisen können.

Schließlich sollte der ideale Bildwandler auch eine Lichtempfindlichkeit und einen Kontrastumfang wie das Medium Film bieten. Moderne Videokameras erreichen bei 40 ms/Bild eine Vollaussteuerung bei Blende $k = 10$, wenn eine Beleuchtungsstärke von $E = 2000$ lx bei $R = 89,9\%$ Remission und eine Farbtemperatur von 3200 k vorliegt. Mit der Beziehung ASAWert $= k^2 \cdot 228$ lxs/($R \cdot E \cdot t$) folgt daraus bei einer Belichtungszeit von $t = 1/48$ s eine Empfindlichkeit von ca. 150 ASA bzw. fast 23 DIN.

Ein viel größeres Problem als die Empfindlichkeit stellt der Kontrastumfang dar, da die Erzielung eines Belichtungsumfangs von über 10 Blenden auch beim Film nur dadurch möglich wird, dass eine Trennung

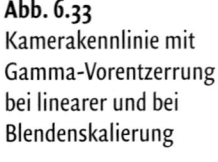

Abb. 6.33
Kamerakennlinie mit Gamma-Vorentzerrung bei linearer und bei Blendenskalierung

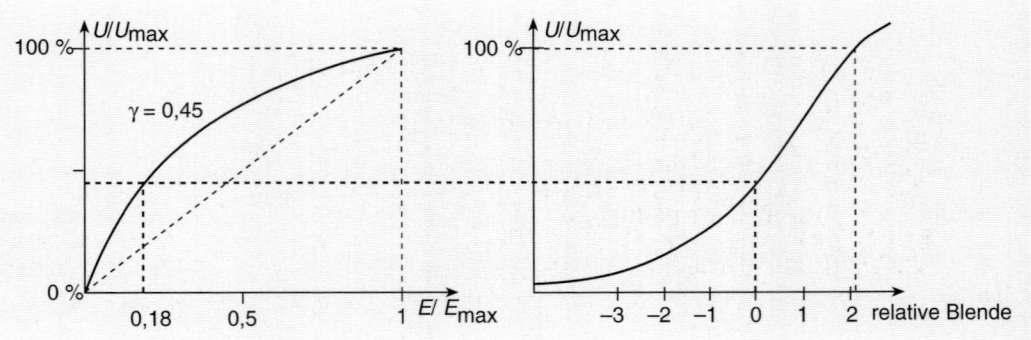

in Negativmaterial mit flacher Gradationskurve und Positivfilm mit steiler Gradation vorgenommen wird. Bei elektronischen CCD-Bildwandlern gibt es diese Trennung zunächst nicht, sie verhalten sich linear und bieten mit einem Belichtungsumfang von sechs bis sieben Blenden einen ähnlich eingeschränkten Kontrastbereich wie Umkehrfilmmaterial. Ausgehend von einer mittleren Belichtung bzw. Bezugsblende bei 18 % Remission ergibt sich zudem ein unsymmetrischer Belichtungsspielraum, der zu den Lichtern hin nur wenig mehr als zwei Blendenstufen aufweist. Bei normalen Videosystemen ist daher besonders die Grauwertabstufung im Bereich der Lichter problematisch. Abbildung 6.33 zeigt den Kennlinienverlauf der elektronischen Kamera mit Gamma-Vorentzerrung in linearer Skalierung und bezüglich der relativen Blende.

In der idealen Kamera müsste ein speziell entwickelter Bildwandler zum Einsatz kommen, bei dem dafür gesorgt wird, dass die Ladungszunahme nicht proportional zur Belichtung abläuft, sondern in gleicher Weise, wie es für die Schwärzung bzw. Transparenz beim Filmnegativ gilt. Das elektronische Signal würde dann einem 10-Bit-log-Datensatz entsprechen und zur Betrachtung des elektronischen Bildes wäre ein spezieller Monitor erforderlich, der anstelle der Verwendung des Video-Gammas die Aufgabe hat das kontrastarme „elektronische Negativ" durch Kontrastanhebung zu entzerren. Es ist denkbar, dass für dieses Problem der nicht linearen Ladungszunahme eine Lösung durch den Einsatz von CMOS-Bildwandlern erreicht werden könnte. Die CMOS-Technologie ist in der digitalen Signalverarbeitung dominant, die Verbindung mit professionellen Kameras aber noch sehr neu. Existierende Wandler (High Dynamic Range CMOS, HDRC) zeichnen sich dadurch aus, dass sie im Gegensatz zum CCD einerseits kostengünstig mit großen Bilddiagonalen gefertigt werden können und andererseits einen Zugriff auf jeden Bildpunkt oder Bildpunktgruppen erlauben /46/. Damit können sie so gesteuert werden, dass die resultierende Ladung logarithmisch von der Beleuchtungsstärke abhängt. Der verarbeitbare Belichtungsumfang ist dann mit ca. 120 dB sogar größer als der des menschlichen Auges (Abb. 6.34 und 6.35).

Abb. 6.34
Vergleich der Bildwirkung bei Aufnahme eines kontrastreichen Motivs mit CCD (oben) und HDRC (unten) /46/

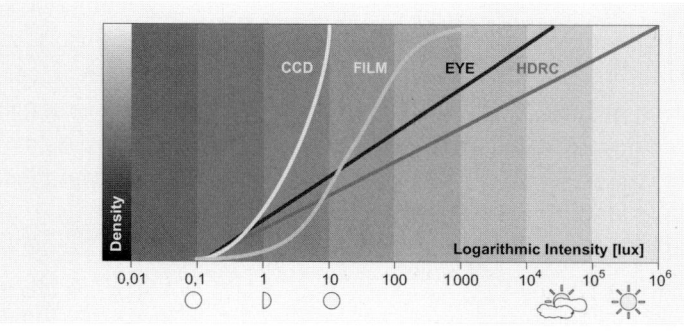

Abb. 6.35
Vergleich der verarbeitbaren Belichtungsumfänge von Film, CCD und HDRC mit dem menschlichen Auge /46/

6.5.2 Reale HD-Kameras

Elektronische HD-Kameras sind Weiterentwicklungen von Videokameras und sind daher in vielen Punkten weit von der idealen Kamera entfernt. Bei den ersten Versuchen im Rahmen der sog. elektronischen Cinematografie, d. h. für Filmproduktionen, auf Videokameras zurückzugreifen, wurde zunächst vor allem das Problem des Belichtungsbereichs bearbeitet, indem veränderliche Kniefunktionen und vielfältige Möglichkeiten zur Veränderung der Grauwertabstufungen geschaffen wurden. Damit wird eine Annäherung an die Gradationskurve von Film möglich, ohne allerdings den großen Belichtungsumfang von Film zu erreichen.

▸ **Um mit der elektronischen Kamera die gleiche Bewegungsauflösung wie beim Film zu erreichen, wird im 24p-Modus, d. h. mit 24 Bildern pro Sekunde und progressiver Abtastung, sowie mit einer Belichtungsdauer von 1/48 s gearbeitet**

Später kam die Anpassung der Bewegungsauflösung hinzu. Dazu gehört zum Ersten die Möglichkeit, auch mit 24 Bildern pro Sekunde arbeiten zu können, und zum Zweiten die Notwendigkeit, dass jedes Bild aus nur einer Bewegungsphase stammt, die die gleiche Dauer hat wie das Filmbild. Das bedeutet, dass auf das Zeilensprungverfahren verzichtet und der Bildwandler progressiv abgetastet werden muss, da das Zeilensprungverfahren gegenüber dem Film eine verdoppelte zeitliche Auflösung bewirkt. Die beiden Aspekte werden unter dem Schlagwort 24p zusammengefasst. Die Bezeichnung 24p ist jedoch für eine Erfassung der wesentlichen Parameter von Film nicht hinreichend, denn sie macht keine Aussage über die Bildauflösung. Ein elektronisches System, das im Filmbereich eingesetzt werden soll, muss mit 24p in HD-Auflösung arbeiten. Zur genaueren Erklärung muss außerdem hinzugefügt werden, dass die Belichtungsdauer bei 24 fps nicht 1/24 s betragen darf, wenn die Filmbedingungen erfüllt sein sollen, sondern i. d. R. nur die Hälfte, d. h. dass mit 1/48 s bzw. 1/50 s belichtet wird. Zusätzlich kann das in diesem Zeitraum gewonnene Vollbild so aufbereitet werden, dass es mit 48 Hz bzw. 50 Hz ohne Großflächenflimmern wiedergegeben werden kann. Das Vollbild wird dazu wie beim Zeilensprungverfahren in zwei Halbbilder aufgeteilt, die dann mit segmented Frames (sf) bezeichnet werden, während zur Unterscheidung für Zeilensprungbilder die Bezeichnung interlaced (i) verwendet wird. Mit 24p-HD-Kameras und einer Belichtungsdauer von 1/48 s kann auf diese Weise also eine Bewegungsauflösung erreicht werden, die fast vollständig der von Filmkameras entspricht, die mit 24 fps und 180° Hellsektor arbeiten. Wie bereits dargestellt, entspricht auch die HDTV-Bildauflösung für die meisten Anforderungen weitgehend den Auflösungsverhältnissen bei 2k-Filmdaten, so dass insgesamt sowohl die Orts- als auch die Zeitauflösung von elektronischen HD-24p-Systemen als ausreichend angesehen werden kann.

Auch die Verfügbarkeit von Prime Lenses für elektronische Kameras ist kein großes Problem mehr und muss daher nicht unbedingt durch Verzicht auf den Strahlteiler gelöst werden. Einerseits ist es – allerdings

unter Lichtverlust – möglich, die Filmobjektive über einen optischen
Adapter anzubringen und das Bild elektronisch wieder auf den Kopf zu
stellen (Abb. 6.36), andererseits werden bereits Prime Lenses für Strahl-
teilerkameras direkt entwickelt.

Das größte Problem im Bereich des Bildwandlers bleibt der Kontrastbereich, der vor allem bei den Lichtern zu gering ist. Bei einem mittleren
Grauwert von 18 %, der die Bezugsblende definiert, folgt dass nach einer
Vervielfachung, die 2 1/3 Blenden entspricht, bereits die Vollaussteuerung erreicht ist (Abb. 6.33). Dem Problem wird mit der Kniefunktion
begegnet, die für eine Abflachung der Kennlinie bei Überschreitung von
80 %...100 % Signalpegel sorgt (s. Abb. 5.9), so dass Gesamtpegel bis zu
600 % verarbeitet werden können. Die hier bewirkte elektronische Veränderung der Kennlinie ist einfach, beeinflusst aber nicht die Ladungsbildung im Bildwandler direkt. Der durch das Knie bewirkte zusätzliche
Belichtungsumfang von bis zu zwei Blendenstufen wird sehr komprimiert in den Signalbereich abgebildet. Das Problem wird damit durch
das Knie nur unzureichend gelöst, es bleibt grundsätzlich erhalten, solange die Ladungsbildung proportional zur Lichtintensität ist.

Abb. 6.36
Adaptionsoptik für die
Nutzung von Filmobjekti-
ven an elektronischen
Kameras /47/

Darüber hinaus werden Kennlinienänderungen oft für bildgestaltteri-
sche Zwecke verwendet. Z. B. kann neben dem Gesamt-Gamma mit dem
Black Gamma eine Anpassung der Grauwerte allein im Schattenbereich
vorgenommen werden. Damit die vielfältigen Grauwertänderungen und
Kniefunktionen möglich werden, muss die elektronische Signalverarbeitung mit einer hoch aufgelösten Quantisierung von mindestens 16 bit arbeiten, auch wenn für die A/D-Wandlung nur 12 bit verwendet werden.

Die bei Videokameras eingesetzte elektronische Anhebung der Kon-
turen (Detailing), die eine visuelle Steigerung der Schärfewirkung hervorruft, wirkt bei der Umsetzung für das Kino oft künstlich. Das Detailing, das automatisch für Hauttonwerte herabgesetzt werden kann (Skin
Tone Detailing), sollte daher ganz abschaltbar sein. Oft ist zusätzlich zu
überlegen, ob die Annäherung an den Filmlook im Gegenteil nicht noch
eine weitere Herabsetzung der Konturenschärfe durch außen ange-
brachte Black-Promist-Filter erforderlich macht.

Sehr schwer erfüllbar ist der Wunsch nach einer variablen Bildrate,
denn bei der Aufzeichnung auf Videobänder ist die Erzeugung einer
konstanten Bildrate erforderlich. Oft muss daher auf stufig veränderbare
Bildraten und Bildinterpolationen zurückgegriffen werden. Einfacher
wird es bei Aufzeichnung auf nichtlineare Speichermedien, doch bleibt
natürlich auch hier das Grundproblem erhalten, dass linear mit der Bildrate die Datenrate steigt. Weitere Probleme liegen vor allem im Bereich
des Handling: Videokameras sind weniger robust als Filmkameras und
verfügen nicht über ein optisches Sucherbild. Die Kameraleute müssen
sich schließlich auch hinsichtlich der Bedienelemente umstellen.

Abb. 6.37
Adaptionsoptik für die
Erzielung einer geringen
Schärfentiefe mit
semiprofessionellen
Kameras /48/

Unlösbar ist das Problem der zu großen Schärfentiefe, solange mit direkter Abbildung auf 2/3"-Bildwandlern gearbeitet wird, wie es alle gegenwärtig verfügbaren HD-Kameras tun. Die hierbei erzielte Schärfentiefe ist gerade mit der von 16-mm-Film vergleichbar. Um dem Problem der zu großen Schärfentiefe von Videosystemen zu begegnen, das umso gravierender wird, je kleiner der Bildwandler ist, wurde speziell für semiprofessionelle Camcorder, die mit noch kleineren Bildwandlern arbeiten (Canon XL1 und Sony DSR-PD 150), ein Kameraadapter entwickelt, der mit Mini 35 bezeichnet wird (Abb. 6.37). Mit diesem System wird zunächst eine Zwischenabbildung auf eine Mattscheibe erzeugt, die mit den Abmessungen 18 mm x 24 mm den Dimensionen des 35-mm-Filmbildes entspricht. Das Zwischenbild wird danach wiederum auf den Bildwandler der Kamera abgebildet. Auf diese Weise wird erreicht, dass die Objektive für 35-mm-Filmkameras an den Videocamcordern verwendet werden können und sich auch ein Schärfentiefeverhalten ergibt, das mit 35-mm-Film vergleichbar ist. Diese Technologie ist prinzipiell auch für HD-Kameras verwendbar, allerdings treten dann die Nachteile des Verfahrens noch deutlicher hervor: Die Zwischenabbildung erzeugt einen Lichtverlust von etwa einer Blende und macht vor allem das Bild unscharf, was zwar bei Standardvideoauflösung den sog. Filmlook unterstützen kann, für den HD-Bereich aber ungeeignet ist. Bei kleinen Blendenwerten wird zudem die Struktur der Mattscheibe sichtbar, ein Problem, das durch die Bewegung der Scheibe gemindert wird.

Die HD-Kamera, die zu Beginn des Jahrhunderts der idealen Kamera am nächsten kommt, ist die LDK 7500 (Viper) von Thomson (Abb. 6.38). Sie arbeitet mit 2/3-Zoll-CCD-Chip und dem FT-Prinzip. Von Vorteil ist, dass bei FT-Chips das Dynamic Pixel Management genutzt werden kann, d. h. eine Umstellung der Bildformate durch veränderliche Bildpunktzuordnung. Dazu sind bei der LDK 7500 horizontal 1920 aktive Bildpunkte und vertikal 4320 (Sub)pixel verfügbar, die in der Vertikalen auf verschiedene Arten zusammengefasst werden können, so dass ohne Auflösungsverlust eine Vielzahl von Bildformaten bis hin zu Cinemascope bedient werden kann /49/. Abbildung 6.39 zeigt dazu eine Übersicht, in der deutlich wird, dass sich z. B. bei der Zusammenfassung von 4 Subpixeln zu

Abb. 6.38
24p-HD-Kamera LDK 7500
/34/

einem Bildpunkt genau die HD-Auflösung 1920 x 1080 ergibt, während bei 6 Subpixeln 720 Zeilen entstehen etc.

Die Kamera lässt sich im 24p-Modus ebenso betreiben wie mit vielen Bildraten über 25 fps bis zu 30 fps mit und ohne Zeilensprungverfahren. Sie arbeitet mit 12-Bit-A/D-Umsetzung und intern mit 22 bit. Es stehen vielerlei Möglichkeiten der Kennlinienveränderung und eine ausgefeilte Kniefunktion zur Verfügung. Die Kamera ist sehr kompakt. Der wesentliche Nachteil ist, dass sie keine integrierte Aufzeichnungseinheit enthält und somit eine Kabelverbindung unerlässlich ist. Dieser Nachteil sollte aber nicht zu hoch bewertet werden, denn auch bei Produktionen mit Filmkameras werden oft Kabel verwendet, z. B. die zur Videoausspiegelung. Trotzdem gibt es natürlich Situationen, in denen die Kamera unabdingbare Freiheit braucht. Diesbezüglich ist es denkbar, direkt am System mit kompakten Festplatten zu arbeiten, die bei einer Kapazität von z. B. 100 MB eine Aufzeichnung von unkomprimiertem HD-RGB-Material für ca. 9 Min. erlauben, was wiederum in der Größenordnung der Aufzeichnungsdauer auf 35-mm-Film bei Verwendung von 305-m-Spulen liegt. Ähnlich wie bei einem Filmwechsel müssten dann anschließend die Daten auf größere stationäre Speicher kopiert werden.

Abb. 6.39
Unterschiedliche Zusammenfassung der Bildpunkte zur Erzeugung verschiedener Bildformate

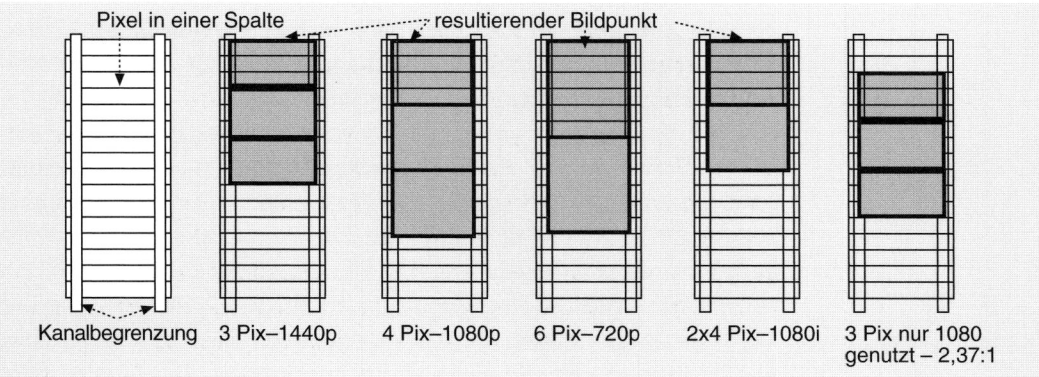

Abb. 6.40
24p-HD-Camcorder Sony
HDW F900 /33/

Die etablierteste HD-Kamera ist der Typ HDW F900 der Fa. Sony (Abb. 6.40). Sie arbeitet mit drei 2/3"-FIT-CCD-Wandlern bei 24, 25 oder 30 fps in progressive oder interlaced Mode mit einer festen Auflösung von 1920 x 1080 aktiven Bildpunkten. Eine Bildformatänderung geht hier auf Kosten der Auflösung. Das Gerät bietet vielfältige Einstellmöglichkeiten zur Veränderung der Bildparameter, dabei profitiert der Hersteller von den reichhaltigen Erfahrungen mit dem hoch entwickelten Digibeta-Camcorder der Reihe DVW 700. Der große Vorteil der Kamera ist der integrierte Recorder, mit dem das Gerät kabellos betrieben werden kann. Die Aufzeichnung erfolgt auf eine 1/2"-Kassette aus der Betacam-Familie, die eine Laufzeit von ca. 50 Minuten bietet. Die Kompatibilität zu Betacam erlaubt jedoch nur eine Videodatenrate von 144 Mbit/s, die per Datenreduktion erreicht wird. Dazu wird zunächst durch Tiefpassfilterung die Horizontalauflösung von 1920 auf 1440 Bildpunkte herabgesetzt und anschließend eine DCT-basierte Reduktion um den Faktor 4,4 vorgenommen. Da das RGB-Signal der Kamera vor der Aufzeichnung noch in eine Komponentenform gewandelt und die Auflösung der Abtastwerte von 10 auf 8 bit reduziert wird, ist insbesondere die resultierende Farbauflösung für nachträgliche Bildmanipulationen wie z. B. Stanzverfahren oder eine aufwändige Farbkorrektur als kritisch einzustufen. Die Kamera bietet jedoch neben analogen HD-Ausgängen optional auch direkte HD-SDI-Ausgänge, so dass der auflösungsbegrenzende Recorder umgangen und das Signal mittels einer Kabelverbindung auf ein abgesetztes Speichersystem aufgezeichnet werden kann.

Die hinsichtlich der variablen Bildgeschwindigkeit am weitesten entwickelte Kamera ist der Camcorder AJ-HDC27V von Panasonic (Abb.6.41). Er arbeitet stufenlos zwischen 4 fps und 33 fps und darüber hinaus mit 36, 40 und 60 fps. Mit der höchsten Bildfrequenz lässt sich gegenüber der Wiedergabe mit 24 fps eine 2,5fache Zeitlupe erreichen. Bei der minimalen Bildrate ergibt sich ein 6facher Zeitraffereffekt. Das Problem bei der variablen Bildrate besteht darin, dass die Aufzeichnung auf das Band eine feste Daten- bzw. Bildrate erfordert. Das Problem wird

Abb. 6.41
24p-HD-Camcorder
Panasonic AJ-HDC 27V
/35/

gelöst, indem die Aufzeichnung immer mit 60 fps erfolgt und bei Verwendung geringerer Bildfrequenzen neben den Originalbildern so genannte Klone aufgezeichnet werden, die mittels Metadaten als solche gekennzeichnet werden.

Trotz guter Farbreproduktion und filmähnlichen Gamma-Einstellungsmöglichkeiten ist dieser Camcorder nicht mit den beiden vorher genannten Geräten von Thomson und Sony vergleichbar, denn er arbeitet nur mit einer Bildauflösung von 1280 x 720 bzw. 1 Million Bildpunkten und einer DV-Datenreduktion, die zu 100 Mbit/s führt, so dass er nicht in die Klasse der mit 35-mm-Film konkurrierenden HD-Kameras eingestuft werden kann. Er ist als elektronisches Pendant in der Klasse der 16-mm-Filmkameras konzipiert.

Abschließend seien hier noch einmal die größten Grundprobleme der verfügbaren HD-Kameras genannt: die zu geringe selektive Schärfe, der zu geringe Belichtungsumfang, die nicht interpolationsfrei änderbare Bildgeschwindigkeit sowie diverse Probleme im Umgang und die Tatsache, dass alle Parameter direkt am Drehort festgelegt werden müssen. Daneben sollen aber auch die Vorteile nicht unerwähnt bleiben, die elektronische Kameras gegenüber Filmkameras bieten, nämlich: Die sofortige Verfügbarkeit eines hervorragenden HD-Bildes am Drehort. Die sehr hohe Bildstandsgenauigkeit, die nicht wie bei Film ggf. die Schärfewirkung herabsetzt oder Encodierungsprobleme für nachgeschaltete Datenreduktionsstufen hervorruft, die z. B. bei der Ausstrahlung im digitalen Fernsehen (DVB) oder für Digital Cinema (s. Kap. 6.8) eingesetzt werden. Die langen Aufzeichnungsdauern und bei Bandformaten geringe Speicherkosten. Die Möglichkeit hochqualitativen Ton mit auf das MAZ-Band aufzuzeichnen, so dass das aufwändige Anlegen der Ton- und Bildsequenzen entfallen kann. Bei Fernsehauswertung bzw. allgemein elektronischer Wiedergabe schließlich die Umgehung des Kopierwerkes und damit die Vermeidung von Entwicklungs- und Abtasterkosten sowie die direkte Ausgabe eines hochwertigen Standardvideosignals.

6. 6 Projektion der Digitalbilder

Hinsichtlich der mit dem Begriff Electronic Cinema bzw. Digital Cinema verknüpften Vision einer volldigitalen Kette zwischen Filmakquisition und -präsentation (s. Kap. 6.8) seien hier die wichtigsten Bildwiedergabeprinzipien für die Projektion lichtstarker hoch aufgelöster Bilder dargestellt. Die wesentlichen Beurteilungsparameter sind neben der erzielbaren Beleuchtungsstärke auch hier wieder die Bildauflösung, der darstellbare Kontrastumfang und der Farbbereich.

Während auf der Produktionsseite auf möglichst hohe Bildauflösung Wert gelegt werden sollte, damit genügend Bearbeitungsspielraum bei der Postproduktion erhalten bleibt, steht die Ortsauflösung bei der Projektion nicht so im Mittelpunkt. Für eine gute Ortsauflösung des Bildes genügt es, dass 2048 x 1556 Bildpunkte zur Verfügung stehen, so dass unter Einbeziehung der Projektionsverluste eine mit 1,5k vergleichbare Auflösung auf der Leinwand erreicht wird, so wie es auch für gängige Filmprojektionen angenommen werden kann.

Von großer Bedeutung bei der Bildwiedergabe ist jedoch die erzielbare Bildhelligkeit und der Kontrastumfang. Die Lichtstärke des Projektors als Lichtquelle wird über den Lichtstrom mit der Einheit Lumen (lm) angegeben. Die damit erzielbare Beleuchtungsstärke E oder Leuchtdichte L hängt wiederum von der Größe der bestrahlten Fläche ab. Abbildung 6.42 zeigt die erforderlichen Lichtströme zur Erzielung der Leuchtdichten 40 cd/m^2 und 70 cd/m^2 in Abhängigkeit von der Bildwandbreite /50/. Um beispielsweise auf einer Kinoleinwand von ca. 10 m Breite die Kino-Soll-Leuchtdichte von mindestens 40 cd/m^2 zu erreichen, ist danach ein Projektorlichtstrom von ca. 10 000 ANSI-Lumen erforderlich. Die Bezeichnung ANSI-Lumen bezieht sich auf eine Standardisierung, bei der die ggf. ungleichmäßige Leuchtdichteverteilung über der Fläche durch Mittelung berücksichtigt wird. Auch der Kontrast- und Farbumfang der Projektion sollte mit Filmbildern vergleichbar sein, d. h. der Kontrast-

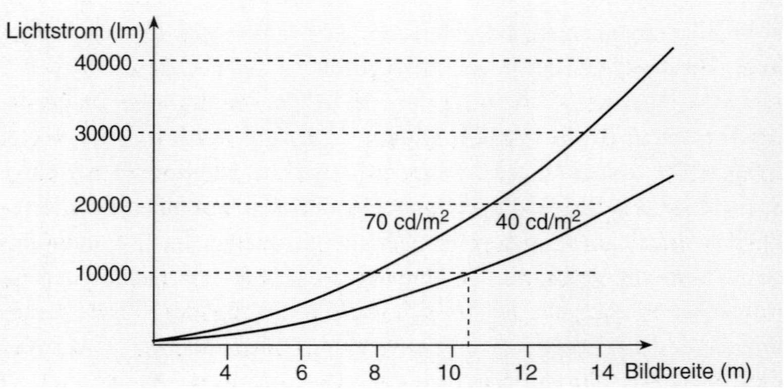

▸ **Die Lichtstärke des Projektors als Lichtquelle wird über den Lichtstrom mit der Einheit Lumen angegeben. Die damit erzielbare Beleuchtungsstärke E bzw. die Leuchtdichte L hängt von der Größe der bestrahlten Fläche ab**

Abb. 6.42
Für die Erzeugung verschiedener Leuchtdichten erforderliche Lichtstärken in Abhängigkeit von der Bildbreite

umfang sollte bei mehr als 1000:1 liegen, also auch ein sehr dunkles Bild ermöglichen, und der Farbbereich sollte aus RGB-Primärfarben mit möglichst hoher Sättigung gebildet werden.

Da die meisten Projektoren vornehmlich für die Wiedergabe von Computerbildern konzipiert sind, ist die verfügbare Auflösung den dort gebräuchlichen Werten mit den zugehörigen Kürzeln XGA, UXGA etc. angepasst, die in Tabelle 6.4 dargestellt sind. Es wäre wünschenswert, wenn die Bildauflösung der elektronischen Quelle direkt der möglichen Projektorauflösung entspräche, da eine Anpassung und Interpolation die Bildqualität immer verschlechtert. Generell wäre es ideal, an der Quelle mit der Auflösung 2k oder 4k zu arbeiten, die während die Bildbearbeitung beibehalten und für die Projektion direkt übernommen bzw. ohne Interpolation einfach halbiert würde. Für Auflösungsanforderungen, die über den normalen Kinobereich hinausgehen, lassen sich Parallelprojektionen verwenden.

Großbildprojektionssysteme lassen sich in aktiv und passiv unterscheiden, d. h. nach dem Umstand, ob sie das Licht direkt erzeugen oder das Licht einer Fremdquelle verändern. Aktive Systeme sind z. B. CRT-Projektoren auf Basis gewöhnlicher Bildröhren oder Laser-Displays. Nur mit Letzteren lässt sich die für das Kino erforderliche Leuchtdichte erzielen. Passive Systeme nutzen starke Fremdlichtquellen, typischerweise Xenonlampen, deren Farbspektrum in die Bereiche RGB aufgeteilt werden kann, so dass drei separate Baugruppen in Abhängigkeit vom RGB-Signal die jeweiligen Farbbereiche bildpunktweise durch Änderung der Reflexion oder Transmission beeinflussen können. Man spricht in diesem Zusammenhang auch vom Funktionsprinzip als Lichtventil.

6.6.1 LC-Projektoren

Eine Möglichkeit zur Beeinflussung der Lichttransmission ist die Verwendung von Flüssigkristall-Lichtventilen, die oft mit der Abkürzung LCLV (Liquid Crystal Light Valve) versehen werden. Wie der Name bereits andeutet, beruht das Funktionsprinzip auf so genannten flüssigen Kristallen. Die Moleküle dieser Flüssigkeiten weisen eine lang gestreckte Form auf und können sich in verschiedenen Zuständen (Phasen) befinden. In der hier wichtigen nematischen Phase sind die Moleküle in Längsrichtung nebeneinander angeordnet und können an einem elektrischen Feld ausgerichtet werden. Aufgrund der regelmäßigen räumlichen Molekülanordnung ergibt sich eine Anisotropie des Brechungsindex, womit eine Drehung der Polarisationsebene des Lichtes bewirkt werden kann. Dies ist der Effekt, der für die Lichtventilfunktion ausgenutzt wird. Die Flüssigkeit befindet sich zwischen zwei Glasplatten, die an ihrer Oberfläche eine feine Struktur enthalten (Aglinement Layer), an

VGA	640 x 480
SVGA	800 x 600
XGA	1024 x 768
SXGA	1280 x 1024
UXGA	1600 x 1200
UXGA	1920 x 1200
GXGA	2560 x 2048

Tabelle 6.4
Im Computerbereich verwendete Kürzel für verschiedene Auflösungen

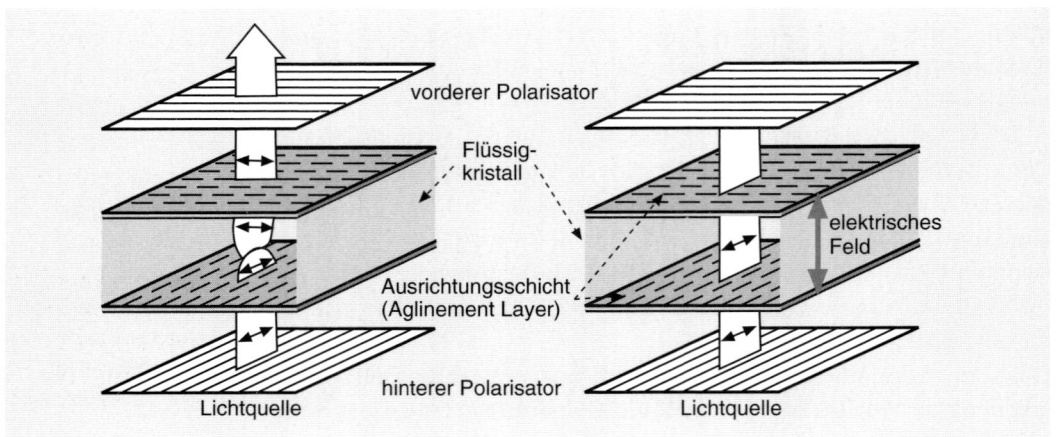

Abb. 6.43
Funktionsprinzip des LCD

der sich die Moleküle ausrichten. Die Glasplatten werden nun so gegeneinander verdreht, dass die Struktur der oberen Platte senkrecht zu der der unteren Platte steht. Auf diese Weise werden auch die Moleküle verdreht, sie weisen eine schraubenförmige Anordnung auf. Die Glasplatten werden jeweils mit einer linear polarisierenden Folie versehen, deren Polarisationsrichtungen senkrecht aufeinander stehen. Unpolarisiertes Hintergrundlicht, das das LC-Element durchdringen soll, wird damit zunächst linear polarisiert. Der Vektor des elektrischen Feldes, der die Schwingung der Lichtwelle beschreibt, bleibt also für das gesamte Licht nur in einer Ebene. Innerhalb der Flüssigkeit wird die Polarisationsebene durch die verdrillten Moleküle um 90° gedreht, und das Licht kann schließlich austreten, weil die Schwingungsebene parallel zur zweiten Polarisationsfolie steht. Durch Anlegen eines elektrischen Feldes wird die Verdrehung der Moleküle aufgehoben, da sie sich nun am elektrischen Feld orientieren. Die Polarisationsrichtung des Lichtes steht damit senkrecht zur Richtung der zweiten Folie, und der Bildschirm bleibt dunkel (Abb. 6.43). Zur Erzielung verschiedener Grauwerte kann über Steuerelemente entweder der Verdrehungswinkel oder der Schaltrhythmus und damit die Einschaltdauer beeinflusst werden. Bei LC-Elementen, die für eine hohe Bewegungsauflösung konzipiert sind, werden als Steuerelemente Transistoren verwendet, die jedem Bildpunkt einzeln zugeordnet sind und als TFT für Thin Film Transistor bezeichnet werden.

LC-Projektoren arbeiten in den meisten Fällen nach dem Prinzip des Diaprojektors. Das Licht wird mit einer Metalldampflampe hoher Leistung erzeugt und zunächst mit Filtern von Ultraviolett- und Infrarotanteilen befreit. Das damit entstehende sog. Kaltlicht belastet die Lichtventile viel weniger als ungefiltertes Licht. Die Aufteilung der von der Lichtquelle kommenden Strahlung in die Rot-, Grün- und Blauanteile wird mit dichroitischen Spiegeln realisiert. Dichroitische Spiegel sind mit dünnen

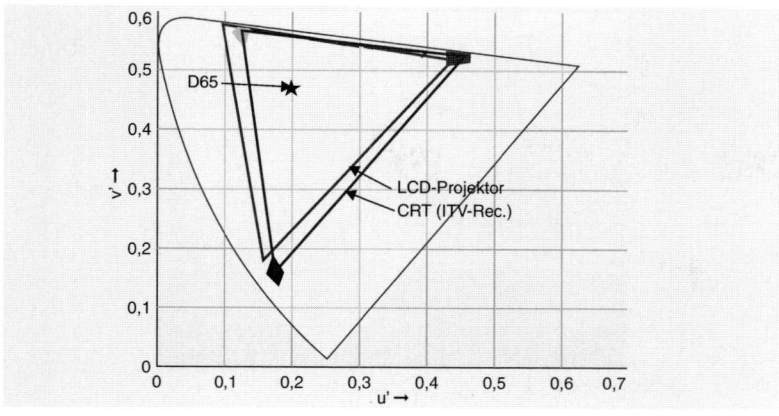

Abb. 6.44
Darstellbare Farbbereiche
von LCD-Projektoren im
Vergleich zu gewöhnlichen
CRT-Bildröhren in TV-
Geräten

Schichten bedampft, die ein frequenz- bzw. farbselektives Reflexionsverhalten ermöglichen. Mit den Filtern wird ein darstellbarer Farbumfang erreicht, der mit dem Umfang gewöhnlicher TV-Bildröhren vergleichbar ist, aber eine etwas andere Lage aufweist (Abb. 6.44) /51/. Nachdem das Licht der drei Farbauszüge die zugehörigen Lichtventile durchdrungen hat, wird es wieder zu einem Lichtbündel zusammengefasst und mit dem Projektionsobjektiv auf die Bildwand abgebildet.

Hochwertige LC-Projektoren, z. B. des Herstellers Barco, erreichen bis zu 4000 ANSI-Lumen mit einem Kontrast von 400:1 bei XGA-Auflösung, also 1024 x 768 Bildpunkten. Der Hersteller Christie bietet ein Gerät an, das 7700 ANSI-Lumen mit einem Kontrast von 800:1 bei 1600 x 1200 Bildpunkten erzielt. Weitere Steigerungen der Lichtströme lassen sich nur schwer erreichen. Das Problem ist, dass die Lichtenergie im Flüssigkristallelement um bis zu 60 % absorbiert wird, die Erwärmung kann zur Zerstörung des Lichtventils führen. Die aktiven Flächen der Pixel sind relativ klein, da die zur Ansteuerung benutzten TF-Transistoren Platz auf dem Panel beanspruchen. Damit ist auch der weitere Nachteil verbunden, dass die zur Bildpunktansteuerung benutzte aktive Matrix als Punktmuster im Bild sichtbar ist.

6.6.2 Image Light Amplifier

Ein großer Teil der genannten Probleme üblicher LC-Projektoren kann beseitigt werden, wenn die TFT-Ansteuerung des LCD durch andere Verfahren ersetzt wird. Das diesbezüglich bekannteste System nennt sich Image Light Amplifier (ILA) und ermöglicht schon bei einfacher Ausführung Lichtstärken, die um den Faktor 3 bis 5 höher liegen als bei gewöhnlichen LC-Geräten. Die hohe Lichtstärke wird dadurch möglich, dass das LC-Element nicht völlig durchstrahlt wird, sondern mit Reflexion arbeitet. Die Ansteuerung kann daher von hinten erfolgen und dafür steht die gesamte Display-Fläche zur Verfügung. Das verwendete Flüs-

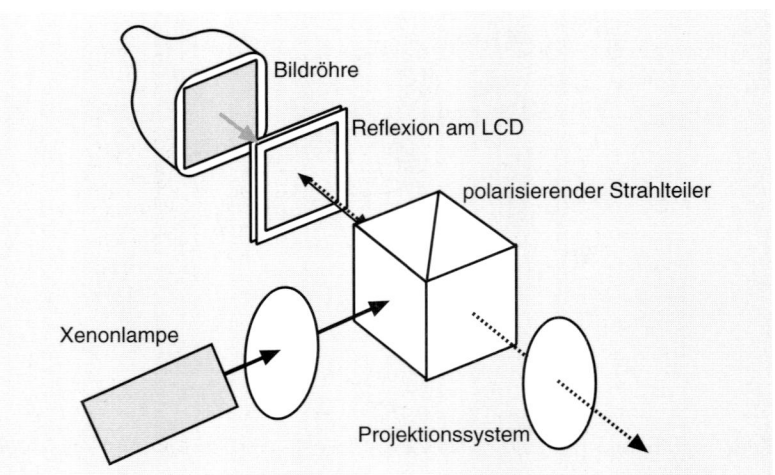

Abb. 6.45
Funktionsprinzip des ILA-
Projektors

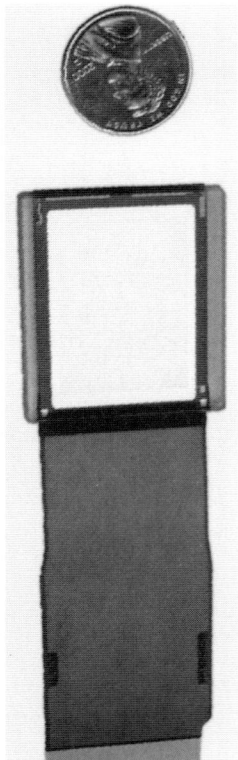

sigkristallelement hat eine homogene Schicht, einen Festkörperfilm, der nicht in Bildpunkte aufgeteilt ist. Damit gibt es keine Fehlstellen und keine Auflösungsbegrenzung durch das Bildpunktraster. Die Ansteuerung der Flüssigkristallschicht geschieht dadurch, dass zunächst mit einer gewöhnlichen Kathodenstrahlröhre ein Bild erzeugt wird, das wiederum auf die Rückseite des LCD-Elementes abgebildet wird. Hier befindet sich eine fotoelektrische Schicht, in der ein dem optischen Bild entsprechendes Ladungsbild entsteht, das die Spannung innerhalb der Flüssigkristallschicht und damit die Transmissions- und Reflexionseigenschaften von polarisiertem Licht beeinflusst.

Das Projektionslicht wird durch eine Xenonlampe (z. B. 1500 W) erzeugt und von UV- und IR-Anteilen befreit. Es fällt seitlich zum Projektionsstrahlengang auf einen polarisierenden Strahlteiler und wird auf das Lichtventil gelenkt (Abb. 6.45). Das Licht trifft dann auf die Vorderseite des LCD-Elements und wird hier gespiegelt, wobei der Reflexionsgrad von dem von hinten durch die Bildröhre aufgebrachten Bild bestimmt wird. Die Bildhelligkeit ist damit fast unabhängig von der Bildröhrenhelligkeit und wird im Wesentlichen durch die Projektionslichtstärke bestimmt.

Das modulierte, reflektierte Licht gelangt schließlich durch den Strahlteiler auf das Projektionsobjektiv. Zur Farbbilddarstellung werden drei separate Systeme für Rot, Grün und Blau eingesetzt. Das entsprechend farbige Projektionslicht wird mit Hilfe dichroitischer Spiegel gewonnen. Als Alternative zur CRT-Bilderzeugung wurde mit Direct-Drive-ILA (D-ILA) ein Verfahren auf Halbleiterbasis entwickelt. Es wird das gleiche Arbeitsprinzip wie bei ILA verwendet, nur die Röhren werden durch Halbleitersteuerelemente ersetzt und direkt mit dem LC-Element verbunden, wobei allerdings wieder eine Pixelstruktur entsteht. Abb. 6.46 zeigt die Größe eines solchen Panels im Vergleich zu einer Münze.

Abb. 6.46
D-ILA-Panel im Vergleich
zu einer Münze /52/

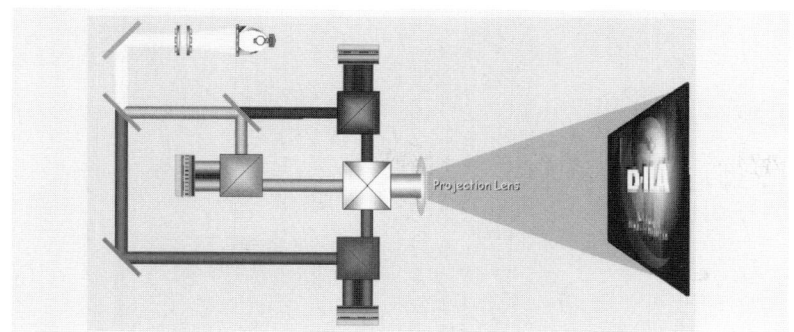

Abb. 6.47
Aufbau des D-ILA-
Projektors /52/

Auf der Basis des D-ILA-Verfahrens entwickelte die Firma JVC den ersten Bildwandler, der die volle 2k-Auflösung mit 2048 x 1536 Bildpunkten bietet. Aufgrund der Ansteuerung von hinten werden hier 93 % der Gesamtfläche als Bildwandlerfläche genutzt, d. h. dass die Pixelstruktur nur schwer wahrnehmbar ist. Die Bildwandlergröße beträgt 26 mm x 20 mm bei einer Pixelseitenlänge von 13 μm. Als Kontrastumfang wird 2000:1 angegeben. Der Aufbau des Projektors ist in Abbildung 6.47 dargestellt.

6.6.3 Spiegelprojektion

Wenn statt des Flüssigkristallelementes ein steuerbarer Spiegel verwendet wird, entsteht ein rein reflektiv arbeitender passiver Projektor. Dieser Gedanke ist bei der Entwicklung digital gesteuerter, mikromechanischer Kleinspiegel (Digital Micromirror Device, DMD) aufgenommen worden. Jedem Bildpunkt ist dabei ein eigener Spiegel zugeordnet. Es ist gelungen, die Spiegel so weit zu verkleinern, dass auf einem Silizium-Chip mit 15 mm x 13 mm Größe über eine Million Spiegel untergebracht werden können.

Die Spiegel ruhen auf zwei Stützpfosten und können durch elektrostatische Anziehung um ca. ± 10° verkippt werden. Sie lenken das Projektionslicht entweder auf die Bildwand oder in einen absorbierenden Bereich. Ein elektrostatisches Feld erzeugt das Rückstelldrehmoment. Die Darstellung von Graustufen wird durch einen schnellen Schaltrhythmus und die Variation der Einschaltdauer realisiert. Die Ansteuerelektronik ist auf dem Silizium-Chip untergebracht. Jedem Spiegel sind zwei Adressierelektroden zugeordnet, so dass eine XY-Matrix-Ansteuerung möglich wird. Abbildung 6.48 zeigt einen Ausschnitt aus der Spiegelfläche und die schematische Darstellung der beweglichen Spiegelauflage mit den zugehörigen Gelenken. Aufgrund der erforderlichen Abstände kann hier nicht so eine hohe aktive Flächendichte wie bei D-ILA erreicht werden.

DMD werden mit einer Ansteuerelektronik und dem Beleuchtungssystem zu einer Digital-Light-Processing-Einheit (DLP) zusammengeführt.

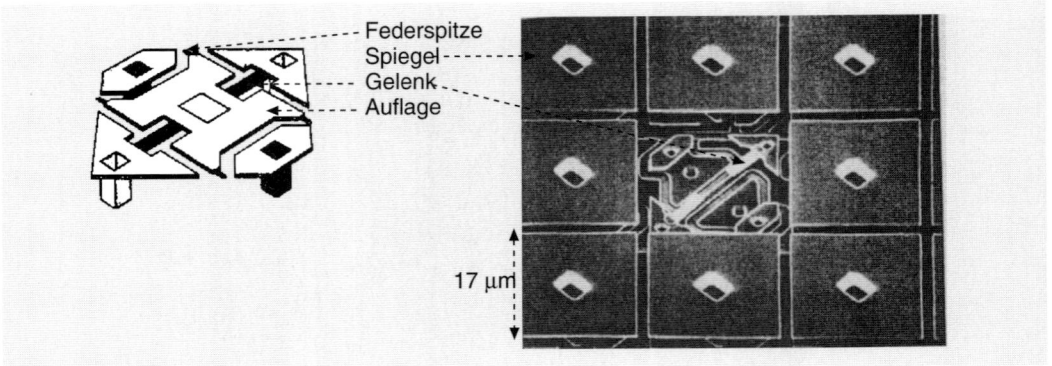

Federspitze
Spiegel
Gelenk
Auflage

17 µm

Abb. 6.48
Aufbau des DMD (53/

DLP-Systeme unterscheiden sich durch die Anzahl der verwendeten DMD-Elemente für die Farbdarstellung. Die optimale Lösung ist die Trennung der drei Farbauszüge, Reflexion an drei separaten DMD und die anschließende Zusammenführung der Anteile, ähnlich wie es in Abb. 6.47 dargestellt ist. Große DLP-Projektoren des bekannten Herstellers Barco erreichen 12 000 ANSI-Lumen mit einem Kontrast von 500:1 bei einer SXGA-Auflösung von 1280 x 1024 Bildpunkten.

6.6.4 Großbilddarstellung mit dem Laser

Das Laserprojektionsverfahren ermöglich hohe Leuchtdichten und hoch gesättigte Farbe und ist damit prinzipiell für die Projektion sehr gut geeignet. Bei diesem Verfahren werden stark gebündelte Lichtstrahlen aus drei Lasern verwendet, die rotes, grünes und blaues Licht für die additive Mischung der drei Farbauszüge erzeugen. Die Intensitäten der Strahlen können vom Videosignal mit Hilfe von Lichtmodulatoren gesteuert werden, so wie es auch beim Laserbelichter geschieht. Ein Lichtmodulator lässt sich mit einem Kristall realisieren, der in der Lage ist, die Polarisationsrichtung des Lichtes in Abhängigkeit von einer Steuerspannung zu drehen. Damit ist es unter Nutzung eines zweiten, fest stehenden Polarisators möglich, die Intensität in Abhängigkeit vom Polarisationsdrehwinkel zu steuern. Die farbigen Teilstrahlen werden über teildurchlässige Spiegel zu einem Strahl zusammengefasst und mit Hilfe von rotierenden Spiegeln horizontal und vertikal über die Bildfläche geführt. Die Abbildung mit Lasern ermöglicht hohe Bildfrequenzen und eine hohe Ortsauflösung, dabei ist wegen der scharfen Bündelung des Strahls praktisch keine Begrenzung der Schärfentiefe vorhanden – ein Umstand, der angesichts der Häufigkeit von schlecht fokussierten Projektionen in den Kinos nicht ohne Bedeutung ist. Aufgrund der Kohärenz des Laserlichts entstehen aber durch Interferenz Flecken (Speckles), die mit einigem Aufwand unterdrückt werden müssen. Zum Beginn des neuen Jahrhunderts sind noch keine Projektoren mit diesem Arbeitsprinzip erhältlich.

6.7 Digitale Postproduktion

Zu den klassischen Aufgaben der Postproduktion gehört für den Bildbereich der Schnitt und die Lichtbestimmung. Für beide und viele weitere Aufgaben stehen heute hochwertige digitale Bearbeitungssysteme zur Verfügung. Zuerst wurde die Digitaltechnik im Schnittbereich eingesetzt. Das wurde dadurch möglich, dass die Schnittfestlegung keine hoch qualitativen Bilder erfordert, oft reicht es aus, mit hoher Datenreduktion und Bildqualitäten auf dem Niveau von VHS-Recordern zu arbeiten. Der Einsatz der Digitaltechnik bringt hier bereits erhebliche Vorteile, da ein sehr schneller Zugriff auf alle Sequenzen gewährleistet ist und verschiedene Schnittversionen ebenso leicht erstellt werden können wie Korrekturen. Das gilt für den Bereich Video ebenso wie für den Film. Bei Letzterem ist neben dem Schnitt die Lichtbestimmung erforderlich. Diese mit Hilfe digitaler Daten durchzuführen ist ein eher neuer Bereich, da hier eine möglichst hohe Bildqualität erreicht werden muss und die Farbbeurteilung mit den Kalibrationsproblemen behaftet ist, die in Kap. 6.2.4 beschrieben sind.

Hoch aufgelöste Digitalbilder waren zunächst für den Bereich der Bildbearbeitung, für Bildmanipulationen und visual effects gefragt, die im Kopierwerk nur mit großem Aufwand oder gar nicht durchgeführt werden können. Da hier oft Bildteile, z. B. durch Stanz- oder Maskenverfahren, kombiniert werden, hat sich in diesem zweiten Bereich der Postproduktion der Begriff Compositing etabliert. Compositingsysteme erlauben in der Regel auch aufwändige Farbkorrekturen. Bei der grafischen Darstellung auf den Benutzeroberflächen werden die Bildkombinationselemente meist untereinander angezeigt, während die zeitliche Abfolge der Sequenzen in der Horizontalen, der sog. Timeline, erscheint. Damit haben sich für die Differenzierung zwischen Bildschnitt und Compositing auch die Begriffe horizontaler und vertikaler Schnitt etabliert.

Im Zusammenhang mit den visual effects steht schließlich auch der dritte Postproduktionsbereich, der digitale Bilder benutzt, die nicht real aufgenommen, sondern im Computer erzeugt werden. Aufgrund der dabei möglichen Simulation von Objekt- oder Kamerabewegungen wird für dieses Gebiet der künstlichen Bilder der Begriff Computeranimation benutzt. Damit bietet sich für eine Übersicht über den Postproduktionsbereich insgesamt die Einteilung in die drei Bereiche Schnitt, Compositing und Computeranimation an /54/. Bei der folgenden Betrachtung der Systeme sollte beachtet werden, dass in vielen Fällen nicht nur Bild-, sondern auch Audiosignale bearbeitet werden müssen, das gilt insbesondere für den Schnitt, der als Tonschnitt die gleiche Bedeutung hat wie als Bildschnitt.

▸ **Für eine Übersicht über den Postproduktionsbereich eignet sich die Einteilung in die drei Bereiche Schnitt, Compositing und Computeranimation**

6.7.1 Digitale Schnittsysteme

▶ **Beim nichtlinearen Schnitt wird mit Verweisen auf die gewünschten Teile des digitalisierten Materials gearbeitet, die dann ausgegeben werden. Dagegen beruht der lineare Schnitt darauf, von Sequenzen, die auf Magnetbändern gespeichert sind, die gewünschten Teile auf ein Masterband zu kopieren**

Der treffendere Begriff lautet nichtlineare Editingsysteme (NLE), da die nichtlineare Arbeitsweise hier der interessanteste Aspekt ist. Beim nichtlinearen Schnitt, der jedoch ohne Digitaltechnik kaum zu realisieren ist, wird mit Verweisen auf die gewünschten Teile des digitalisierten Materials gearbeitet, die dann ausgegeben werden. Bei einem Szenenwechsel wird die Wiedergabe unterbrechungsfrei an einer anderen Stelle des digitalisierten und meist auf Computerfestplatten gespeicherten Materials fortgesetzt, wobei durch Pufferspeicher dafür gesorgt wird, dass die Bildfolge auch dann noch nahtlos abläuft, wenn sich der Lesekopf der Speicherplatte neu positionieren muss. Dagegen beruht der lineare Schnitt darauf, von Sequenzen, die auf Magnetbändern gespeichert sind, die gewünschten Teile auf ein Masterband zu kopieren. Dieser Vorgang kann mit digitalen oder analogen Signalen ablaufen, wobei im letzten Fall ein Generationsverlust auftritt, d. h. dass die Signalqualität leidet. Die Bearbeitungsflexibilität ist beim linearen Schnitt erheblich eingeschränkt, denn wenn innerhalb der bereits kopierten Sequenzen Änderungen vorgenommen werden sollen, erfordert das in der Regel eine Neukopie aller Sequenzen, die hinter dem zu ändernden Bereich liegen, d. h. dass bei der Anordnung der Sequenzen Rücksicht auf die lineare Abfolge auf dem Band genommen werden muss. Der lineare Schnittbetrieb ist vorwiegend im Fernsehbereich zu finden, wenn aus Zeitknappheit die Einspielung des zu bearbeitenden Materials in das Schnittsystem vermieden werden soll. Er wird mit Hilfe eines Steuersystems für die Antriebsfunktionen der MAZ-Geräte, zwischen denen die Kopie stattfindet, realisiert /7/. Die Bestimmung der gewählten Sequenzen erfolgt mittels

Abb. 6.49
Beispiel für eine Timeline mit verschiedenen geschützten und aktivierten Spuren

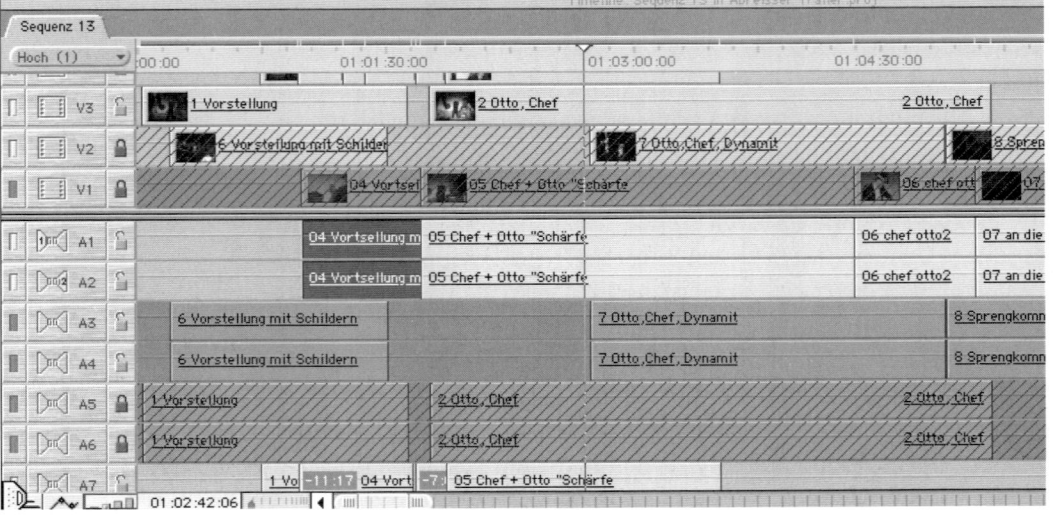

Timecode. Durch die Möglichkeit der Steuerung von HD-MAZ-Geräten ist der lineare Schnitt auch im Bereich des digitalen Films und HDTV verwendbar, wird aufgrund der genannten Einschränkungen jedoch kaum eingesetzt.

Neben der Unterscheidung zwischen linear und nichtlinear ist die Differenzierung zwischen Online- und Offline-Betrieb von Bedeutung. Online bedeutet Schnittbearbeitung mit hoch qualitativen Bildern, die es ermöglichen, direkt die Endqualität zu produzieren. Beim Offline-Betrieb geht es dagegen nur um die Festlegung der Sequenzen anhand von Bilddaten, die stark reduziert sein dürfen, so dass sie einfach zu verarbeiten sind und wenig Speicherplatz belegen. In diesem Sinne erfolgt auch der klassische Filmschnitt im Offline-Betrieb mit Hilfe einer einfachen Schnittkopie, von der eine Schnittliste (Edit Decision List, EDL) erzeugt wird, die dazu dient, schließlich das hochwertige Original zu montieren.

Die meisten Schnittsysteme basieren auf Standardcomputern, die mit einer Videoübertragungs-Hardware und einem großen Festplattenspeicher ausgerüstet sind. Die Schnitt-Software dient zum Ein- und Ausspielen des Materials, der Materialverwaltung und der Festlegung der Schnittpunkte sowie zugehöriger Bildübergänge oder Toneffekte. Zur Veranschaulichung steht als wesentliches Hilfsmittel die Timeline zur Verfügung. Sie zeigt alle Bild- und Tonspuren und die dort positionierten Sequenzen (Abb. 6.49). Meist können gewünschte Änderungen direkt in der Timeline vorgenommen werden. Die Timeline kann auch zur Anzeige der Audiowellenform genutzt werden.

Allgemein gilt, dass das Material zunächst auf die Platten transferiert werden muss. Meist wird es von Magnetbändern aus eingespielt, die früher oft analoger Art waren (z. B. Betacam SP), so dass sich für diesen Vorgang der Begriff Digitalisieren erhalten hat. Auch Filmbilddaten werden über MAZ-Geräte eingespielt, sie werden mit Filmabtastern in ein Videosignal umgesetzt (Abb. 6.50).

Obwohl heute die meisten nichtlinearen Schnittsysteme in der Lage sind, Standardvideosignale in Online-Qualität zu verarbeiten, wird auch

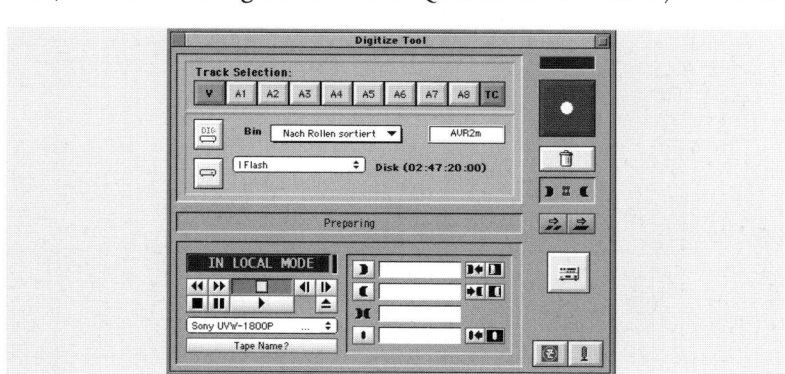

Abb. 6.50
Digitize Tool mit Möglichkeiten zur Anwahl der Spuren, der Video Resolution und zur Maschinensteuerung

in diesem Bereich oft der Offline-Betrieb mit gering aufgelösten Bildern bevorzugt, um mit einfachen Geräaten und geringerem Speicherplatz auskommen zu können. Der gewünschte Modus wird bei der Einspielung über die Wahl der Bildqualität bzw. Video Resolution bestimmt (Abb. 6.50). Für die Online-Ausspielung der Daten müssen diese nach der Schnittfestlegung von den Originalbändern in hoher Qualität noch einmal eingelesen werden, was aber anhand der in der Schnittliste festgelegten Timecode-Daten in einem so genannten Batch Digitize Prozess automatisch erfolgen kann. Nach diesem Prozess befinden sich im Online-System neben der Schnittliste nur die gewünschten Sequenzen, die nach einem ggf. vorzunehmenden Feinschnitt oder weiteren Korrekturen direkt ausgespielt werden können.

Das beschriebene Verfahren eignet sich für die Verarbeitung von Videosignalen in Standardauflösung ebenso wie für HD-Video und den Bereich des digitalen Films, für die Online-Ausspielung sind in letzterem Fall natürlich HD-taugliche Schnittsysteme und HD-Recorder erforderlich. Für den klassischen Filmbereich ist die Online-Ausspielung dagegen irrelevant, denn hier soll mit Hilfe der digitalisierten Daten nur eine Schnittliste erzeugt werden, anhand derer das Negativ im Kopierwerk geschnitten wird. Als Besonderheit kommt hier der Umstand hinzu, dass das Schnittsystem nicht nur Timecode-Daten, sondern auch die Fußnummern des Films verarbeiten können muss und den Umgang mit der im Filmbereich üblichen Bildfrequenz von 24 fps beherrscht (s. Kap. 6.7.2).

Bei der Erzeugung einer Schnittliste sollte der EDL-Export in den verschiedenen Formaten möglich sein, die sich durch die Verbreitung verschiedener linearer Schnittsteuersysteme etabliert haben (CMX, Sony). Daneben kann der fertige Film als so genannter Digital Cut auch auf Magnetband aufgezeichnet werden oder als digitaler Videofilm z. B. im Quicktime-Format exportiert werden. Viele Hersteller bemühen sich inzwischen auch um eine Ausgabemöglichkeit im MPEG-2-Format, damit

Abb. 6.51
Verschiedene Formen der Materialorganisation

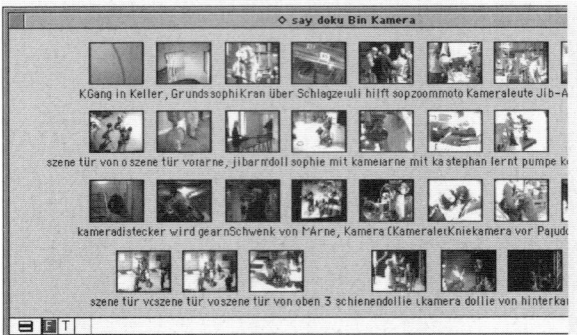

das Schnittsystem als Medienvorbereitungssystem für das DVD-Authoring verwendet werden kann.

Bei den Ausgabemöglichkeiten sollte auch eine komfortable Back-up-Funktion zur Verfügung stehen. Damit können die Projekt- und Mediadaten in einer Form vorgehalten werden, die jederzeit eine sofortige Weiter- oder Neubearbeitung des Materials zulässt.

Beim Schnitt kommt es entscheidend darauf an, den Überblick über das zur Verfügung stehende Material zu behalten. Die Qualität des NLE wird nicht zuletzt durch die Möglichkeiten der Materialorganisation bestimmt. Die Ablage und Verwaltung erfolgt in Bins oder Libraries, die thematisch oder nach dem Drehbuch organisiert sein können (Abb. 6.51). Dabei ist es möglich, eigene Verzeichnisse für die eingespielten Klappen, Rushes, die daraus gebildeten Subclips und weitere Materialien wie Effects, Sounds, Sub Master etc. zu verwenden. Zu jedem Eintrag können Datum, Timecode, Dauer und Kommentare gespeichert werden. Wichtig ist dabei die Vergabe von Bandnummern, damit gleiche Timecode-Werte von verschiedenen Bändern verarbeitet werden können.

Für den Filmschnitt gilt die Besonderheit, dass Bild und Ton getrennt aufgenommen und eingespielt werden. Hier bieten gute Schnittsysteme die Möglichkeit die als Klappen bezeichneten Bildsequenzen mit dem zugehörigen Tonmaterial komfortabel zu synchronisieren und als einen gemeinsamen Subclip im Bin abzulegen.

Nach der Ordnung und Benennung der eingespielten Szenen wird der Rohschnitt erstellt. Dazu wird das Zuspielfenster (Player) geöffnet, die Szene betrachtet, mit Hilfe von In- und Out-Marken (Abb. 6.52) beschnitten und in die Timeline übernommen. Oder die Szene wird direkt in die Timeline gezogen, wobei oft eine Einstellung gewählt werden kann, die bewirkt, dass sich die Szene auch bei ungenauer Positionierung lückenlos an die vorhergehende anfügt.

Abb. 6.52
Recorder- und Playerfenster mit In- und Out-Marken

Die Timeline symbolisiert in horizontaler Richtung die Zeitachse, für die verschiedene Skalierungen eingestellt werden können, um wahlweise einzelne Bildübergänge oder den gesamten Film sichtbar zu machen. Die eigentliche Schnittbearbeitung besteht in der Umordnung und Verlängerung oder Verkürzung der Sequenzen, was rechnerintern eine Umadressierung der auszuspielenden Szenen bewirkt. Bei ausschließlicher Verwendung von Hartschnitten ist eine Spur ausreichend. Für den Einsatz von Bildübergängen sind oft mehrere Spuren (Tracks) verfügbar, wobei die beteiligten Signale auf verschiedenen Spuren in vertikaler Richtung angeordnet werden. Die Audiospuren sind unter den Videotracks angeordnet. Bei Standardsystemen werden oft zwei Videosignale verarbeitet, die mit Clips aus einer dritten, der Grafikspur, überlagert werden können. Zwischen den beiden Videospuren befindet sich dann die Effects-Spur (Abb. 6.53). Hier werden vordefinierte Bildübergänge von Videospur A zu Spur B platziert. So kann leicht auf die Effekte zugegriffen und ihre Dauer bestimmt werden. Die Sequenzen können mit Effekten versehen werden, die auch auf der Timeline erscheinen. Hier wird die Benutzerfläche übersichtlicher, wenn diese Informationen nicht ständig, sondern nur wahlweise erscheinen.

Beim Editing können die platzierten Sequenzen beliebig verändert oder ersetzt werden. Dazu muss zunächst bestimmt werden, welche Spuren an dem Vorgang beteiligt sein sollen. Bei der Einfügung einer neuen Sequenz zwischen zwei bereits platzierten kann bei der Übernahme in die Timeline entschieden werden, ob die folgenden Sequenzen dabei überschrieben (Overwrite) oder nach hinten verschoben werden (Insert, Abb. 6.54). Es ist auch möglich, das neue Material so zu platzieren, dass exakt eine Sequenz überschrieben wird (Fit to Fill). Komfortable Systeme erlauben darüber hinaus die Verschiebung des eingefügten Materials innerhalb des durch die Sequenzlänge gegebenen Zeitfensters (Slip Mode). Bei all diesen Vorgängen ist auf die Synchronität zwischen Audio

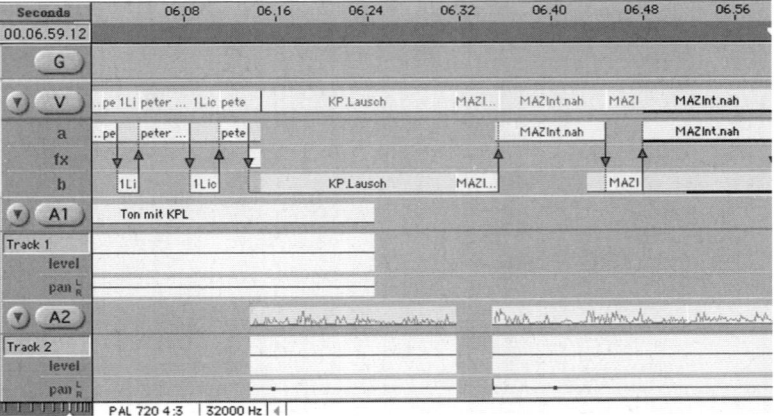

Abb. 6.53
Ein- und ausblendbare
Details für einzelne
Spuren in der Timeline

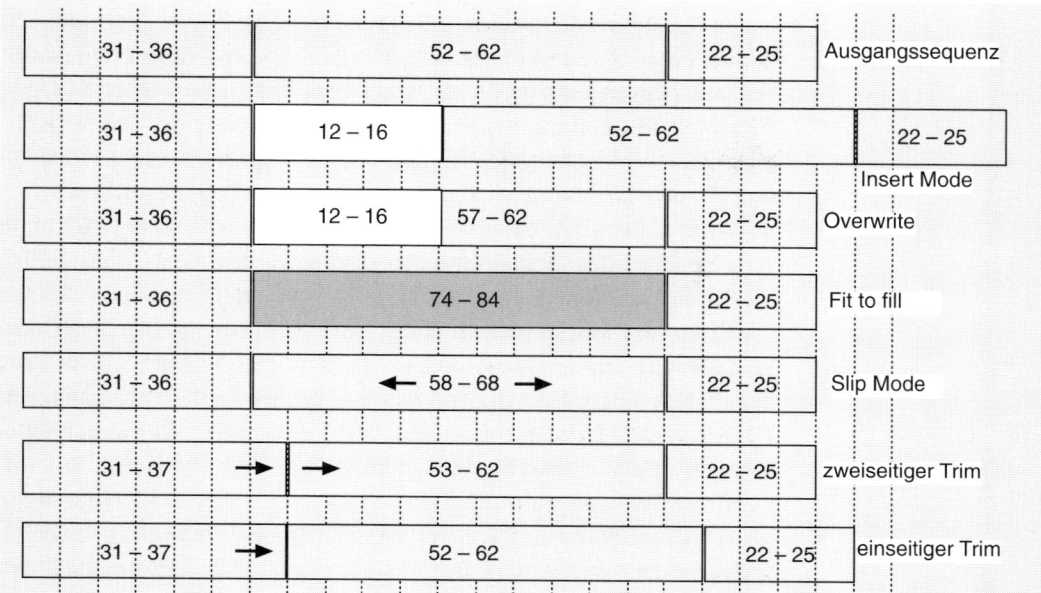

und Video zu achten und weiter zu bedenken, dass die Verlängerungen und Verschiebungen von Sequenzen sowie Überblendungen immer nur so weit möglich sind, wie es durch die Länge des digitalisierten Materials vorgegeben ist. Aus Gründen der Flexibilität und um auch Bildübergänge zu ermöglichen, wird daher schon beim Einspielen darauf geachtet, dass für jede Szene sog. Blendfleisch (Handles) zur Verfügung steht.

Nachdem die Sequenzen in der richtigen Folge angeordnet sind, kann mit dem Feinschnitt, dem Trimming, begonnen werden. Nach der Anwahl der zu bearbeitenden Spuren und des Schnittpunktes erscheinen im Trim-Mode zwei Fenster (Abb. 6.55), die die Ein- und Ausstiegspunkte der beiden angrenzenden Szenen zeigen. Durch Anwahl eines oder

Abb. 6.54
Verschiedene Modalitäten beim Einfügen und Trimmen

Abb. 6.55
Anzeige der benachbarten Schnittbilder im Trim-Modus

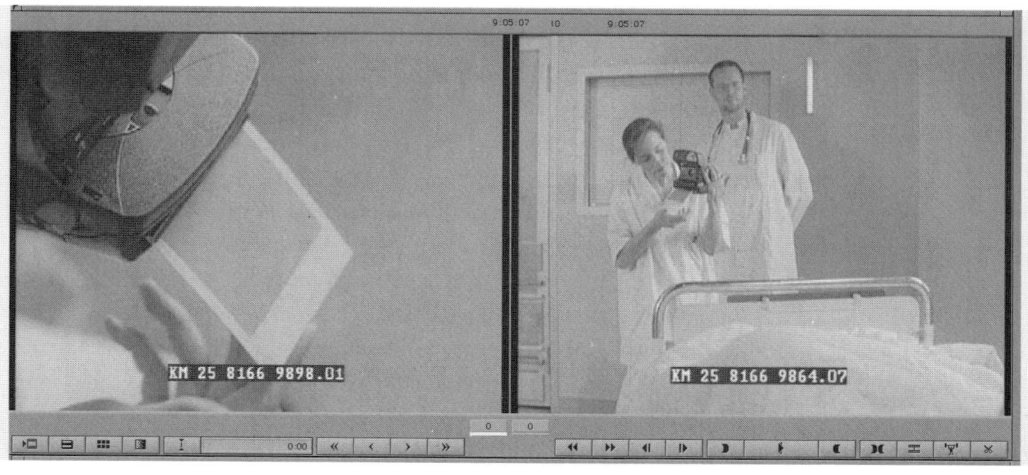

beider Fenster wird bestimmt, ob die endende, die beginnende oder beide Szenen verändert werden sollen. Nur in letzterem Fall, dem sog. zweiseitigen Trimmen, bleibt die Gesamtlänge des Films unverändert (Abb. 6.53). Die Bearbeitung geschieht durch Verschiebung des Schnittpunktes in Einer- oder Mehrbildschritten. Um die Synchronität zu gewährleisten, können die Spuren vor dem Trim-Vorgang verkoppelt werden.

Neben den harten Schnitten können für die Szenenübergänge auch verschiedene Blenden und Wipes verwendet werden. Weiterhin steht für die Modifikation ganzer Szenen eine Vielzahl unterschiedlicher Effekte zur Verfügung, wie sie auch in Bildbearbeitungsprogrammen oder Compositingsystemen verwendet werden (s. Kap. 6.7.2). Dabei müssen aus dem bestehenden Material neue Bilder errechnet werden, was in einigen Fällen in Echtzeit geschieht, während in anderen bei diesem sog. Rendering z. T. erhebliche Rechenzeiten auftreten.

Für die Audiosignalverarbeitung enthalten die meisten NLE-Systeme je nach Ausstattung eine digitale Verarbeitungsmöglichkeit für zwei bis unbeschränkt viele Kanäle. Die Bearbeitung ist aber nur innerhalb des Systems mit sog. virtuellen Kanälen in dieser Anzahl möglich. Die Zahl der physikalischen Ein- und Ausgabekanäle ist auch bei größeren Systemen meistens auf acht beschränkt. Falls mehr erforderlich sind, wird man die Bearbeitung des Projekts an ein Audiobearbeitungssystem übergeben. Es werden vorwiegend hochwertige Digitalparameter, also 16 oder 20 bit Amplitudenauflösung und 44,1 kHz bzw. 48 kHz Abtastfrequenz, verwendet, die eine hohe Audioqualität ermöglichen. Auch in Offline-Systemen kann damit bereits der Tonschnitt vorgenommen werden.

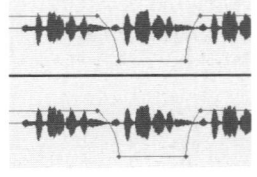

Abb. 6.56
Audiopegelveränderung in der Timeline

Die Bearbeitungsmöglichkeiten für die Audiosignale selbst beschränken sich meistens auf Pegel- und Panoramaeinstellungen. Diese können bei einigen NLE-Systemen neben der Audiowellenform auch in der Timeline eingeblendet werden, so dass z. B. eine Pegelsenkung sehr einfach einer Videosequenz zugeordnet werden kann, denn der Pegelverlauf kann dann meist auch in der Timeline durch einfaches Setzen und Verschieben von Bearbeitungspunkten verändert werden (Rubberband, Abb. 6.56). Auch einfache Klangbeeinflussungsmöglichkeiten (Equalizer) sind oft standardmäßig verfügbar, wobei jedoch die Qualität recht unterschiedlich sein kann. Gute Ergebnisse werden dagegen erzielt, wenn Plug-Ins von Drittanbietern eingebunden werden können.

In der praktischen Ausführung werden professionelle NLE-Geräte vor allem als komplette Schnittsysteme, bestehend aus Computer-Hardware, Videoboards und Software angeboten, die für möglichst optimale Leistung konfiguriert sind. Marktführer bei den On/Offline-Systemen ist die Firma Avid, deren Systeme wahlweise für Macintosh-Computer oder Standard-PC mit Windows erhältlich sind. Das größte Avid-System trägt die Bezeichnung Avid DS HD und ist in der Lage Signale in Standard- und HD-Auflösung zu verarbeiten, d. h. dass es als HD-Online-System verwendbar ist. Das bekannteste Avid-System, der Media Composer, ist für den Standardvideo- und Filmschnitt konzipiert und soll hier etwas näher beschrieben werden. Als Basis dient ein Rechner, der mit vielen Steckplätzen ausgerüstet ist, denn das System arbeitet mit einigen zusätzlichen Computer-Steckkarten. Zur Videoein- und -ausgabe und A/D-Wandlung wird eine Karte eingesetzt, die den Anschluss von $Y/C_R/C_B$-, FBAS-Signalen und über SDI ermöglicht. Das Digitalsignal wird dann zu einer Kompressionskarte geführt und mit Hilfe einer Karte, die einen schnellen SCSI-Anschluss enthält, auf speziell formatierte Platten geschrieben. Auf der Audioseite wird zur A/D- und D/A-Wandlung eine Hardware-Einheit von Digidesign verwendet, die eine hohe Audioqualität bietet.

Die Benutzeroberfläche ist auf zwei Monitore verteilt (Abb. 6.57), der linke dient der Materialorganisation und der rechte ist der eigentliche Schnittmonitor (Composer). Ein dritter Monitor zeigt das Schnittbild im Videomodus. Die Arbeit ist in Projekten organisiert, das Videomaterial eines Projekts wird in »Filmdosen« (Bins) abgelegt. Der zur Aufnahme dienende Capturemode ermöglicht die Steuerung professioneller Videomaschinen sowie die Aufnahme des zugehörigen Timecodes und die Batch-Digitize-Funktion. Das Signal wird bei der Aufnahme mit Motion-JPEG komprimiert, der Kompressionsfaktor für das Videosignal ist zwischen 50:1 (AVR1), 5:1 (AVR 27) über 2:1 (AVR 77) bis zu unkomprimiert in mehreren Stufen einstellbar. Der eigentliche Schnitt erfolgt im Composer-Fenster (Abb. 6.57, rechts), das wie gewöhnlich in einer Timeline die verfügbaren Video- und Audiospuren zeigt. Darüber befinden sich die Player- und Recorderbilder. Viele Effekte (Blenden, Wipes und Motion-Effekte) sind in Echtzeit ausführbar, für aufwändigere Varianten steht optional ein 3-D-Effects-Board zur Verfügung. Die nicht in Echtzeit ver-

Abb. 6.57
Gesamte Benutzeroberfläche des Avid-Systems auf zwei Monitoren

Hersteller	Avid	Avid	Fast	Media 100	Panasonic	Apple	Sony	Sony
Produkt	Composer	DS HD	Blue	Media 100	QuickCutter	Final Cut	ES-7	XPRI
Plattform	Mac/PC	PC	PC-NT	Mac/PC	PC/NT	Mac	PC-NT	PC
Signalverarbeitung	4:2:2, 8 bit	4:2:2	4:2:2, 8 bit	4:2:2, 8 bit	4:1:1, 8 bit	4:2:2, 8 bit	4:2:2	4:2:2
Kompressionsverf.	M-JPEG		MPEG	M-JPEG	DVCPro	Quicktime	DV	
min. Reduktionsfaktor	-	-	-	2:1	5:1	-	5:1	-
HD-tauglich		ja				ja		ja

Tabelle 6.5
Übersicht über verbreitete Schnittsysteme

änderbaren Bilder werden separat gespeichert. Das System erlaubt auch das sog. Mixed Resolution Editing, d. h. die Verwendung von Sequenzen mit unterschiedlicher Datenreduktion in einem Projekt. Weitere Funktionen des Media Composers sind Slow-Motion- und Zeitrafferwiedergabe sowie das Multikamera-Editing, bei dem mehrere Bildquellen simultan abspielbar sind /55/. Zur Ausgabe kann beim Avid Mediacomposer eine Schnittliste erzeugt werden, außerdem kann der Film als sog. Digital Cut auch über die Videokarte auf Magnetband aufgezeichnet werden.

Nichtlineare Editingsysteme anderer Hersteller bieten eine ähnliche Benutzerführung und je nach Preiskategorie eine ähnliche Ausstattung wie das Avid-System. Verbreitete Systeme stammen von Media 100, Discreet und Fast. Tabelle 6.5 zeigt eine Übersicht. Die meisten Systeme sind auf Standardvideoauflösung beschränkt, HD-taugliche Systeme haben noch eine geringe Verbreitung. Neben Avid DS HD tritt in diesem Bereich das XPRI-System von Sony hervor, dass die Besonderheit aufweist, direkt mit dem datenreduzierten Videomaterial der HDCam-Aufzeichnung arbeiten zu können, so dass viele qualitätsmindernde Komprimierungs- und Rekomprimierungsprozesse in diesem Umfeld entfallen können. HD-taugliche Schnittsysteme beherrschen i.d.R. verschiedene Bildraten und unterstützen den 24p-Modus, womit die meisten der im nächsten Kapitel erörterten Probleme, die bei der Filmbearbeitung mit Hilfe videotechnischer Mittel auftreten, hinfällig werden.

6.7.2 Filmschnitt mit NLE-Systemen

Eine der Besonderheiten bei der Bearbeitung von Film ist die Tatsache, dass Bild und Ton separat aufgenommen und auch einzeln in das Schnittsystem eingespielt werden. Dieser Umstand führt jedoch kaum zu Problemen, da nach der Synchronisierung die Clips gemeinsam weiter verarbeitet werden können, genauso wie es mit Videosignalen geschieht, die direkt zusammen mit dem Tonmaterial eingespielt werden.

Die zweite Besonderheit stellt die Filmbildfrequenz von 24 fps dar. Im Prinzip führt auch dies nicht zu Problemen, allerdings nur solange alle Systeme der Bearbeitungskette diese Bildrate beherrschen. Das bedeutet,

▶ **Die Schnittsysteme basieren auf 25 fps. Damit sie für den Filmbereich nutzbar werden, müssen sie mit einer so genannten Filmoption ausgestattet sein.**

dass z. B. das Material über eine MAZ eingespielt wird, die in der Lage ist mit 24 Bildern zu arbeiten, und auch die Verarbeitung beim Schnitt tatsächlich auf 24 fps beruht. In diesem Falle sind die Bearbeitungsschritte direkt mit denen im Videobereich vergleichbar, wo die Materialakquisition und auch der Schnitt mit 25-fps-Systemen vorgenommen werden.

Problematisch wird es dagegen, wenn die 24-fps- und 25-fps-Bereiche gemischt werden. Da 24p-Magnetbandgeräte und 24p-Editingsysteme erst seit sehr kurzer Zeit verfügbar und daneben auch teurer als Standardvideosysteme sind, ist gerade dieser Mischbetrieb die Regel. Die Schnittsysteme stammen durchweg aus dem Videobereich und basieren damit auf 25 fps. Damit sie für den Filmbereich nutzbar werden, müssen sie mit einer sog. Filmoption ausgestattet sein. Zur Erklärung muss der Arbeitsablauf betrachtet werden, der hier anhand des Avid-Systems dargestellt wird.

Zunächst wird das Filmmaterial dem Videosignal angepasst, indem es bei der Filmabtastung um 4,1 % zu schnell, d. h. statt mit 24 fps mit 25 fps wiedergegeben wird. Bei der Abtastung werden auch die Fußnummern des Negativmaterials erfasst und in fester Zuordnung zu den Timecode-Werten des Videobandes in einer log-Liste gespeichert. Das Bildmaterial wird als 25-fps-Videosignal auf ein Magnetband überspielt und von dort aus wiederum mit 25 fps in das Schnittsystem eingelesen. Nach der Eingabe des Audiomaterials werden dann im nächsten Arbeitsschritt die zusammengehörigen Bild- und Tonelemente synchronisiert. Dazu können die Bildclips in eine neue Sequenz digitalisiert und der Ton anhand der Klappe angelegt werden. Mit der Funktion Autosync (Abb. 6.58) entstehen daraus dann synchrone, zusammenhängende Subclips. Für die Feinsynchronisation erlaubt das Avid-System mit Hilfe von Slip-Perf die Verschiebung der Video- gegenüber den Audioteilen mit einer Genauigkeit von 1/4 der Bilddauer, so wie es auch bei Verwendung von Perfobändern mit 4 Löchern/Bild der Fall ist.

Abb. 6.58
Einstellungen für die Autosync-Funktion und das Anlegen eines neuen Filmprojekts

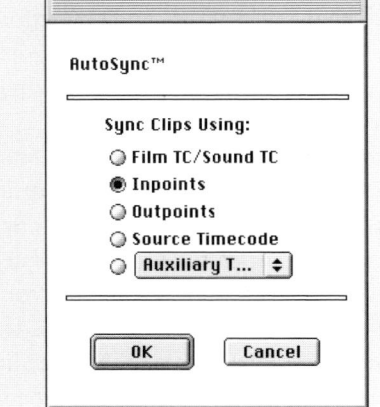
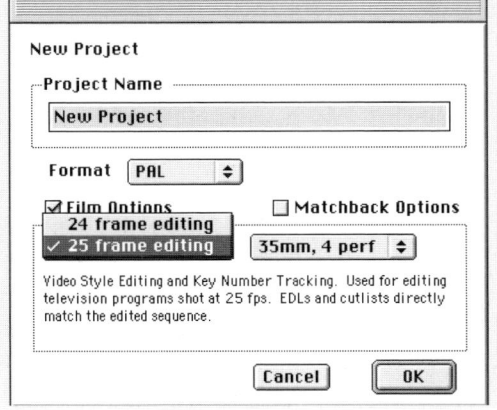

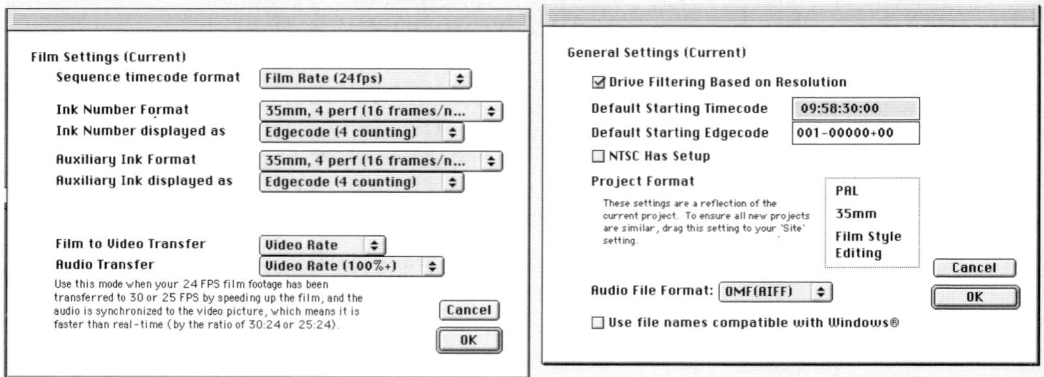

Abb. 6.59
Einstellungen für den
Filmschnitt

Danach kann mit dem Schnitt begonnen werden, wobei nun aber die Bildgeschwindigkeit der Originalszene dargestellt werden soll. Um diese in dem Videosystem und dem angeschlossenen Videomonitor realisieren zu können, wird vom Schnittsystem automatisch nach jedem 12. Bild ein Halbbild verdoppelt, so dass neben den 24 Bildern pro Sekunde zwei zusätzliche Halbbilder vorliegen, die zu einer Videofrequenz von 25 fps führen. Durch die Halbbildverdopplung tritt eine Bildruckelstörung auf, die aber nur bei schnell bewegten Objekten oder schnellen Kameraschwenks sichtbar wird.

Die zusätzlichen Halbbilder werden nur mit der Aktivierung der Filmoption erreicht. Beim Avid-System muss das Projekt dafür bereits vor der Einspielung der Daten für die Filmbearbeitung eingerichtet werden (Abb. 6.58). In den Film Settings (Abb. 6.59) wird dann festgelegt, dass der Transfer vom Film zum Videosystem mit der Video Rate geschehen soll, wenn die Abtastung mit 25 fps vorgenommen wurde. Für den Audio Transfer wird Film Rate gewählt, damit die Einspielung ohne Geschwindigkeitsänderung stattfindet. Bei der Einspielung von digitalen Audiodaten muss die richtige Sample Rate (48 kHz oder 44,1 kHz) gewählt werden, damit qualitätsmindernde Konvertierungen vermieden werden können. Schließlich sollte in den General Settings das Audiodatenformat so vorgewählt werden, dass es in dem Tonstudio gelesen werden kann, an das die Audiodaten nach dem Schnitt zur Abmischung übergeben werden /56/.

Um die Orientierung im 24-fps-Projekt zu erleichtern, kann die Timecode-Anzeige im Recorderfenster zwischen der Zählung von 24 oder 25 Bildern/s umgeschaltet werden. Beide Zähleinheiten können auch in der Timeline erscheinen, zusätzlich zu einer EC-Spur für die Anzeige der Fußnummern des Filmnegativs (Edgecode) (Abb. 6.60). Die Fußnummernverwaltung hat natürlich auch bei 25-fps-Filmprojekten, wie sie bei Filmproduktionen für den TV-Bereich verwendet werden, ihre Bedeutung.

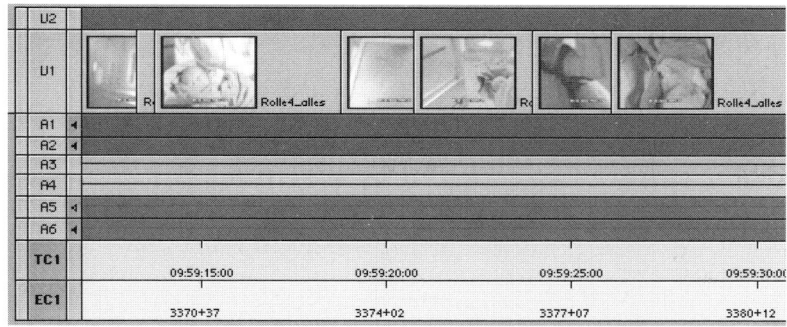

Abb. 6.60
Anzeige von Timecode
(TC) und Edgecode (EC)

Nach der Schnittfestlegung muss eine Ausgabe erfolgen, die es ermöglicht, dass im Kopierwerk das Originalnegativmaterial fehlerfrei
physikalisch geschnitten und geklebt werden kann. Dazu gibt es mehrere Möglichkeiten. Erstens: Das Kopierwerk erhält vom Editor eine
Schnittliste (Edit Decision List, EDL), die direkt die Zuordnung von
Timecode- und Fußnummern beinhaltet. Das setzt voraus, dass beim
Abtastvorgang eine log-Liste erstellt und an den Schnittplatz übergeben
wurde, die den Bezug zwischen den Fußnummern und dem Timecode
des Videobandes enthält. Zur Sicherheit werden die Fußnummern dabei
oft in das Bildmaterial eingeblendet (Abb. 6.61). Die zweite Möglichkeit
besteht darin, dass die Fußnummern bei der Abtastung in den VITC-Be-
reich (Bereich für die Übertragung von Timecode-Daten in der V-Austastlücke des Videosignals) des Videobandes geschrieben wurden, so
dass sie beim Digitalisieren mit Hilfe eines Zusatzgerätes direkt in das
Schnittsystem eingelesen werden können. Die dritte Möglichkeit ist,
dass das Kopierwerk die bei der Abtastung erstellte Zuordnungsliste
zwischen Fußnummer und Timecode des Videobandes behält. Dann
braucht mit dem Schnittsystem nur eine Ausspielung auf Magnetband zu
erfolgen (Digital Cut), das die Sequenzfolge mit den Timecodes des Ein-
spielbandes enthält. Bei der Ausgabe auf Band muss in diesem Zusammenhang darauf geachtet werden, dass die Ausspielung bildidentisch
ist, also keine Halbbildverdopplungen enthält. Zu diesem Zweck wird als

Abb. 6.61
Filmbild mit eingeblende-
tem Keycode

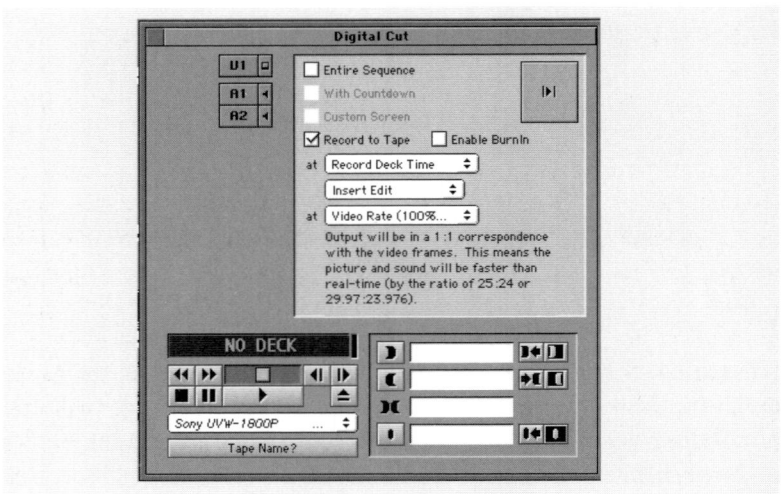

Abb. 6.62
Einstellung der Avid-
Ausspieloption für die
Übergabe an das
Kopierwerk

Digital-Cut-Option Video Rate (100%+) angewählt. Abbildung 6.62 zeigt die Einstellmöglichkeiten für die Ausgabe als Digital Cut.

Die bildrichtige Ausspielung ist für den Schnitt erforderlich, sie ist jedoch zwangsläufig nicht zeit- bzw. längenrichtig. Eine längenrichtige Ausspielung wird aber auch benötigt, nämlich dann, wenn das geschnittene Bildmaterial als Referenz für die Komposition der Musik oder die Tonmischung zur Verfügung gestellt wird. Für diesen Modus ist bei den Ausspieloptionen die Film Rate anzuwählen, die bewirkt, dass die eingefügten Halbbilder mit ausgegeben werden.

Das geschnittene Tonmaterial selbst wird dem Mischstudio möglichst in digitaler Form übergeben, wobei es hilfreich ist, wenn dabei auch direkt die Zuordnung zu verschiedenen Tonspuren erhalten bleibt. Dies gelingt z. B. bei der Übergabe der Audiodaten aus dem Avid-System an ein Pro-Tools-System der gleichen Firma. Die Bildreferenz im Mischstudio ist meist das oben erwähnte Videoband, das in einem Player abgespielt wird, der mit dem Tonbearbeitungssystem über Timecode so verkoppelt ist, dass die Systeme bildgenau synchron laufen und darüber hinaus eine Ansteuerung der Laufwerksfunktionen vom Audiobedienplatz aus erfolgen kann. In diesem Bereich sind oft Konvertierungen zwischen verschiedenen Time-Code-Formaten erforderlich (z. B. LTC zu Midi-Timecode), die mit Hilfe von separaten Synchronizern erfolgen. Anstelle der Videoplayer werden als Bildzuspieler auch Video-Harddisk-Recorder verwendet, die sich bezüglich der Steuerung und Anbindung jedoch wie Bandmaschinen verhalten. Zukünftig ist zu erwarten, dass das Bildmaterial zusammen mit den Audiodaten direkt in digitaler Form an das Mischstudio übergeben wird, wo sie gemeinsam in ein System eingespielt werden.

▶ **Die Übergabe der geschnittenen Sequenzen an das Kopierwerk erfordert eine bildidentische Ausspielung ohne Zusatzbilder, für die Tonmischung muss die Ausspielung dagegen zeitrichtig sein**

6.7.3 Compositingsysteme

Compositingsysteme dienen nicht dem Schnitt, sondern der Manipulation der Bilder selbst. Diese Manipulationsmöglichkeiten standen oft im Zusammenhang mit Schnittsystemen, da in diese im Laufe der Zeit immer mehr Bildbearbeitungsfunktionen integriert wurden. Zunächst wurde der Bereich der Übergänge an den Schnittstellen zwischen den Sequenzen erschlossen, die mit Misch-, Wipe- und vielen anderen Effekten versehen werden können. Zusätzlich wurden Verbindungsmöglichkeiten geschaffen, die es erlauben, computergenerierte Grafiken einzubinden. Dann kamen Schriftgeneratoren hinzu, die sich allerdings bezüglich der Qualität erheblich unterscheiden können. Die Weiterentwicklung brachte dann aufwändige Möglichkeiten zur Farbkorrektur, umfangreiche Keyfunktionen etc.

Seit einiger Zeit geht nun der Trend hin zum Einsatz eigenständiger Bildbearbeitungssysteme, u. a. weil für die Arbeitsgebiete Schnitt und Bildbearbeitung sehr unterschiedliche Qualifikationen der Mitarbeiter erforderlich sind. Die Systeme werden dann als Compositingsysteme bezeichnet, weil die zu produzierende Bildsequenz meist aus vielen verschiedenen Video- und Standbildquellen zusammengesetzt wird. Compositingsysteme sind mit Grafikprogrammen wie z. B. Adobe Photoshop vergleichbar, mit dem Unterschied, dass sie für die Verarbeitung von zusammenhängenden Bildfolgen ausgelegt sind. Zu den Grundfunktionen von Compositingsystemen gehören daher die Funktionen, die auch die Grafikprogramme bieten, wie Farbveränderungen, Mischungen von Bildern und Bildverzerrungen (Transformation, Abb. 6.63). Weiterhin die Möglichkeit der Freistellung einzelner Bildelemente durch Maskierung und Keying. Es existieren Paint- und Textmodule zur Erstellung von Farbflächen und Schriftzügen.

Eine zentrale Funktion hat die Möglichkeit der Verwendung separater Ebenen für Bildteile, die dann in verschiedener Weise gemischt und überblendet werden können. Hinzu kommen dann die Bearbeitungswerkzeuge, die über den Grafikbereich hinausgehen und sich auf die Bildfolge und den Zeitbereich beziehen. Dazu gehören einfache Schnittfunktionen, Animation und Tracking zur Verfolgung von Bildobjekten

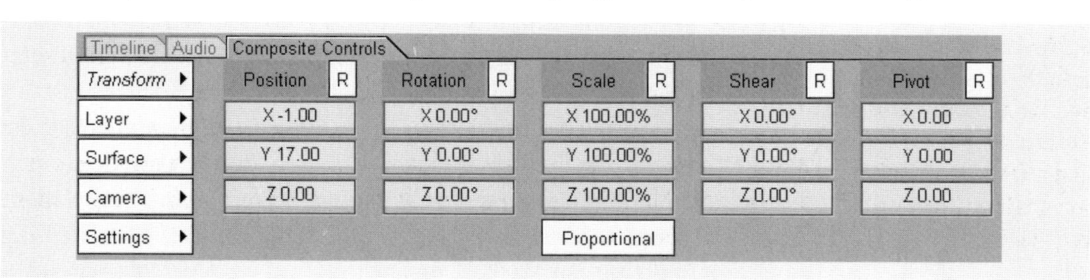

▶ **Compositingsysteme sind mit Grafikprogrammen vergleichbar, mit dem Unterschied, dass sie für die Verarbeitung von zusammenhängenden Bildfolgen ausgelegt sind**

Abb. 6.63
Fenster zur Einstellung der Bildtransformationsparameter /57/

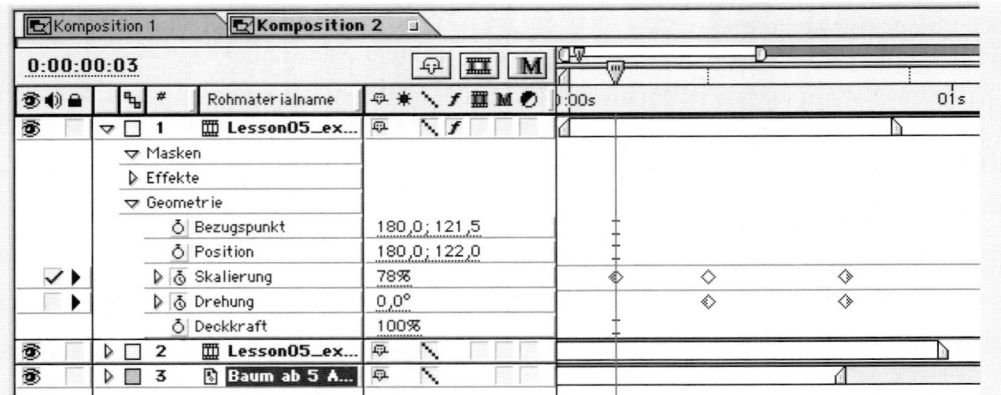

Abb. 6.64
Keyframes innerhalb der Layer zur Markierung von Zeitpunkten, an denen Änderungen eintreten

sowie die Möglichkeit der Einbeziehung von Audiosignalen inklusive ihrer Wellenformdarstellung.

Die zentrale Orientierung, die bei Schnittsystemen die Timeline bietet, wird bei Compositingsystemen über das Layering erreicht, d. h. über das Übereinanderlegen der verschiedenen Bildelemente, die kombiniert werden sollen. Die Layer oder Ebenen haben eine Hierarchie, wenn unten angeordnete sichtbar werden sollen, müssen darüber liegende Layer wenigstens teilweise transparent sein. Die Layer können ein- und ausgeschaltet und animiert werden, d. h. die enthaltenen Bildteile werden mit der Zeit in ihrer Position verändert. Die Festlegung der damit verbundenen Bewegung erfolgt wie auch bei anderen animierten Effekten mit Hilfe von Keyframes anhand der Timeline, indem zu den per Keyframe definierten Zeitpunkten bestimmte Positionen definiert werden, zwischen denen das System dann interpoliert (Abb. 6.64). Die Veränderungen zwischen den Keyframes können oft separat und komfortabel editiert werden (Abb. 6.65).

Neben der Definition der Layerpriorität über die Anordnung, bei der immer die höchste Ebene Vorrang hat, bieten einige Systeme auch die Möglichkeit, die Ebenen in einem 3-D-Raum darzustellen. Die Layer müssen dabei nicht mehr zwangsläufig parallel zueinander liegen, sondern können im Raum gekippt werden, und sich gegenseitig durchdringen. Die Priorität ist hier durch die Entfernung des Objekts vom Betrachtungspunkt definiert. Der 3-D-Raum ist zudem hilfreich bei der Positionierung des Betrachterstandpunktes, der durch eine Kamera symbolisiert wird, und von zusätzlichen virtuellen Lichtquellen, die z. B. eingesetzt werden um ein farbiges Spotlight auf ein Bild zu werfen.

Eine der zentralen Funktionen eines Compositingsystems ist die Möglichkeit, Einzelteile eines Bildes zu isolieren, denn nur wenn sie sauber freigestellt sind, können sie so mit anderen Bildern verbunden werden, dass die ungestörte Illusion eines neuen Bildes entsteht. Die Freistellung geschieht mit Hilfe von Masken, die um die Umrisse der freizustellenden

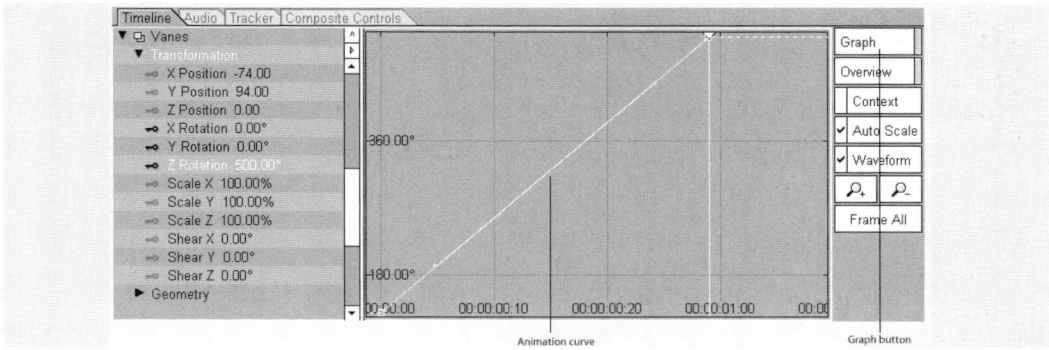

Animation curve   Graph button

Objekte gelegt werden. Die Masken können unabhängig vom Bild animiert und auch separat dargestellt werden. Dabei erscheinen völlig abgedeckte bzw. transparente Bereiche schwarz bzw. weiß, während die Grauwerte teiltransparente Gebiete darstellen. Wenn die Graustufeninformationen des Maskenbilds als zusätzlicher Kanal zu den Farbwerten übertragen werden, so bezeichnet man diesen als Alpha-Kanal, ein RGB-Bild mit Alpha-Kanal trägt daher die Bezeichnung RGBA.

Die Erstellung der Masken geschieht entweder manuell oder automatisch, indem die freizustellenden Gebiete anhand charakteristischer Merkmale in jedem Bild der Sequenz erkannt werden. Diese Funktion wird dann als Keying oder Stanze bezeichnet. In den meisten Fällen werden als Merkmale bestimmte Helligkeits- oder Farbwerte gewählt, entsprechend wird mit Luminanz- oder Chrominanzkey gearbeitet. Wenn z. B. Personen in einen fremden Hintergrund gesetzt werden sollen, werden sie oft freigestellt, indem sie vor einer gleichmäßig ausgeleuchteten Blauwand aufgenommen werden und ggf. von blauen Elementen abgestützt werden (Abb. 6.66). Da das Blau kaum in der menschlichen Gesichtsfarbe vorkommt, lässt sich die Person relativ leicht vom Hintergrund trennen und vor ein neues Bild platzieren. Dieses Vorgehen ist nicht nur bei Compositingsystemen anwendbar – es ist als Blue-Box-Verfahren eine Standardtechnik aus dem Fernsehbereich, die bei nahezu al-

Abb. 6.65
Darstellung des Keyframeediting /57/

Abb. 6.66
Vordergrund- und Gesamtbild beim Keying

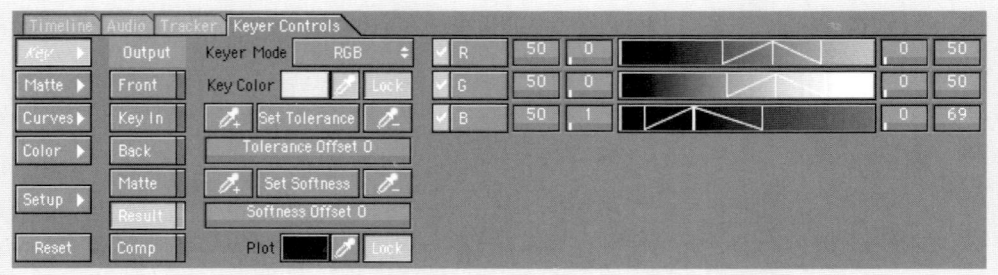

Abb. 6.67
Einstellparameter bei
hochwertigen Keyern /57/

len Nachrichtensendungen verwendet wird. Neben dem Dreh vor Blau wird im Filmbereich oft auch vor Grün produziert, was den Vorteil hat, dass der Grünauszug des Films weniger Rauschanteile enthält.

Die Erstellung eines sauberen Keys ist keine einfache Aufgabe. Die Compositingsysteme unterscheiden sich in der Qualität der Keyer erheblich. Hersteller, die selbst nur Keyer in Standardqualität in ihre Systeme integrieren, bieten aber oft die Möglichkeit, hochwertige Keyer, wie z. B. die der Firma Ultimatte, per Software-Plug-In einzubinden. Keyeinstellungen sind dadurch problematisch, dass das gewählte Stanzkriterium wie z. B. die Blauwand eine ungleichmäßige Blauwertverteilung und Rauschen aufweisen kann. Weiterhin sind natürlich Farben innerhalb der auszustanzenden Gebiete kritisch, die ähnliche Blauwerte wie die Stanzfarbe aufweisen, da hier „Löcher" im Objekt entstehen können, durch die der Hintergrund sichtbar wird. Durch die Farbgebung des Objekts lässt sich dieses Problem allein nicht lösen, denn in den meisten Fällen lässt sich nicht verhindern, dass Licht von der Blauwand auf das Objekt reflektiert wird. Diese Reflektionen (Color Spill) sind besonders an den Objektkanten sichtbar. Schließlich sind fein strukturierte und teiltransparente Gebiete besonders kritisch, wie z. B. Glas, durch die die Blauwand hindurchschimmert. Hochwertige Keyer erlauben die Farbseparation auf Basis verschiedener Farbräume (RGB, YUV, HLS) und die Einschränkung des auszustanzenden Bereichs mittels Masken. Sie bieten durch die separate Behandlung von Keymask und Keyfill eine Möglichkeit zum Umgang mit teiltransparenten Bereichen sowie mit der Color Spill Suppression eine Hilfe zur Unterdrückung der störenden Reflexionen. Abbildung 6.67 zeigt ein Keyer-Bedienfeld. Die Keyparameter können auch zeitlich der Sequenz angepasst werden um z. B. einer über die Sequenzdauer stattfindenden Farbwertänderung gerecht zu werden. Um das separierte Objekt dann gut in den Hintergrund einpassen zu können stehen schließlich Bearbeitungswerkzeuge zur Verfügung, die die Kanten eingeschränkt (shrink) oder unscharf (blur) oder nach innen auswaschend (erode) darstellen.

Compositingsysteme ermöglichen oft auch Tracking-Funktionen. Mit dem Begriff Tracking wird ein Werkzeug zur Bearbeitung der zeitlichen

Dimension einer Bildsequenz bezeichnet. Tracking dient der Verfolgung von Bildteilen über der Zeit und der Erstellung eines Bewegungspfades, der wiederum auf andere Bildelemente angewandt werden kann. Die Bewegung wird anhand markanter Punkte, wie z. B. deutlicher Helligkeits- oder Farbunterschiede, analysiert. Die Punkte werden vom Nutzer ausgesucht und dann automatisch verfolgt, wobei die Größe des Suchbereichs abhängig von der Bewegungsgeschwindigkeit variiert werden kann. Der ermittelte Bewegungsverlauf wird meist als zeitliche Folge von Keyframes dargestellt und ist veränderbar. Der Bewegungsverlauf kann dann beliebigen Bildteilen, Masken oder Layern zugeordnet werden, die sich dann entsprechend mitbewegen. Als Beispiel lässt sich z. B. ein Segelschiff anführen, dessen Mastspitze vor einer Kaimauer erscheint. Um die Illusion zu erreichen, dass das Schiff auf offenem Meer fährt, kann die Mauer ausmaskiert und durch eine Bildsequenz ersetzt werden, die Himmel mit bewegten Wolken zeigt. Da die Rechteckmaske hier die Segelspitze abschneidet, wird diese separat maskiert. Die Tracking-Funktion dient dazu, die Segelspitze zu verfolgen und ihre Bewegung entsprechend der Schiffsbewegung vor dem neuen Hintergrund fortzusetzen.

Zur Erfassung der Bewegung von Flächen, die sich mit der Zeit perspektivisch ändern, werden mehrere Tracking-Punkte verwendet. So kann mit Hilfe des 4-Point-Tracking z. B. eine Werbetafel auf der Tür eines Autos angebracht werden, das in die Tiefe des Bildes hineinfährt, und die Tafel ändert sich entsprechend. Die mit der Tracking-Funktion erzielte Bewegungsanalyse kann darüber hinaus auch zur Stabilisierung der Bildsequenz verwendet werden, indem ständig das schwankende Gesamtbild in Relation zu einem festen Punkt verschoben wird.

Wenn die zu bearbeitende Bildfolge aus den gewünschten Teilen zusammengesetzt ist, wird das Composit mit dem so genannten Rendering endgültig berechnet und als Bildsequenz abgelegt. Im Rendering-Tool können dazu alle notwendigen Parameter bestimmt werden (Abb. 6.68). Bei aufwändigen und langen Sequenzen kann das Rendering auch mit modernen Rechnern eine erhebliche Zeit in Anspruch nehmen. Daher bieten gute Compositingsysteme die Möglichkeit, die Aufgabe auf mehrere Rechner in einem Verbund zu verteilen.

Für die Ausgabe ist neben dem Speicherort und dem Filenamen auch das gewünschte Formt anzugeben. Hier stehen meist die gängigen Bildformate wie Tiff, BMP zur Verfügung, weiterhin Quicktime mit seinen verschiedenen Kompressionsalgorithmen sowie die bekannten Fileformate aus dem Filmbereich. Vor der Ausgabe können die Sequenzen bezüglich der Bildauflösung skaliert werden, wobei manchmal unterschiedliche Interpolationsverfahren gewählt werden können. Schließlich ist es auch möglich, die Halbbilder des Zeilensprungverfahrens in verschiedener Form zu berücksichtigen.

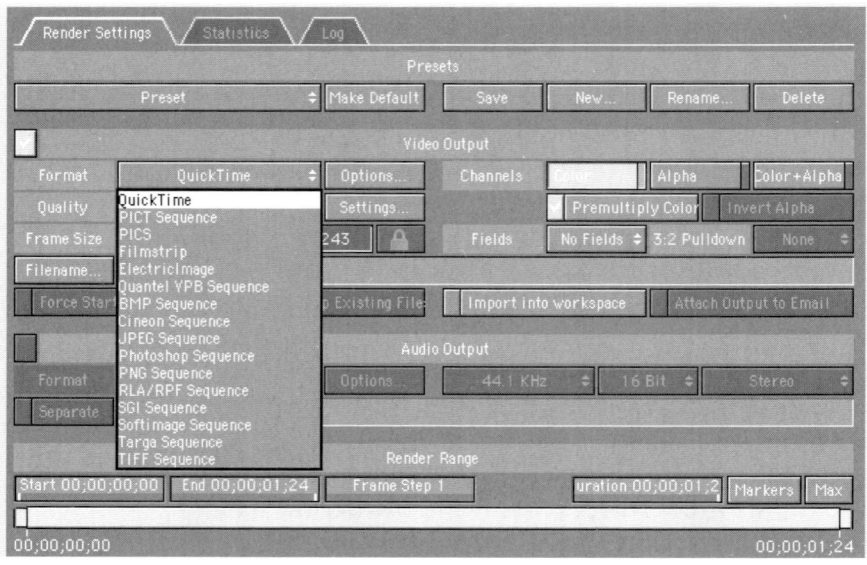

Abb. 6.68
Rendering-Tool mit der
Angabe verschiedener
Datenformate

Compositingsysteme existieren in großer Vielfalt. Beim Vergleich der technischen Parameter ist zum Ersten die Auflösungsunabhängigkeit zu beachten, zweitens die Möglichkeit mit verschiedenen Farbtiefen zu arbeiten. Die aufwändigen Berechnungen erfordern eine hohe Rechnerleistung, auch diese kann von verschiedenen Systemen unterschiedlich effektiv genutzt werden, oft werden Maschinen von Silicon Graphics (SGI) verwendet und die Compositing-Software läuft unter dem Betriebssystem IRIX, einem UNIX-Derivat. Mit steigender Leistungsfähigkeit der Standard-PC kommen zunehmend auch Compositingprogramme für Rechner unter Windows und MacOS auf den Markt.

Ein verbreitetes und preiswertes Programm aus dem unteren Leistungsbereich ist After Effects von Adobe, das für Windows und MacOS verfügbar ist. Einen besonders guten Namen im Bereich Compositing hat sich die Firma Discreet gemacht, die eine breite Palette von Software aus allen Leistungsklassen anbietet, mit dem großen Vorteil, dass die Benutzeroberflächen einander sehr ähnlich sind. Auf der unteren Leistungsstufe steht das Programm Combustion, das unter Windows und MacOS läuft und bereits eine Vielzahl von Werkzeugen beinhaltet, die z. T. den großen Systemen entlehnt sind. Die leistungsfähigeren Systeme werden mit Flint, Flame und Inferno bezeichnet und laufen auf SGI-Rechnern /54/. Sie unterscheiden sich neben der Geschwindigkeit im Wesentlichen durch unterschiedliche Möglichkeiten bei der Filmbearbeitung. Flame hat sich hier als Standardsystem etabliert. Auf dem oberen Niveau erwächst den Discreet-Systemen eine Konkurrenz durch das Programm Shake der Firma Apple, das ebenfalls sehr hochwertige Möglichkeiten für die Bearbeitung von Filmdaten bietet.

6.7.4 Computeranimation

Ebenso wie die Bereiche Editing und Compositing haben auch die Gebiete Computeranimation und Compositing Ähnlichkeiten. Als Abgrenzung lässt sich anführen, dass Compositingsysteme vor allem der Manipulation existierender Bildfolgen dienen, während es bei der Computeranimation um die Erschaffung neuer Bildfolgen geht, die auf Objekten in einem dreidimensionalen Raum basieren, die bildweise so verändert werden, dass ein Bewegungsablauf erscheint (Animation). Auf diese Weise können irreale Kreaturen und Fantasiewelten im Film, für Computerspiele oder zur Architekturvisualisierung entstehen.

Computeranimationssysteme erfordern ähnliche Rechner wie Compositingsysteme. Die Software ist in den meisten Fällen aus einzelnen abgegrenzten Modulen aufgebaut. Sie dienen der Erstellung und Modellierung der Objekte, der Bestimmung der Oberflächenstruktur und der Definition des Verhaltens bei Beleuchtung und bei Bewegungen, weiterhin der Animation und schließlich der Berechnung der Bildfolgen /58/.

Zunächst werden die Grundgerüste der Objekte erstellt und der schnellen Darstellung und Berechnung wegen als Drahtgittermodell (wireframe) angezeigt. Dabei wird das Objekt oft aus einfachen Elementen wie Kugeln, Rechtecken und Zylindern zusammengesetzt. Komplexere Oberflächen bestehen aus einer Vielzahl von Polygonen, deren Anzahl die Genauigkeit der modellierten Oberfläche bestimmt (Abb. 6.69). Anstatt das Modell von Hand zu entwerfen können auch fertige Modelle gekauft und importiert werden oder die Daten werden gewonnen, indem ein reales Objekt mit einem 3-D-Scanner in allen Raumdimensionen abgetastet wird.

Nach der Modellierung wird die Oberflächenbeschaffenheit bestimmt. Dazu wird im einfachen Fall eine 2-D-Textur auf Teile des Objekts gelegt, die eine Wirkung wie Stein, Holz, Stoff etc. hervorruft. Die Texturen können wieder selbst erstellt werden oder sie kommen aus einer zugehörigen Bibliothek bzw. werden von Drittanbietern zugekauft.

Um einen Bildeindruck zu gewinnen, der natürlichen Objekten entspricht, muss zusätzlich bestimmt werden, wie sich das Material bei Lichteinfall verhält. Das Reflexions- oder Transparenzverhalten kann auch mit den Grauwerten der Textur verkoppelt werden. So entsteht über die Reflexion mit dem so genannten Bump Mapping die Illusion von Unebenheiten auf der Oberfläche. Die Beeinflussung der Transparenz wird als Transparency Mapping bezeichnet, während das Displacement Mapping eine Verformung der Oberfläche durch die Grauwerte hervorruft.

Nachdem die Objekte definiert sind, können sie zueinander in Beziehung gesetzt und animiert werden. Interessant ist dabei die Möglichkeit, die Freiheitsgrade der Bewegung einzelner Elemente einzuschränken,

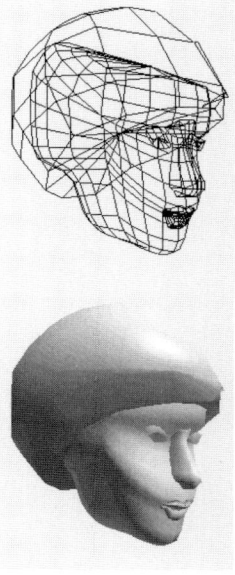

Abb. 6.69
Computergeneriertes Modell als Wireframe und nach dem Rendering

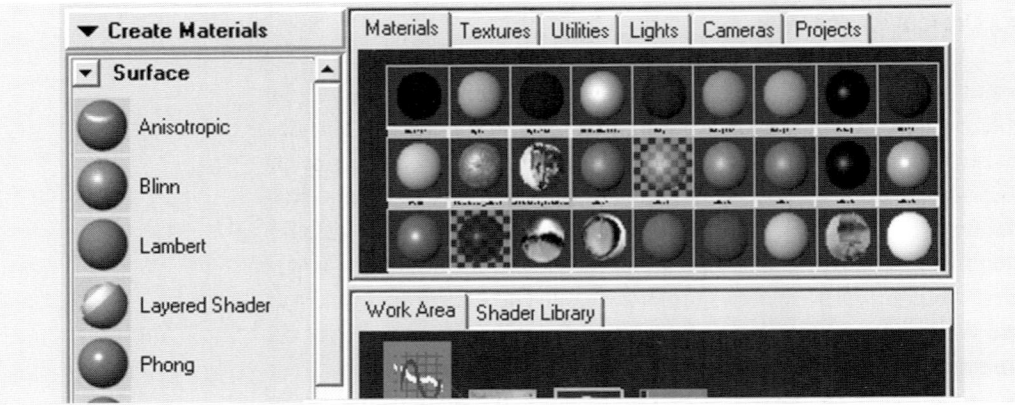

Abb. 6.70
Benutzeroberfläche zur Festlegung der Oberflächeneigenschaften

damit sie mit anderen verkoppelt werden können, so dass z. B. der Eindruck erzeugt wird, dass sich ein Unterarm in typischer Abhängigkeit vom Oberarm bewegt. Neben der Bewegung im Raum werden hier auch die Lichtquellen und der Kamerastandpunkt bestimmt. Die Lichtquellen können farblich und bezüglich der Lichtverteilung (Spot, diffus) verändert werden. Für die Objekte wird dagegen bestimmt, ob sie Schatten werfen sollen und welcher Art diese sind.

Nach der Festlegung aller Parameter im 3-D-Raum müssen schließlich die zweidimensionalen Bilder des zu erstellenden Films errechnet werden, was mit Rendering bezeichnet wird. Aufgrund der Modellbildung im 3-D-Raum können unterschiedliche Filme schon allein dadurch entstehen, dass bei gleicher Objektbewegung eine unterschiedliche Bewegung der in der Software definierten Kamera zugrunde liegt. Je nach Komplexität des Szenenaufbaus kann das Rendering auch bei leistungsfähigen Rechnern eine erhebliche Zeit in Anspruch nehmen. Einen großen Einfluss nimmt hier das der Berechnung zugrunde liegende Beleuchtungsmodell, das wiederum die Realitätsnähe der Bilder bestimmt. Die einfachste Form ist die Darstellung des Schattenwurfs (Shading), komplexer ist das Raytracing, die Berechnung von Reflexionen und Schatten durch Strahlverfolgung von der Quelle bis zum Beobachter. Ähnlich aufwändig ist das Radiosity-Verfahren, dem zugrunde liegt, dass sich die Objekte unter Einfluss der gesetzten Lichtquellen gegenseitig mit diffusem Licht bestrahlen.

Computeranimationssysteme gibt es in sehr großer Zahl. Ähnlich wie bei Compositingsystemen wurden die Software-Pakete zunächst für die High-End-Rechner von SGI entwickelt, stehen aber heute z. T. auch für Standard-PC unter Windows und MacOS zur Verfügung. Eines der bekanntesten war lange Zeit Softimage von der gleichnamigen Firma. Zu Beginn des neuen Jahrhunderts hat sich vor allem das Software-Paket Maya von Alias Wavefront als führend durchgesetzt, das inzwischen für alle drei genannten Rechnerplattformen verfügbar ist (Abb. 6.70).

6.8 Digital Cinema

Dieser Begriff bzw. der Begriff Electronic Cinema beschreibt den Einsatz der Digitaltechnik am Ende der Produktions- und Übertragungskette, also im Kino. Während die Verwendung der Digitaltechnik im Bereich Postproduktion bereits weit fortgeschritten ist (s. Kap. 6.7) und sich auch bei der Bildaufnahme zu etablieren beginnt (s. Kap. 6.5), ist das Kino das letzte Glied einer möglichen volldigitalen Übertragungskette, das noch nicht digitalisiert ist. Als generelle Anforderung an Digital Cinema gilt, dass die Bild- und Tonqualität nicht schlechter sein darf als im konventionellen Kino. Aufgrund der Tatsache, dass bereits hochwertige und lichtstarke elektronische Projektoren verfügbar sind (s. Kap.6.6), gilt die Entwicklungsarbeit vor allem der Frage nach den digitalen Übertragungsverfahren und der Verhinderung von Piraterie. Um zu kostengünstigen Lösungen zu gelangen, wird dabei von technischen Systemen ausgegangen, die sich bereits etabliert haben.

Für die Übertragung gilt es zunächst die Frage zu klären, ob die Filmdigitaldaten in hoher Auflösung auf großen Datenträgern ins Kino gebracht werden oder in datenreduzierter Form direkt übertragen werden. Da ein wesentlicher Vorteil des elektronischen Kinos darin gesehen wird, dass es den aufwändigen Versand von Kinokopien nicht mehr erforderlich macht, sollte eine Datenübertragung über Netzwerke oder drahtlos, z. B. via ATM oder per Satellit, erfolgen können. Dies impliziert aus ökonomischen Gründen die Verwendung von Datenreduktion. Zunächst geht es also um die Signaldefinition. Hier liegen mit den Parametern für HDTV Bilddatenbeschreibungsformen vor, die für das elektronische Kino geeignet erscheinen. Man geht davon aus, dass die zugehörige Bildauflösung von 1920 x 1080 Bildpunkten auf jeden Fall für Leinwandbreiten bis zu 10 m geeignet ist. Für diese Dimensionen sind Projektoren mit Lichtstärken von ca. 10 000 ANSI-Lumen erforderlich.

Nachdem die Daten in das HD-Videoformat umgesetzt sind, wird die Datenreduktion eingesetzt. Für einen Bereich wie Digital Cinema, wo es nur darum geht, ein fertiges Endprodukt zu den Endkunden zu bringen, bietet sich die MPEG-Codierung an, die sich durch hohe Effizienz bei eingeschränktem Einzelbildzugriff auszeichnet. Deshalb wurde die Variante MPEG-2 auch als Grundlage des digitalen Standardfernsehsystems (Digital Video Broadcasting, DVB) ausgewählt, das gegenwärtig eingeführt wird. Für die Verwendung von HDTV-Signalen braucht MPEG-2 nicht modifiziert zu werden, denn in den Definitionen ist bereits der so genannte High Level (MP @ HL) enthalten, der genau auf die Auflösung 1920 x 1080 abzielt (s. Kap. 4.4). In diesem Level ist eine Videocodierung im Komponentenformat mit einer Unterabtastung 4:2:2 für die Farbdifferenzsignale vorgesehen und eine Maximaldatenrate von 100 Mbit/s

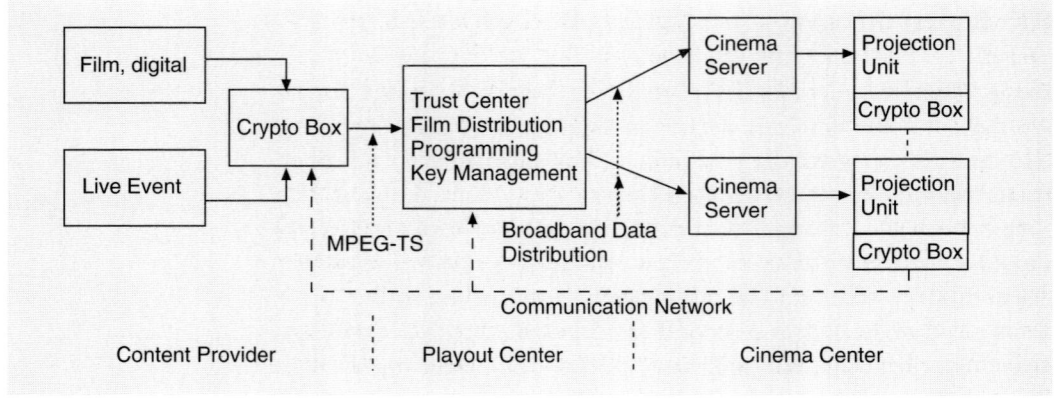

Abb. 6.71
Konzept zur Realisierung
von Digital Cinema

erlaubt. Da im Bereich DVB für Standardvideoauflösung eine gute Bild- und Tonqualität bereits bei 5 Mbit/s erreicht wird, kann davon ausgegangen werden, dass trotz höherer Ansprüche im Kino für das ca. 5fach höher aufgelöste HDTV-Bild (ca. 2,1 Mio. Bildpunkte gegenüber 0,4 Mio. bei SDTV) eine Übertragungsdatenrate von ca 30...40 Mbit/s ausreicht.

Neben den bei MPEG festgelegten Codierungsparametern müssen die eigentlichen Übertragungsparameter wie z. B. verwendete Modulationsarten festgelegt werden. Auch dies geschieht im Rahmen von DVB, so dass es auch hier günstig erscheint, sich dieser Festlegungen zu bedienen. Es ist also möglich, den Datentransfer mit Hilfe der DVB-Technik zu realisieren. Aufgrund der preiswert verfügbaren Infrastruktur und geringer Probleme bei der Kanalbelegung ist es günstig, eine Übertragung via Satellit, also mittels DVB-S, zu realisieren. Bei DVB-S bietet ein Satellitenkanal mit 36 MHz Bandbreite eine typische Nettobitrate von 38 Mbit/s /7/. DVB ermöglicht auch eine Audiodatenübertragung mit Dolby-Digitalcodierten Audiosignalen (s. Kap. 3.3), so dass auch im Audiobereich keine Einschränkung der Qualität befürchtet werden muss.

Die beschriebenen Parameter betreffen eine gegenwärtig realisierbare, relativ einfache Konfiguration. Zukünftige Standards für Digital Cinema (SMPTE DC 28) sehen vor, auch Bilder wesentlich höherer Qualität zu unterstützen. So dürfen Bilder mit Auflösungen zwischen 2 und 12 Millionen Bildpunkten verwendet werden. Es sollen Bildraten zwischen 12 fps und 150 fps, ausschließlich im progressiv-Mode, erlaubt sein. Die Daten dürfen dann in RGB- oder Y/Cr/Cb-Form vorliegen, wobei pro Kanal und Pixel bis zu 16 bit in linearer oder logarithmischer Form möglich sind.

Neben der Klärung der technischen Daten muss ein Konzept für Digital Cinema auch berücksichtigen, dass hier kein gewöhnlicher Broadcastfall vorliegt, sondern nur Kunden das Datenmaterial erhalten dürfen, die dafür bezahlt haben. D. h. es ist ein Management der Aufführungslizenzen erforderlich, das der Generierung und Verwaltung der Verschlüsselungsdaten dient (Abb. 6.71). Weiterhin ist es erforderlich, auch die Fragen des Programmabrufs zu bedenken, d. h. ob die so genannte Kinoprogrammierung nach einem Push- oder Pull-Modell ablaufen soll, ob also der Distributor das übertragene Programm zentral bestimmt, oder ob der Programmabruf vom Kinobetreiber aus erfolgt /60/.

Trotz hoher Kosten für die Projektoren sollen sich mit Digital Cinema langfristig auch Kostenvorteile ergeben – einerseits durch Vermeidung der Herstellung und des Vertriebs vieler teurer Kinokopien und andererseits durch neue Nutzungsformen, da mit der neuen Technik auch Live-Events oder Fußballspiele in die Kinos übertragen werden können und sich eine individuellere Anpassung der Werbung an das Kino und seine Zuschauer erreichen lässt.

Angesichts der Fülle der Neuerungen und der schnellen technischen Entwicklung besteht die Gefahr, der Faszination der Technik zu erliegen. Ich möchte daher zum Schluss daran erinnern, dass Filme, die allein entstehen, um neue technische Mittel einzusetzen, in den seltensten Fällen faszinieren Der Filmerfolg basiert trotz vielfältigster technischer Möglichkeiten immer noch auf dem Gehalt, der gut erzählten Geschichte. Die Technik bleibt das Hilfsmittel, allerdings eines, das inzwischen so facettenreich ist, dass heute weniger die technischen Beschränkungen im Vordergrund stehen, als vielmehr die Aufgabe, aus den umfangreichen Möglichkeiten diejenigen zu wählen, die dem Inhalt entsprechen. Zum Abschluss dieses Buches dazu zwei Zitate von Michael Ballhaus, einem der besten Kameramänner der Welt /61/:

"Der Film wird digital, da führt kein Weg dran vorbei"

"Ich will, dass Filme menschlicher werden, nicht dass sie technischer werden. Ich bin ein großer Feind von diesen hohlen Actionfilmen, die nur mit Effekten arbeiten. Man sitzt zwei Stunden da, wird vollgedonnert mit Bildern und geht aus dem Kino und fragt sich: Was hast du da eigentlich gesehen, was war die Geschichte?"

Literaturverzeichnis

/1/   Faulstich, W. (Hrsg): Grundwissen Medien. W. Fink-Verlag, München, 1998
/2/   100 Jahre Kino. sapo-media, 1995
/3/   Fischer, W.: 100 Jahre Kino. Film & TV Kameramann 12/1994
/4/   Webers, J.: Handbuch der Film- und Videotechnik. Franzis, München 1991
/5/   Neumann, W.: Filmtechnik im Ausbildungshandbuch audiovisuelle Medienberufe der SRT, Bd 2. Hüthig Verlag, 1999
/6/   Kodak: Kodak Motion Picture Film. Publication H1, Rochester, 2000
/7/   Schmidt, U.: Professionelle Videotechnik. Springer-Verlag, Berlin Heidelberg New York, 2000
/8/   Maschmann, E.: Die Geburt des 35 mm-Films. Film & TV Kameramann 9/1995
/9/   Barclay, S.: The Motion Picture Image. Focal Press, Boston, 2000
/10/ Immich, G.: Cinemascope und Super 35. Film & TV Kamermann 1/96
/11/ Lusznat, H.A.: Die 16-mm-Produktion T. 2. Film & TV Kamermann 1/94
/12/ Heywang et al.: Physik für Fachhochschulen und technische Berufe. Verlag Handwerk und Technik, Hamburg
/13/ Meier, W.: Film in der digitalen Ebene. Diplomarbeit, HAW Hamburg, 1998
/14/ Kodak Datenblätter
/15/ Technisches Sammelblatt Aaton 35. Film & TV Kameramann 5/2000
/16/ Technisches Sammelblatt Arriflex 535. Film & TV Kameramann 8/1992
/17/ Arri, Produktinformation
/18/ Kinoton, Produktinformation
/19/ Hochmeister, G.v.: Handbuch für den Filmvorführer. Wirtschaftsverband der Filmtheater, München 1991
/20/ Beller, H. (Hrsg): Handbuch der Filmmontage. Tr-Verlagsunion, 1993
/21/ Möllering, D., Slansky, P.: Handbuch der professionellen Videoaufnahme. Edition Filmwerkstatt, Essen 1993
/22/ Gumprecht, H-P.: Ruhe bittte, Aufnahmeleitung bei Film und Fernsehen. UVK-Medien, Konstanz, 1999
/23/ Goepel, K.: Visuelle Spezialeffekte der Filmtechnik. Diplomarbeit, HAW Hamburg, 1999
/24/ Webers, J.: Meilensteine der Audiotechnik. Tonmeistertagung, Hannover, 2000
/25/ Zollner, M., Zwicker, H.: Elektroakustik. Springer-Verlag, Berlin, 1993
/26/ Webers, J.: Handbuch der Tonstudiotechnik. Franzis Verlag, Poing, 1999
/27/ Henle, H.: Dolby-Mehrkanalton. Fernseh- und Kinotechnik, 1/2, 2001
/28/ Lerch, C., Theil, J.: Mehrkanalton für den Kinofilm. Film & TV Kameramann 3/4/ 1998
/29/ Henle, H., Vlaicu, R.: Dolby Digital – Consumeranwendungen. Fernseh- und Kinotechnik, 12/2001
/30/ Schäfer, R:: HDTV – Eine Technologie mit Zukunft? Fernseh- und Kinotechnik, 5/2000

/31/ Windelband, G.: Beurteilung des filmtypischen Bewegungs- und Bildeindrucks einer Proscan Videokamera im Vergleich mit Film. Diplomarbeit, FH Hamburg 1999

/32/ Przybyla, H.: HDTV-Studiotechnik in den neuesten Generationen. Jahrestagung der FKTG, Tagungsband 1998

/33/ Sony Broadcast, Produktinformation

/34/ Thomson, Produktinformation

/35/ Panasonic, Produktinformation

/36/ Stolzmann, J.: DVD: Grundlagen, Technische Betrachtung. Fernseh- und Kinotechnik, 11/1997

/37/ Schneider, M.: Digital Film. Vortrag auf dem 5. Potsdamer Filmkolleg 2001

/38/ Quantel: Film in the digital age, 1996

/39/ Schäfer, J.: C-Reality – Ein neuer Filmabtaster von Cintel. Fernseh- und Kinotechnik 4/1998

/40/ ITK, Produktinformation

/41/ Maßmann, V.: Der Weg zur digitalen Filmkopie am Beispiel des Spirit DataCine Filmabtasters. Fernseh- und Kinotechnik 52, Nr. 4, 1998

/42/ Pandora, Produktinformation

/43/ Celco, Produktinformation

/44/ Steurer, J.: Digitale Filmbelichtung mit dem Arrilaser. Fernseh- und Kinotechnik, 5/1999

/45/ Swinson, P.: The Evolution of Resolution. Vortrag auf dem 5. Potsdamer Filmkolleg 2001

/46/ Institut für Microelectronics Stuttgart, ims-chips, Produktinformation

/47/ Zeiss, Produktinformation

/48/ P+S-Technik, Produktinformation

/49/ Weber, K.: Frame-Transfer-CCD-Sensoren mit HD-DPM+-Technik in einer HD-Anwendung. Fernseh- und Kinotechnik, 12/2001

/50/ Grambow, L.: Die Videoprojektion und ihre heute erreichbare Qualität. Vortrag auf dem 5. Potsdamer Filmkolleg 2001

/51/ Grambow, L.: Farbwiedergabeindex für Displays. Fernseh- und Kinotechnik, 3/1998

/52/ Emrich, G.W.: Direct Drive Image Light Amplifire. Vortrag auf dem 5. Potsdamer Filmkolleg 2001

/53/ Hornbeck, L.J.: DLP (Digital Light Processing) für ein Display mit Mikrospiegel-Ablenkung. Fernseh- und Kinotechnik, 10/1996

/54/ Jauernig, I.: Digitale nonlineare Postproduktion. Edition Filmwerkstatt, 2000

/55/ Avid, Produktinformation

/56/ Sinnwell, A.: Avid Cutter Handbuch,

/57/ Discreet: Tutorial Combustion

/58/ Brugger, R.: 3D-Computergrafik und -animation. Addison Wesley, 1993

/59/ Filmbild aus: Pippi ausser Rand und Band

/60/ Ruppel, W.: Electronic Cinema. Vortrag auf dem 5. Potsdamer Filmkolleg 2001

/61/ Spiegel-online 7/2000: Der Film wird digital – Interview mit Michael Ballhaus

Sachwortverzeichnis